WENN DU MICH ZÄHMST

Über unsere Beziehung zu Tieren

Leslie Irvine

Mit einem Vorwort von Marc Bekoff

animal Learn®
VERLAG

ISBN 978-3-936188-40-0

Übersetzung ins Deutsche: Sonja Rebernik
Lektorat: Elke Franz
Fotos: fotolia, iStockphoto
Satz & Layout: Tina Geier, Feldafing
Druck: Druckerei Mack GmbH, Schönaich

animal learn Verlag
Am Anger 36, 83233 Bernau
email: animal.learn@t-online.de
www.animal-learn.de

Inhalt

Vorwort

Sie zu kennen heißt zu verstehen, dass sie wie wir sind

Die meisten menschlichen Wesen gehen enge Verbindungen mit zumindest einigen nichtmenschlichen Lebewesen (auch „Tiere“ genannt) ein; meist handelt es sich dabei um tierische Gefährten (auch „Haustiere“ genannt) wie Hunde oder Katzen. Oft empfinden diejenigen, die sich nicht sicher sind, wie sie zu anderen Tieren stehen, eine Art Hassliebe, auch wenn sie die Gründe dafür nicht in Worte fassen können. Wir stehen in enger Verbindung mit dem Leben anderer Tiere, ob wir es nun wollen oder nicht. Ich habe mehr als drei Jahrzehnte lang zahlreiche Aspekte des sozialen Verhaltens von Tieren und ihre kognitiven und emotionalen Fähigkeiten untersucht und ich beginne meine Untersuchungen immer mit der scheinbar einfachen Frage: „Wie ist es, wenn man ein _____ ist?“, wobei man die Lücke mit dem Namen des Tieres seiner Wahl füllen kann. Wenn ich ihre Welten betrete – und es ist unentbehrlich zu versuchen, ihre Welten und ihre Sicht der Dinge zu verstehen und zu würdigen – dann werde ich einer der ihren. So bin ich während meiner Forschungen in Bezug auf Kojoten selbst ein Kojote; und dasselbe gilt auch für meine Forschungen in Bezug auf Hunde oder Vögel. Unsere Identitäten verschwimmen und die Grenzen, die viele ziehen, werden durchlässig. Leslie Irvine schreibt hier hauptsächlich über tierische Gefährten und im Zuge meiner Langzeitstudien über Hunde sehe ich, dass diese bemerkenswerten Wesen nicht nur ihren Herzen folgen, sondern auch ihren Nasen, Ohren und Augen. Sie können ihren Sinnen, ihrer unerbittlichen Neugierde und ihrer grenzenlosen Liebe zum Opfer fallen und deshalb lieben wir sie, deshalb können wir uns mit ihnen identifizieren, deshalb sind sie wir.

Ich liebe Leslies Buch. Es ist gut recherchiert, wissenschaftlich formuliert und trotzdem leicht verständlich. Es ist angefüllt mit „harten, wissenschaftlichen Fakten" (was ich als „Wissenschaftssinn" bezeichne) und Anekdoten (eines der beiden schlimmen „A"-Wörter und etwas, das manche abschätzig als „weiche Wissenschaft" bezeichnen). Aber Anekdoten bilden die Grundlage der meisten, wenn nicht aller Wissenschaften, da es meist solche Geschichten sind, die den Anlass zu weiterführenden empirischen oder experimentellen Forschungen geben. Außerdem ist es wichtig, sich bewusst zu machen, dass die Mehrzahl des Wortes „Anekdote" „Daten" bedeutet.

Das zweite „A"-Wort, das Augenbrauen und Nackenhaare emporschnellen lässt, lautet „Anthropomorphismus". Wie Leslie und andere immer wieder betonen, gibt es keine haltbaren Alternativen zum Anthropomorphismus, und wenn ein behutsamer und biozentrischer Zugang (unter Berücksichtigung der Welt der Tiere) gefunden wird, dann kann der Anthropomorphismus Anlass für weiterführende empirische Arbeit sein. Wir nehmen eine anthropomorphe Haltung ein, da wir als Menschen Sinn in dem Verhalten anderer Tiere sehen müssen. Die Kritiker des Anthropomorphismus stellen die abgedroschene und ehrlich gesagt auch langweilige Behauptung auf, dass eine anthropomorphe Einstellung das Leben anderer Tiere in größerem Maße oder vielleicht auch zu sehr vermenschliche. Ich denke, da liegen sie falsch, denn durch eine behutsame und biozentrische anthropomorphe Einstellung können wir das Leben anderer Tiere zugänglicher machen und zugleich darauf achten, was wir tun.

Leslie hat ihre Studie über die engen Beziehungen, die wir zu Tieren unterhalten, nach einer Episode aus einem der bezauberndsten Kinderbücher aller Zeiten benannt. In dem Buch *Der kleine Prinz* müssen Erwachsene lernen, dass es manchmal das Beste ist, die Mysterien des Lebens zu akzeptieren. Darüber hinaus ist es ein Tier – ein Fuchs – das enthüllt, dass man das, was im Leben wirklich wichtig ist, nur mit dem Herzen sehen kann und nicht mit den Augen. Antoine de Saint-Exupéry widmet das Buch *Der kleine Prinz* seinem besten Freund, er ist dabei aber darauf bedacht klarzustellen, dass er es dem Kind widmen möchte, das sein mittlerweile erwachsener Freund einst war. Derselbe Gedanke, nämlich die Wunder und die Möglichkeiten der Kindheit zu ehren und wiederzuerlangen, liegt auch Leslies Buch zugrunde. Kinder sind neugierige Naturalisten. Sie akzeptieren bereitwillig, dass Tiere denkende, fühlende Wesen sind. Kinder verstehen, dass Tiere unsere emotionalen Zustände fühlen und teilen können. Wenn wir erwachsen und „gebildet" werden, lernen wir, dass das Unsinn ist – und dass Tiere keine wirklichen Gefühle haben; dass sie Roboter und Automaten sind. Mittlerweile wissen wir, dass dieses Bild nicht nur demütigend, sondern offenkundig falsch ist, da es sich wissenschaftlichen Daten widersetzt, die zeigen, dass viele Tiere reichhaltige und tief greifende emotionale Leben führen. Darüber hinaus können ihre Formen der sozialen Kommunikation, wie Leslie zeigt, sehr komplex sein: Ein Knurren ist nicht gleich ein Knurren ist nicht gleich ein Knurren.

Glücklicherweise weigern sich manche von uns, sich „bilden" zu lassen, weigern sich, die vermeintlich objektive und wertfreie Wissenschaft dem wahren Lernprozess über die Tiere, mit denen wir die Erde teilen, in die Quere kommen zu lassen. Leslie gehört ganz klar zu jener Gruppe, die auf der einen Seite wissenschaftliche Fakten respektiert, auf der anderen Seite aber auch weiß, dass es bei der Erforschung von Tieren um mehr geht, als um bloße Wissenschaft. Obwohl sich dieses Buch auf Forschungsarbeiten bezieht, die Leslie in den letzten fünf Jahren durchgeführt hat, hat sie die dem Buch zugrunde liegende Prämisse, dass andere Tiere emotionale und fühlende Wesen sind, seit der Kindheit beschäftigt. Wenn sie die Geschichte von ihrer Begegnung mit dem Babyelefanten erzählt, wird der Leser dabei den ersten Hinweis auf ihre Neugierde auf das Innenleben der Tiere erkennen.

Doch dies hier ist kein Kinderbuch. Es vereint solide Beweise und Theorien auf eine Weise, die die standhaftesten „Erwachsenen" dazu bringt, ihre Ansicht, dass Tiere gefühllosen Maschinen gleich sind, abzulegen (wenn sie tatsächlich noch verbissen daran festhalten). Leslies Untersuchungen umfassen gründliche Beobachtungen verschiedener Verhaltensweisen, sei es nun bei menschlichen oder nichtmenschlichen Lebewesen. Es handelt sich um eine exakte Untersuchung. Und doch wird die Exaktheit mit

Mitgefühl, sozialer Verantwortung und Herz zu einem Ganzen, was der österreichische Wissenschaftler Anton Moser als „tief greifende Wissenschaft" bezeichnet. Über Jahre hinweg haben mich manche meiner Kollegen als „verrückt" bezeichnet, weil ich mit meinem früheren Hund Jethro gesprochen und auf die Art und Weise geachtet und gelauscht habe, wie er mir antwortete. Ich zweifle nicht daran, dass seine Art der Kommunikation – ich wage zu sagen, seine Sprache – tief greifender und ausdrucksstärker war als die meisten Worte, die ich kenne. Vielleicht hegen einige von Leslies Kollegen aus dem Fachgebiet der Soziologie ähnliche Gedanken und sind der Meinung, dass dieses Buch weit außerhalb der „rechtmäßigen" soziologischen Belange angesiedelt ist. Manche werden sagen, dass es angesichts der vielen menschlichen Probleme auf dieser Welt eine reine Verschwendung kostbarer Zeit ist, Tiere zu beobachten. Doch niemand bewegt sich außerhalb der Natur. Wie wir uns anderen Tieren gegenüber verhalten, beeinflusst die Art und Weise, wie wir uns selbst sehen und wie wir uns anderen Menschen gegenüber verhalten. So wie wir gelernt haben, dass es eine Verbindung zwischen der Grausamkeit gegenüber Tieren und der Grausamkeit gegenüber Menschen gibt, ist es auch wichtig, sich daran zu erinnern, dass das Mitgefühl gegenüber Tieren mehr Mitgefühl auf dieser Welt zur Folge hätte. Fürsorge kann in Teilnahme münden.

Die Kernaussage von Leslies Buch ist die, dass die Beziehungen der Menschen zu ihren tierischen Gefährten sind, was sie sind, weil Tiere wie Menschen ein Selbst besitzen. Meine Forschung in Bezug auf das Ich-Bewusstsein zeigt, dass Tiere, die nicht zu den Primaten gehören, ein Selbst entwickelt haben, das in den sozialen Milieus, in denen sie den Großteil ihrer Zeit verbringen, für sie funktioniert. Indem wir uns nur auf diejenigen konzentriert haben, die mit uns die Fähigkeit teilen, Sprache zu nutzen, haben wir vielleicht an den falschen Orten nach dem Selbst gesucht. Die kognitive Ethologie hat auch gezeigt, dass viele verschiedene Tiere reiche mentale und emotionale Leben führen, die für uns zum größten Teil ein Mysterium bleiben. Leslie behauptet jedoch, dass einer der Schlüssel zu diesem Mysterium in der Erforschung des Seelenlebens von Säuglingen zu finden ist. Wie die Tiere haben auch menschliche Säuglinge nicht die Fähigkeit, Sprache zu nutzen und dennoch werden ihnen nur wenige absprechen, dass sie über die grundlegenden Elemente verfügen, die unserer Meinung nach ein Selbst ausmachen. Sie erkennen die Mutter und wissen, dass diese nicht mit ihnen identisch ist; sie teilen ein Lächeln, ein Lachen, Überraschung und andere Gefühle; und sie können ihre Bewegungen selbst initiieren, um ein Ziel zu erreichen, wenn sie zum Beispiel nach einer Flasche oder nach einem Spielzeug greifen wollen. Obwohl menschliche Säuglinge die Sprache erlernen und somit auch die Art von Selbst entwickeln, die für Menschen nützlich ist, behauptet Leslie, dass die vorsprachlichen Elemente der Persönlichkeit auch bei Tieren zu finden sind. Sie gibt lebendige Beispiele dafür, wie dieses Selbst für ihre menschlichen Gefährten in der alltäglichen Interaktion offenkundig wird.

Dieses Buch bietet jedoch mehr als eine Theorie hinsichtlich des tierischen Selbst. Es ruft zum Handeln auf: Proaktiver, mitfühlender Aktivismus ist eine Vorgehensweise, sowohl die Wunden, die wir anderen Tieren zufügen, als auch die, die wir dabei selbst erleiden, zu heilen. Unsere großen und alten Gehirne machen uns zu den mächtigsten Lebewesen auf dieser Erde und wir können mit anderen Tieren praktisch machen, was immer wir wollen. Daher tragen wir die unglaublich große Verantwortung, moralische Wesen zu sein und vorsichtig, mit Gnade, Demut, Respekt, Mitgefühl, Güte, Großzügigkeit und Liebe zu handeln. Wenn wir in gegenseitiger Harmonie mit anderen Tieren zusammenleben, sind wir und tun wir genau dies. Wir sind tatsächlich so mächtig und universell. Vielleicht kann der Aktivismus als eine Art Rückzahlung gesehen werden: Wir geben den anderen Tieren all das zurück, was sie uns so selbstlos geben, ob wir es nun wissentlich tun oder nicht. Der verstorbene Martin Luther King jr. sagte einmal, dass Gleichgültigkeit mit Verrat gleichgesetzt werden könne. Ich habe behauptet, dass die Gleichgültigkeit für andere Tiere, deren Leben und Entscheidungen von unserem Wohlwollen abhängen, tödlich sein kann. Wenn Sie die Beweise, die in diesem Buch vorgelegt werden, überzeugend finden, werden Sie über die Art, wie Sie über Tiere denken und sie behandeln, nachdenken. Im

Zuge ihrer Forschung in einem Tierheim fand Leslie heraus, dass viele Menschen, die Tiere angeblich lieben, diese gleichzeitig wie einen Gebrauchsgegenstand behandeln. Menschen „geben Tiere zurück“, wenn diese es nicht schaffen, den idealen (also den menschlichen) Vorstellungen zu entsprechen. Menschen geben Tiere ab, wenn diese erwachsen, zu alt, zu groß oder auf andere Weise unbequem geworden sind. Genauer gesagt machen sich viele Menschen nicht die Mühe, das Selbst des Tieres zu würdigen und berauben sich dadurch selbst einer reichen und äußerst befriedigenden Beziehung. Wenn Leslie die ethischen Standpunkte darlegt, die auf ihrer Behauptung beruhen, dass Tiere über ein Selbst verfügen, unterscheidet sie dabei klar und deutlich zwischen Tierschutz und Tierrecht. Viele Menschen sind der Meinung, dass es sich dabei um dasselbe handelt, doch das tut es nicht. Leslies Behauptung, dass Tiere über Rechte verfügen, wirft viele schwierige Fragen auf, sie gibt jedoch auch unerschrocken denen eine Stimme, die nicht für sich selbst sprechen können.

Die Möglichkeiten, die dieses Buch eröffnet, sind endlos. Sie stellen unter anderem eine Herausforderung dar und sind manchmal frustrierend. Die Art, wie wir andere Tiere sehen, zeigt, wie wir uns selbst in dieser riesigen und mannigfaltigen Welt sehen. Wir sind einzigartig, doch das sind andere Tiere auch. Wenn wir sorgfältig die Kriterien analysieren, die häufig dazu verwendet wurden, „uns“ von „denen“ zu trennen – die Verwendung von Werkzeugen und Sprache, Kunst, Kultur, Gefühle, Bewusstsein – finden wir uns selbst auf sehr dünnem Eis wieder, da nichts darauf hindeutet, dass wir eine Art evolutionäre Diskontinuität darstellen. Charles Darwin hat in Bezug auf die evolutionäre Kontinuität erklärt, dass es sich bei den Unterschieden zwischen Tieren eher um graduelle, denn um Unterschiede der Arten handelt. Wir sollten seine faszinierenden Ansichten ernst nehmen. Auch Leslie schlägt neue Wege vor, andere Lebewesen, mit denen wir diesen Planeten teilen, zu verstehen, zu erkennen, zu würdigen und zu lieben. Wagen Sie sich mit offenem Geist an dieses Buch heran. Und viel wichtiger noch: Lesen Sie es mit offenem Herzen. Denn, wie der Fuchs dem kleinen Prinzen erklärte: Es ist das Herz, das einem sagt, was wichtig ist. Wenn Sie auf Ihr Herz hören, werden Sie der Erschaffung einer Welt einen großen Schritt näher kommen, in der Tiere als das geschätzt und geliebt werden, was sie sind: Individuen mit eigenen Persönlichkeiten, eigenem Schmerz und Leid, eigener Freude und Liebe, die sie uns darbieten.

Marc Bekoff

Danksagung

Ich danke Marc Bekoff für die Gespräche über das Verhalten von Tieren und dafür, dass er einen früheren Entwurf des Manuskriptes gelesen hat. Mein Dank gebührt auch Clint Sander, der frühere Versionen gelesen und mir unschätzbare Unterstützung zuteil hat werden lassen. Durch Steven und Janet Algers Ratschläge konnte das Manuskript merklich verbessert werden. Ich bedanke mich bei den Algers und auch bei Jackson Galaxy, da sie mir wichtige Einblicke in die Interaktion zwischen Menschen und Katzen ermöglicht haben. Durch die Freundschaft mit Brian und Melanie Pelc hat es mir auf meinem Weg nie an Unterstützung und Gelächter gemangelt. Die Angestellten des Tierheims schienen meine Fragen niemals zu ermüden. Janet Francendese von *Temple University Press* begleitete das Manuskript durch sämtliche Produktionsstufen. Die ganze Zeit über glaubte Marc Krulewitch an das Projekt, doch vor allem glaubte er an mich. Dafür bin ich ihm sehr dankbar.

Teile dieses Buches wurden in Anlehnung an bereits veröffentlichte Artikel verfasst: „The Power of Play", Anthrozoös 14 (2001): 151-60, mit freundlicher Genehmigung: *International Society for Anthrozoology* (ISAZ); und „A Model of Animal Selfhood: Expanding Interactionist Possibilities", Symbolic Interaction 27 (2004), mit freundlicher Genehmigung: *University of California Press and the Society for the Study of Symbolic Interaction*.

Die Weisheit des Fuchses

Dieses Buch beschäftigt sich damit, wie die Tiere, mit denen wir unser Leben teilen, Einfluss darauf haben, wer wir sind. Es basiert auf verschiedenen Datenquellen, die im Laufe von drei Jahren Forschungsarbeit gesammelt wurden. Einen Großteil dieser Forschung sammelte ich während meiner ehrenamtlichen Arbeit in einer Tierschutzorganisation, die auch ein Tierheim unterhält. Darüber hinaus führte ich Interviews mit Menschen, die Tieren aus dem Tierheim ein neues Zuhause gaben oder ein Tier abgaben, und ich beobachtete sie, während sie sich die heimatlosen Hunde und Katzen ansahen. Zusätzlich beobachtete und interviewte ich Menschen in städtischen Hundeauslaufgebieten und griff auf meine eigenen Überlegungen hinsichtlich meines fortwährenden Zusammenlebens mit Tieren zurück.

Der Titel dieses Buches stammt aus Antoine de Saint-Exupérys berühmtem Buch *Der kleine Prinz*, das schon seit langer Zeit zu meinen Lieblingsbüchern gehört. In Kapitel 21 durchquert der Prinz, nachdem er auf die Erde gekommen war, Wüsten und besteigt Berge, aber er findet keine Freunde, die seine große Einsamkeit vertreiben könnten. Um die Sache noch zu verschlimmern, findet er einen Rosengarten und der Anblick der Vielzahl an Rosen lässt ihn denken, dass seine geliebte, ihn jedoch große Mühe kostende Rose auf seinem eigenen Planeten doch nicht so einzigartig ist, wie sie eisern behauptet hatte. Er vermisst sie sehr und beginnt zu weinen. Da trifft der Prinz einen Fuchs und er lädt seinen neuen Bekannten ein, mit ihm zu spielen. Der Fuchs erklärt ihm, dass er nicht spielen kann, da er noch nicht gezähmt sei. Der Prinz fragt ihn, was „zähmen" bedeutet, und der Fuchs meint, dass es bedeutet, „sich vertraut zu machen". Das ist dem Prinzen keine Hilfe, der laut sagt: „Vertraut machen?"

Daraufhin liefert der Fuchs ihm eine Erklärung, die gut auf die Erfahrungen, die wir mit unseren tierischen Gefährten machen, übertragen werden kann:

> *„Gewiss", sagte der Fuchs. „Noch bist du für mich nichts als ein kleiner Junge, der hunderttausend anderen kleinen Jungen völlig gleicht. Ich brauche dich nicht, und du brauchst mich ebenso wenig. Ich bin für dich nur ein Fuchs, der hunderttausend Füchsen gleicht. Aber wenn du mich zähmst, werden wir einander brauchen. Du wirst für mich einzig sein in der Welt. Ich werde für dich einzig sein in der Welt ..."* [1]

Die Weisheit des Fuchses spricht Fragen an, mit denen ich mich in diesem Buch beschäftige. Hier soll untersucht werden, wie die Tiere, mit denen viele von uns ihr Leben teilen, für uns so einzigartig werden. Ich wollte herausfinden, wie wir einen Sinn für das Selbst in der Beziehung zu Tieren entwickeln und fand heraus, dass Tiere, um am Prozess der Entwicklung eines Selbst teilzuhaben, ebenfalls über ein Selbst verfügen müssen. Natürlich unterscheidet sich das Selbst von Tieren in seiner Ausprägung vom Selbst des Menschen. Tiere machen sich keine Sorgen darüber, was sie aus ihrem Leben machen werden, und sie schreiben auch keine Biografien. Dennoch macht ihr Selbst es den Tieren möglich, Beziehungen mit uns einzugehen und diese Beziehungen halten wiederum das Selbst aufrecht, stärken und stützen es. In diesem Buch untersuche ich, wie die verschiedenen Aspekte des Selbst von Tieren im Laufe unserer Interaktion mit ihnen für uns sichtbar werden.

Skeptiker werden dies als reinen Anthropomorphismus abtun, doch dem muss ich widersprechen. Obwohl ich mich dem Thema Anthropomorphismus später in diesem Buch ausführlicher widmen werde, möchte ich schon jetzt feststellen: Wenn Menschen einfach nur die Eigenschaften auf Tiere projizierten, die sie von ihnen erwarten, würde jedes beliebige Tier einen guten Gefährten abgeben. Die Recherche für dieses Buch führte ich in einem Tierheim durch und die anthropomorphe Projektion würde aus dem Vermittlungsprozess eine Situation machen, die einer Pizzabestellung gleich kommt. Man müsste das Tier nicht einmal persönlich treffen. Man könnte einfach ein Formular ausfüllen und beispielsweise nach einer grauen, weiblichen Katze verlangen und nehmen, was man bekommt. Und selbst wenn man die Tiere persönlich kennen lernen würde, wäre es nur notwendig, ein Tier auszusuchen, dessen Aussehen man mag. Ich werde in den späteren Kapiteln zeigen, dass eine Katze oder ein Hund, die oder der das richtige Aussehen hat, für eine bestimmte Person sehr oft gerade das falsche Tier sein kann. Durch meine Beobachtungen fand ich heraus, dass Menschen bei der Adoption von Tieren solche suchten, zu denen sie „eine Verbindung" spürten, wie sie es selbst beschrieben. Natürlich spielten immer auch das Aussehen und das Verhalten des Tieres eine Rolle, aber keine so große, wie diese Verbindung. Dieses Wort impliziert, dass es etwas geben muss, wodurch eine Verbindung zustande kommen kann. Und tatsächlich behaupte ich, dass dieses Etwas das Selbst des Tieres ist. Tiere verfügen über Elemente eines Kernselbst, die für uns während der Interaktion mit ihnen sichtbar werden. Andere Wissenschaftler haben bei Säuglingen Beweise für die Existenz dieses Kernselbst gefunden; seine Existenz ist also nicht von der Fähigkeit zum Gebrauch der Sprache abhängig. Darüber hinaus entsprechen die Elemente des Kernselbst dem, was William James und George Herbert Mead als „Ich", bzw. als den subjektiven Verstand, der so schwer zu erforschen ist, bezeichnet haben. Das richtige Tier zu finden heißt, eines zu finden, dessen Kernselbst mit dem unseren ineinander greift. Wir erkennen die Elemente des Kernselbst in einem Tier und durch diesen Prozess wird unser eigenes Selbst bestätigt.

Wenn sich aus der Interaktion eine Beziehung entwickelt, werden zusätzliche Dimensionen des Selbst zugänglich, da die intersubjektiven Fähigkeiten des Tieres sichtbar werden. Beziehungen bieten Menschen und Tieren beispielsweise die Möglichkeit, ihre Intentionen und Gefühle zu teilen. Dabei werden Gefühle nicht nur auf eine einfache Art („Ich weiß, was du weißt (oder fühlst)"), sondern auch auf komplexere Art („*Ich* weiß, dass *du* weißt, dass *ich* weiß, *was du weißt*") geteilt. Mit der Zeit muss dies zwangsläufig einen Einfluss auf unsere Identität haben. Mit anderen Worten: Tiere haben auf dieselbe Art Anteil an der Bildung unserer Identitäten wie andere Menschen. Sie fordern unsere Fähigkeiten zu Interaktion. Sie teilen viele unserer Gefühle und Absichten mit uns. Sie können uns überraschen und doch ist ihr Benehmen vorhersehbar. Darüber hinaus tragen sie zu unserer persönlichen Geschichte bei, und zwar auf eine so wesentliche Weise, dass eine Frau vorschlug, die ich interviewte, dass wir, anstatt Hundejahre in Menschenjahre umzurechnen, unser eigenes Leben lieber nach der Lebenserwartung der Tiere, die es mit uns geteilt haben, messen sollten.

Wenn Sie noch immer skeptisch sind, lassen Sie mich Ihnen einen weiteren Grund nennen, es nicht zu sein. Das Vorhaben, das ich im Kopf hatte, als ich mit diesem Projekt begann, war es, Menschen zu studieren, die zum ersten Mal in ihrem Erwachsenenleben oder sogar das erste Mal überhaupt ein Tier bei sich aufnehmen. Ich dachte, dass die Erforschung der Entwicklung der neuen Beziehungen zu Tieren mir helfen würde, die Rolle, die die Tiere bei der Ausbildung des Selbst spielen, zu erkennen. Die Tiere wären etwas Neues und Anderes im Leben der Menschen und es würde sich demzufolge die Möglichkeit ergeben, das Selbst „davor" und „danach" zu vergleichen.

Theoretisch klang das nach einem guten Plan. In der Praxis fand ich jedoch lediglich zwei Personen, die in diese Kategorie fielen. Alle anderen hatten seit ihrer Kindheit oder als Kinder Hunde oder Katzen gehabt.[2] Natürlich gab es in ihrem Leben Phasen ohne Tiere, zum Beispiel in den Jahren in einer Mietwohnung oder während der Ehe mit einem allergischen Ehepartner. Im Großen und Ganzen hatten jedoch die Menschen, die Tiere hatten, ihr ganzes Leben lang welche gehabt. Darüber hinaus teilte der Großteil der Menschen, der ein Tier nach Hause holte, bereits mit anderen Tieren den Haushalt. Meine Unfähigkeit, „jungfräuliche" Tierhalter zu finden, deutete darauf hin, dass Tiere im Leben der Menschen blieben, wenn sie es erst einmal betreten hatten. Diese kontinuierliche Präsenz von Tieren sagt etwas über ihren Einfluss auf das Selbst aus. Da Menschen, die tierische

Gefährten hatten, diese bereits seit einem Großteil ihres Lebens hatten, mussten die Tiere etwas bieten, das sie unentbehrlich macht. Wenn man sich erst einmal an dieses „unentbehrliche Etwas" gewöhnt hat, scheint ein Leben ohne es undenkbar.

Ich gebe zu, dass dies meinen eigenen Erfahrungen entspricht. Ich habe Tiere immer geliebt und es gab nur drei Jahre, in denen ich ohne sie lebte. Mein derzeitiger Haushalt beinhaltet vier Katzen und zwei Hunde. Über die Frage, die diesem Buch zugrunde liegt, begann ich mir bereits im Alter von acht Jahren Gedanken zu machen. Ein Streichelzoo hatte sich beim örtlichen Einkaufszentrum niedergelassen. Zusätzlich zu den üblichen Ziegen und Schafen gab es auch einen Babyelefanten. Ich möchte mir nicht vorstellen, aufgrund welcher Horrorereignisse es dieses Geschöpf in ein Einkaufszentrum im Westen New Yorks verschlagen hatte, doch die Begegnung mit diesem Tier veränderte mich für immer. Er war vielleicht einen halben Meter größer als ich und so musste ich meinen Kopf nur leicht heben, um ihm in die Augen sehen zu können. Er war mit einem Bein an etwas Schweres angekettet. Der Anblick der Kette quälte mich sehr. Er schwankte vor und zurück, wie es gelangweilte Elefanten tun, bis ich schließlich auf ihn zukam. Ich erinnere mich daran, wie seine Rippen sich dehnten und wieder zusammenzogen, als er seufzte. Ich berührte seine Haut und fühlte seinen Rüssel und die stoppeligen Haare an seinem Kinn. Ich ließ meine Hand über seine Ohren gleiten. Aber genauso, wie ich mich daran erinnern kann, wie er sich anfühlte, kann ich mich auch an seine Präsenz erinnern. Er hörte auf zu wanken und lehnte sich ganz leicht gegen mich. Wir waren beide sehr still. Ich konnte seinen Atem hören. Mir wurde klar, dass das hier ein anderes Wesen war, das den Kontakt dem Alleinsein vorzog, das eine persönliche Geschichte hatte, auch wenn sie zum Großteil sehr schrecklich gewesen war, und das Gefühle hatte, die von Ruhelosigkeit zu so etwas wie Zufriedenheit umschlagen konnten. Mein Vater ließ mich eine ungeheuer lange Zeit mit dem Elefanten verbringen und ich erinnere mich daran, gedacht zu haben: „Das ist kein Stofftier. Das ist nicht Dumbo. Das ist ein anderes Lebewesen, so wie ich und doch nicht wie ich." Als ich aus dem Einkaufszentrum zurückkam, konnte ich es nicht erwarten, unseren Hund zu sehen. Ich nahm ihn mit in mein Zimmer und erzählte ihm in einem stummen Gespräch, wie wichtig er für mich war und dankte ihm für das, was er war. Wie der Fuchs gesagt hatte, war er für mich der einzige Hund auf der Welt.[3]

Zu diesem Zeitpunkt begann ich, „Tiere zu beachten", um Marc Bekoffs passenden Ausdruck dafür zu verwenden. Es bedeutet, dass ich sie beachtete, das heißt mich um sie kümmerte. Es bedeutet aber auch, dass ich ihnen Gedanken, also einen Verstand zusprach, oder mich, wie er es formuliert, „fragte, was und wie sie fühlten und warum" (Bekoff 2002, 11). Ich interessiere mich für beide Bedeutungen und ich kann mein Interesse bis zu jener Zeit, zur der ich den Elefanten im Einkaufszentrum traf, zurückverfolgen. Eigene Studien durchzuführen, war erst Jahre später möglich. Als ich mich in den frühen 1990ern nach einem Thema für meine Doktorarbeit umsah, hatte ich die Idee, die Beziehungen zu Tieren zu untersuchen, verwarf sie jedoch wieder, weil ich kaum soziologische Literatur fand, auf die ich hätte aufbauen können. Ich bin sehr erfreut, dass sich das innerhalb eines Jahrzehnts geändert hat.

Auf der immer größer werdenden Liste der soziologischen Forschungen zu diesem Thema stehen unter anderem Clinton Sanders Arbeit über das Leben und Arbeiten mit Hunden (Sanders 1990, 1991, 1993, 1994a, 1994b, 1999, 2000; vgl. auch Robins et al. 1991); seine gemeinsam mit Arnold Arluke durchgeführte Studie über die Art und Weise, wie wir über Tiere denken (Sanders und Arluke 1993; Arluke und Sanders 1996); Arlukes Arbeit über die Verwendung von Tieren in der Forschung (Arluke 1991, 1994); Clifton Flynns Untersuchungen zum Thema Tiere und familiäre Gewalt (Flynn 1999, 2000a, 2000b); Corwin Kruses Forschungen zum Thema Geschlecht und Tierrechtsaktivismus (Kruse 1999); Jennifer Lerners und Linda Kalofs Studien über Tiere in der Werbung (Lerner und Kalof 1999); David Niberts Arbeit zum Thema Tierrechte (Nibert 1994, 2002) und Steven und Janet Algers Analyse der Kultur der Katzen (Alger und Alger 1997, 1999, 2003).

Im Jahr 2002 feierte die Zeitschrift *Society & Animals* das zehnjährige Jubiläum der ersten Publikationen der interdisziplinären Arbeit auf dem Gebiet der Mensch-Tier-Forschung. Im selben Jahr erkannte die *American Sociological Association* einen Zweig an, der sich mit Tieren und Gesellschaft beschäftigte, was bedeutet, dass mehrere hundert Soziologen ihr Interesse an diesem Thema bekundeten, indem sie sich diesem gerade entstehenden Zweig anschlossen. Natürlich gibt es Kritiker, die spotten: „Tiere und Gesellschaft – meine Güte! Was kommt als Nächstes?" Nichtsdestotrotz hat eine maßgebliche Gruppe von Soziologen entschieden, dass die soziale Welt nicht nur aus Menschen besteht.

Dieses Buch ist eine Arbeit interpretativer Soziologie, die darauf abzielt, eine empirisch begründete Theorie zu erstellen, die die Vorstellung dessen, was als „das Soziale" angesehen wird, erweitern kann. Ich wünsche mir jedoch, dass die in den Kapiteln enthaltenen Beweise über das Feld der Soziologie hinaus Bedeutung erlangen werden, und ich hoffe, dass unter den Lesern auch Menschen sein werden, die keine Soziologen sind. Mein Ziel ist es, mit diesem Buch eine Theorie zum Tier-Selbst vorzulegen. Die meisten von uns, die mit Tieren zusammenleben und sie lieben, wissen, dass sie über Gefühle, Vorlieben, Persönlichkeiten und andere, ähnliche Eigenschaften verfügen. Sanders und die Algers haben die Beziehungen der Menschen zu Tieren untersucht und gezeigt, dass es tatsächlich üblich ist, den Tieren ein Selbst zuzuschreiben. Es ist jedoch auch genauso üblich, dieses Zugeständnis als etwas abzutun, dem sich „Tierliebhaber" hingeben und das keine verifizierbare Basis besitzt. Die Aufgabe, die ich mir selbst stellte, war, eine solche Basis zu schaffen bzw. zu erfahren, welche Fähigkeiten der Tiere es uns möglich machen, ihnen ein Selbst zuzuschreiben. Hier ein Überblick, in welche Richtung sich die Erörterung entwickeln wird.

Die ersten drei Kapitel beschäftigen sich damit, wie wir – und damit meine ich uns menschliche Wesen – an jenem historischen Punkt anlangten, von dem aus wir beginnen konnten, uns ernsthafte Gedanken über das Selbst von Tieren zu machen. Die Art, wie ich diese Entwicklungen, die eine große Zeitspanne umfassen, wiedergebe, wird Historiker zusammenzucken lassen, doch meine Absicht ist es, eine vernünftige Zusammenfassung der Literatur zur Verfügung zu stellen. In Kapitel 1 gehe ich der Frage nach, wie und weshalb wir enge Beziehungen zu bestimmten Tierarten eingegangen sind. Das Kapitel beginnt mit der Geschichte der Domestizierung von Hund und Katze. Obwohl vieles, was wir wissen, noch Anlass zu Diskussionen gibt, konzentriere ich mich auf die überzeugendsten momentanen Belege dafür, wie Hund und Katze zu den bevorzugten tierischen Gefährten menschlicher Gesellschaften wurden. Danach untersuche ich einige der vorherrschenden Meinungen darüber, weshalb wir sie noch immer an unserem Leben teilhaben lassen wollen. Unter anderem geht es um die Vorstellung, dass Tiere ein Ersatz für menschliche Beziehungen sind (die Unzulänglichkeitstheorie), dass Tierhaltung im Zusammenhang mit Wohlstand und Müßiggang steht (die Überflusstheorie), dass Beziehungen zu Tieren es dem Menschen ermöglichen, Macht auszuüben (die Dominanztheorie) und dass die Evolution uns Menschen so geschaffen hat, dass wir den Tieren nahe sein wollen (die Biophilietheorie). Ich behaupte, dass jede Erklärung, die nur einen Faktor berücksichtigt, zum Scheitern verurteilt ist, vor allem, weil unsere Beziehungen zu Tieren im Verlauf der Zeit so viele verschiedene Bedeutungen gehabt haben.

In Kapitel 2 und 3 untersuche ich einige dieser Bedeutungen. Im Speziellen gehe ich den Begriffen und dahinter stehenden Konzepten „Tier“, „Haustier“ und „tierischer Gefährte“ auf den Grund und konzentriere mich dabei auf die sozialen und kulturellen Faktoren, die den Gebrauch eines jeden dieser Begriffe zu gewissen Zeiten bestimmten. Ich behaupte, dass unsere Beziehungen zu Tieren auf kultureller Ebene genauso viel über die Menschen aussagen wie über die Tiere selbst. Anders ausgedrückt hat die Frage, was ein „Tier“ ist und welche Rechte und Privilegien damit verbunden sind – oder genauer gesagt: nicht verbunden sind – viel mit der Definition dessen zu tun, wer vollkommen „menschlich“ ist. Der Begriff „Haustier“ offenbart dabei die Funktion der Klassenbeziehungen.

In Kapitel 4 führt der Schwerpunkt des Buches weg vom Theoretischen und Historischen hin zum Empirischen; hier wird auf die Untersuchungen, die ich in den Besucherräumen eines Ortes durchgeführt habe, den ich das Tierheim nenne, eingegangen (Leser, die sich für die von mir angewandten Methoden interessieren, finden dazu Details im Anhang).

Ich beginne mit der Beobachtung, dass die meisten Menschen, die ins Tierheim kommen, die Tiere lediglich anschauen und nicht mit nach Hause nehmen. Danach wird in diesem Kapitel analysiert, weshalb sich das Anschauen heimatloser Tiere solcher Beliebtheit erfreut, wobei sich die Analyse auf zwei Faktoren konzentriert, die beide in Richtung auf das Selbst der Tiere zielen. Der erste Faktor bezieht sich auf das „Anprobieren" möglicher Persönlichkeiten, ähnlich einem Schaufensterbummel, doch deshalb unterschiedlich, weil Tiere als selbstständig handelnde Wesen große Veränderungen im Leben der Menschen mit sich bringen. Der zweite Faktor bezieht sich auf die ästhetische Erfahrung beim Anschauen der Tiere. Ich beziehe mich auf die Theorie der Ästhetik und die Sozialpsychologie und behaupte, dass das Anschauen der Tiere sie als kohärente, physische Wesen zeigt. Dies wiederum deutet auf eine subjektive Fähigkeit der Tiere hin, was somit unseren eigenen Sinn für unser Selbst bestätigt.

Das Kapitel 5 untersucht die ersten Interaktionen zwischen den neuen Haltern und potenziellen Adoptionskandidaten. In diesem Kapitel werden die Haupt„typen" unter den Adoptionswilligen dargestellt: die, die auf der Suche nach einem Tier einer bestimmten Rasse, Größe oder Farbe sind und die, die einfach nur den „richtigen" Hund oder die „richtige" Katze finden wollen. Letzten Endes hängt die Anziehung davon ab, ob die jeweilige Person eine emotionale Verbindung zu dem Tier spürt. Die Analyse zeigt, dass viele der sozialpsychologischen Theorien und Konzepte über Zuneigung und Anziehung während der ersten Begegnung mit tierischen Gefährten wirksam werden.

Es ist einfach, dieses Gefühl als anthropomorphe Projektion abzutun, doch dadurch würde dieser Erfahrung ein schlechter Dienst erwiesen. Denn wenn das Gefühl einer Verbindung lediglich durch eine anthropomorphe Projektion entstünde, könnten Menschen beinahe alles, was sie sich wünschen, auf ein Tier projizieren. Um ein neues Tier mit nach Hause zu nehmen, wäre es dann nur notwendig, die Katze oder den Hund mit der richtigen Fellfarbe zu finden, die oder der die richtigen Befehle beherrscht. Üblicherweise spielt jedoch bei der Suche nach dem perfekten Tier sehr viel mehr eine Rolle, und die richtige Katze oder der richtige Hund ist manchmal genau die oder der Falsche für eine bestimmte Person. Die potenziellen neuen Halter suchen nach einem Gefühl dafür, wie der Hund oder die Katze wirklich ist. Mit anderen Worten: Sie versuchen, einen ersten Eindruck vom Selbst des Tieres zu bekommen. Indem genau beschrieben wird, wie Tiere dies ihren potenziellen neuen Haltern vermitteln, wird in diesem Kapitel der Grundstein für die darauf folgende Erörterung des Tier-Selbst gelegt.

Kapitel 6 skizziert das Modell des Selbst, das nicht von Sprache abhängig ist und das Tiere deshalb mit uns teilen können. Es gibt viele verschiedene Möglichkeiten, das Selbst in Begriffe zu fassen. Dazu gehören Seele oder Geist der Religion, das „innere Kind“ der Populärpsychologie und die wissenschaftlichere Darstellung der verschiedenen Rollen, die wir für ein Publikum spielen. Auch das Modell des Selbst als Erzählung rückt immer mehr ins Zentrum der Aufmerksamkeit; ein Modell, dass ich bereits in früheren Arbeiten verwendet habe (Irvine 1999, 2000).[4] Kurz gesagt: Es herrscht keine Einigung darüber, was das Selbst ist. Wissenschaftler der Postmoderne behaupten sogar, dass das Konzept an sich irrelevant geworden sei (vgl. Gergen 1991). Dieser Ansicht nach hat die durch die Technologie entstandene Komprimierung von Zeit und Raum die Möglichkeiten zur Interaktion auf eine Weise vervielfacht, dass die Diskussionen um ein einziges, „wahres“ Selbst überholt sind. Unsere täglichen Erfahrungen zeigen jedoch, dass das Fehlen einer theoretischen oder konzeptuellen Einigkeit darüber, was das Selbst ist – oder ob es existiert – wenig Bedeutung hat; es gibt da etwas. Wir machen die sehr reale Erfahrung, dass wir ein Selbst sind oder haben, das eine zentrale Position in unserem täglichen Leben einnimmt. Als ich die Interaktionen zwischen Menschen und Tieren in den Besuchsräumen des Tierheims untersuchte, stellte ich fest, dass verschiedenen Interaktionsformen das Motiv des Selbst gemein war. Mit anderen Worten: Die Art und Weise, wie Menschen mit Tieren interagierten, wies darauf hin, dass sie die Tiere als etwas ansahen, das zu dem beiträgt, wer sie selbst sind. Obwohl viele Dinge einen Beitrag dazu leisten, was wir sind – Kunst, Musik, Hobbys, die Natur – tun es Tiere auf andere Art und Weise.

Unsere Beziehungen zu Tieren ähneln mehr unseren Beziehungen zu anderen Menschen als jenen zu Objekten. Wir erkennen, dass Tiere über einen Verstand, Gefühle, Vorlieben und andere Eigenschaften verfügen, die auf ihre Subjektivität hinweisen. Die Frage, warum wir fähig sind, sie als solche Wesen zu sehen, birgt wichtige Fragen für die Sozialpsychologie, die sich auf Modelle verlässt, die auf der Sprache basieren, um die Subjektivität von Menschen zu erklären. Durch dieses Vertrauen auf die Sprache wird ein erheblicher Teil an Interaktionen als Informationsquelle ausgeklammert, die zum Selbst beitragen. Wenn Faktoren, die außerhalb der gesprochenen Sprache liegen, eine Rolle spielen – und ich behaupte, dass sie es tun – dann können Tiere an der Bildung des menschlichen Selbst Anteil haben. Damit die Tiere dies leisten können, müssen sie selbst subjektive Wesen sein. Aber wie können wir die subjektiven Wahrnehmungen von Tieren erkennen, wenn sie uns nicht sagen können, was sie fühlen und denken? Ich behaupte, dass wir nicht einmal die Subjektivität anderer Menschen direkt wahrnehmen können. Wir haben keinen direkten Zugang zu ihr. Wir nehmen sie stattdessen indirekt im Verlauf der Interaktion wahr.

In Kapitel 7 wird untersucht, wie wir die subjektive Präsenz der Tiere wahrnehmen. Die Diskussion vereint Aspekte von William James' Versuchen (1950 [1890], 1961 [1892]), die subjektive Wahrnehmung zu erforschen, und Gene Myers (1998) Untersuchungen zum Thema Interaktion zwischen

Kindern und Tieren, die wiederum auf Daniel Sterns Arbeit (1985) über die Manifestation der Persönlichkeit im Säuglingsalter basieren. Obwohl sich mein Interesse auf die Wahrnehmung erwachsener Menschen richtet, geben diese Arbeiten Einblick in die vorsprachlichen Eigenschaften des Selbst. Da vor dem Erlernen der Sprache mehrere Hinweise auf das Selbst auftreten, ist es vernünftig, abgesehen vom Menschen auch bei anderen in hohem Maße sozialen Wesen nach diesen Hinweisen Ausschau zu halten. Im Rahmen dessen werden in diesem Kapitel die Eigenschaften von Tieren besprochen, die es uns möglich machen, ihnen Subjektivität zuzuschreiben. Es werden vier Wahrnehmungsbereiche beschrieben, mit denen wir die Welt um uns herum ordnen. Diese wiederum dienen als empirische Hinweise auf das „Kern"-Selbst, gekennzeichnet durch die Fähigkeiten zu Tat, Kohärenz, Affektivität und der Existenz der persönlichen Geschichte. Anhand meiner Daten, die ich während der Interviews und dem Beobachten von Tierhaltern gesammelt habe, zeige ich, wie Hunde und Katzen diese vier Elemente des Kernselbst sichtbar machen. Das Kernselbst eines Tieres wird für uns in der Interaktion erkennbar und dies bestätigt gleichzeitig das Vorhandensein unseres eigenen Kernselbst. Das Gefühl einer Verbindung ist daher nicht auf bloße Vermenschlichung zurückzuführen. Es entstammt stattdessen der Übereinstimmung zwischen dem Kernselbst des Halters und dem des Tieres.

Das Kernselbst zeigt sich sozusagen in der Fähigkeit zur Intersubjektivität, womit ich geteilte subjektive Wahrnehmungen meine. In Kapitel 8 beschreiben Tierhalter Situationen, in denen sie Intentionen, Aufmerksamkeit und Emotionen mit ihren tierischen Gefährten teilten – obwohl keine gemeinsame gesprochene Sprache vorhanden ist. In der Diskussion richtet sich dabei das Hauptaugenmerk auf das Spiel als eine Handlung, die alle Aspekte der Intersubjektivität anspricht und die Erfahrung des Selbst sowohl beim Menschen als auch beim Tier bereichert.

Am Ende des Buches werden die Ergebnisse auf Theorie und Praxis ausgedehnt. Ich erörtere die theoretische Relevanz des tierischen Selbst in einer Zeit, die das Konzept des Selbst verstandesmäßig ablehnt. Mit der Behauptung, die Kritiker des Niedergangs des Selbst entbehren empirischer Schützenhilfe für ihre Argumente, trete ich angesichts der Beweise dafür ein, dass wir das tierische Selbst theoretisieren müssen. Weiter vertrete ich die Auffassung, dass dieser Status aufgrund des Gewichtes der Beweise in Bezug auf ein tierisches Selbst zu einer Veränderung unseres Verhaltens gegenüber Tieren führen muss. Nach Darlegung der beiden wichtigsten Positionen in Bezug auf Tiere (Tierschutz und Tierrechte) schließe ich mit der Feststellung, dass die logische – und moralische – Konsequenz daraus ist, die Auffassung zu unterstützen, dass Tiere einen ebenbürtigen Wert besitzen und nicht wie eine Sache behandelt werden dürfen. Die meisten westlichen Kulturen erkennen bereits seit längerem an, dass Tiere Leid empfinden können und deshalb daran interessiert sind, nicht zu leiden. Die Menschenrechtsgesetze sind Beweis einer weit verbreiteten Übereinkunft hinsichtlich unserer moralischen Verpflichtung, kein unnötiges Leid zu verursachen. Wir müssen diese Verpflichtung jedoch insofern vervollkommnen, als dass wir Tiere in gleichem Maße berücksichtigen, da eine moralische Verpflichtung gegenüber Objekten unlogisch ist. Das bedeutet, dass wir Tiere nicht wie Objekte behandeln können und dürfen, denn ihr Interesse daran, *nicht* so behandelt zu werden, verdient eine ebenbürtige Berücksichtigung.

Da die diesem Buch zu Grunde liegende Untersuchung in einem Tierheim stattfand, bedingte die Umgebung die Voraussetzungen, unter denen sich Menschen und Tiere begegneten. Mit anderen Worten: Meine Studien beziehen sich auf die Menschen, die heimatlose Tiere adoptierten und nicht auf Menschen, die beispielsweise Streuner aufnahmen, ihre Tiere von anderen Personen übernahmen oder bei einem Züchter kauften. Ich glaube aber, dass diese anderen Beziehungen es ebenfalls verdienen, untersucht zu werden. Obwohl die Tiere dieser Untersuchung verschiedene Fellfarben,

Größen und ganz unterschiedliche Vorgeschichten hatten, waren die Menschen durchweg weißer Hautfarbe und gehörten größtenteils der Mittelklasse bzw. der gehobenen Mittelklasse an, was die Demografie der Umgebung widerspiegelt. Dies ist eine interpretative Studie, die, obwohl auf empirischen Untersuchungen basierend, darauf abzielt, eine Theorie zu entwerfen. Sie beschreibt, was sich in dem mir zur Verfügung stehenden Umfeld darstellte. Ich hoffe, diese Studie kann als Ausgangspunkt für Studien dienen, denen eine größere Vielfalt an Teilnehmern, Menschen wie Tieren, zu Grunde liegt.

Kapitel 1

Wie und weshalb

Es überrascht nicht, dass zuerst die Tiere den Status häuslicher Gefährten erlangten, die die besten Voraussetzungen für diese Rolle mitbrachten, nämlich Hunde und Katzen.

Peter Messent und James Serpell (1981, 19-20)

Dieses Buch beschäftigt sich aus mehreren Gründen mit unserer Beziehung zu Hunden und Katzen. Erstens sind es in den Vereinigten Staaten die beliebtesten Haustiere; hier gibt es in beinahe 60 % aller Haushalte mindestens einen Hund oder eine Katze oder beides *(American Veterinary Association*, 2002).[1] Natürlich gibt es in vielen Haushalten auch Fische, Vögel, Hasen, Hamster, Reptilien, Frettchen und andere Tiere, insgesamt halten jedoch nur etwa 10 % der amerikanischen Haushalte diese „speziellen" oder auch „exotischen" Haustiere. Die Zahlen in anderen Industrienationen wie zum Beispiel auch Deutschland sind ähnlich. Zweitens gibt es nur wenige andere Tierarten, die unser Leben und unsere Behausungen auf dieselbe Weise mit uns teilen können wie Hund und Katze. Obwohl manche Menschen Hasen halten, die bei ihnen schlafen, und Vögel, die wissen, wann ihre Halter nach Hause kommen, sind Hund und Katze trotzdem auf einzigartige Weise geeignet, eng mit uns zusammenzuleben. Drittens, verbunden mit dieser Eignung, gibt es nur wenige andere Arten, die schon so lange und in diesem Maße domestiziert sind wie Hund und Katze. Dieses Kapitel beschäftigt sich zunächst mit der Frage, „wie" und „warum" Hund und Katze domestiziert wurden, um später einige Erklärungen dafür zu untersuchen, weshalb wir sie auch heute in unserem Leben haben möchten.

Der Begriff Domestizierung definiert den Prozess, wie eine bestimmte Art durch Pflege und Ernährung, vor allem aber durch Zucht unter die Kontrolle des Menschen gelangt. Die ersten domestizierten Lebewesen gehörten zur Familie der Canoidea (Hundeartigen), einer Überfamilie der Ordnung der Carnivora (Raubtiere), der 38 verschiedene Arten, darunter Kojoten, Haushunde und Wölfe angehören. Wahrscheinlich halfen die frühen Haushunde sogar bei der Domestizierung anderer Arten; ihre Fähigkeiten, Herden zusammenzutreiben und zu überwachen, legen nahe, dass sie an der Handhabung von Weidevieh wie Milchkühen, Schafen, Ziegen und Rindern beteiligt waren. Die Wissenschaftler sind sich nicht einig, zu welchem Zeitpunkt die Domestizierung des Hundes begann. Darüber hinaus gibt es etliche Ansichten in Hinblick auf seine Abstammung.[2] Die einen bezeichnen den Wolf, Canis lupus, als den Vorfahren des Hundes. Andere sind der Meinung, der Hund sei eine Kreuzung aus Wolf und anderen Arten der Gattung Canis, wie zum Beispiel Kojote oder Schakal, und wieder andere sehen in den wilden Arten der Familie der Canoidea, wie zum Beispiel dem nordamerikanischen oder asiatischen Pariahund oder dem australischen Dingo, die Vorfahren der Hunde.[3] Auf jeden Fall existieren die Haushunde, die heute unser Heim mit uns teilen, weil der Mensch in ihre Entwicklung eingegriffen hat, und zwar sowohl in ihre kulturelle, als auch in ihre biologische Entwicklung (vgl. Clutton-Brock 1994, 1995). Biologisch gesehen ähnelt die Domestizierung der natürlichen Evolution. Durch selektive Zucht kann der Mensch das Verhalten, die Größe, die Fellfarbe, die Stellung der Ohren und der Rute und andere Eigenschaften innerhalb weniger Generationen verändern – und tat dies auch. Kulturell gesehen bedeutet Domestizierung, dass eine Art „in die soziale Struktur der menschlichen Gemeinschaft eingebettet“ wird (Clutton-Brock 1995, 15). Der Wolf entwickelte sich zum Beispiel nicht nur zum Hund, weil sich seine physischen Merkmale und sein Verhalten änderten, sondern auch, weil ihn diese Veränderungen an die physischen, ästhetischen und rituellen Anforderungen der menschlichen Gemeinschaft anpassten. Diese Anpassung hatte vermutlich wiederum andere Veränderungen zu Folge. Helmut Hemmer (1990) verweist beispielsweise darauf, dass die Domestizierung die Reaktionen auf bestimmte

Arten von Stress verringert. Daraus ergeben sich wiederum physische Veränderungen. Der Haushund hat zum Beispiel im Allgemeinen ein kürzeres Fell als der Wolf, da er nicht mehr in derselben rauen Umgebung leben muss, und ein Windhund kann schneller laufen und besser sehen als ein Wolf, dafür hört er möglicherweise schlechter. Kurz gesagt unterscheidet sich die Welt, die ein Haushund wahrnimmt, wesentlich von der seiner wilden Vorfahren. Dies konnte ich selbst erfahren, als mein Hund Skipper eines Tages zwei spielenden jungen Füchsen begegnete, während er gerade frei über das Feld in der Nähe ihres Baus lief. Einer der beiden entdeckte Skipper (ich war relativ weit entfernt); die Füchse erstarrten und rannten dann davon, doch Skipper wollte mit ihnen spielen. Für die Füchse stellte Skipper eine Bedrohung dar, für Skipper, der es gewohnt war, mit seinen vierbeinigen Freunden auf dem Feld zu spielen, waren die Füchse potenzielle Spielkameraden.

Ungeachtet der Umstände, unter denen die Domestizierung des Hundes stattfand, ist es eine Tatsache, dass es der Spezies Hund dabei ausgesprochen gut erging. Sie haben sich ausgezeichnet an die menschliche Gesellschaft angepasst (vgl. Budiansky 1992). Während es in der ganzen zivilisierten Welt Hunde gibt, wurden Caniden, die Wölfe geblieben waren, mit Vehemenz ausgerottet.[4] Der Erfolg des Hundes ist unter anderem deshalb so außergewöhnlich, weil nur wenige Tierarten wirklich für die Domestizierung geeignet sind. Francis Galton, ein Pionier im Bereich der modernen Domestizierungstheorien (und ein Cousin von Charles Darwin) ist der Meinung, dass Tiere, die für die Domestizierung in Frage kommen, „zäh sein sollten und dazu fähig, mit einem geringen Maß an Pflege und Aufmerksamkeit zu überleben. Sie sollten eine angeborene Zuneigung zum Menschen besitzen. Sie sollten Annehmlichkeiten lieben und nützlich sein. Sie sollten gesellig sein, was es einfacher macht, eine Gruppe unter Kontrolle zu halten.“ (Zitat nach Sheldrake 1999, 18) Kurz: Hunde erfüllen diese Anforderungen ausgezeichnet.

Die bekannteste Theorie für die Domestizierung des Hundes ist zugleich die am wenigsten haltbare. Hier werden die herausragenden Fähigkeiten des Hundes bei der Jagd als Katalysator für die Beziehung zum Menschen angeführt. Dieser Darstellung nach folgten menschliche Jagdgesellschaften Rudeln wilder Hunde bei der Jagd. Sobald das Rudel ein Tier erlegt hatte, griffen die Menschen ein, nahmen die Beute an sich und hinterließen einige Brocken für die Hunde. Im Lauf der Zeit könnte sich so eine symbiotische Beziehung entwickelt haben, in der die jagenden Hunde dazu beitrugen, die Jagdmethoden der Menschen zu verbessern. Der früheste existierende Fund eines Haushundes – definitiv nicht die Überreste eines Wolfes – bei einer Ausgrabungsstätte in der Gegend des heutigen Oberkassel in Deutschland (vgl. Serpell 1988a; Clutton-Brock 1995) unterstützt diese Theorie. Der Fund stammt aus einer Zeit, zu der gerade kleine Speerspitzen aus Stein, Mikrolithe genannt, die schweren Äxte als Jagdwerkzeug ersetzt hatten. Der Theorie zufolge hing die Effizienz dieser Mikrolithe vom Einsatz von Jagdhunden ab, die Jagd auf die Beute machten und die verwundeten Tiere schließlich erlegten. Nach einer anderen Darstellung soll jedoch „die Idee einer frühen symbiotischen Jagdgemeinschaft von Mensch und Hund ein Mythos“ sein (Messent und Serpell 1981, 8). Hunde, die eigens für die Jagd mit Menschen gezüchtet wurden, sind eine relativ späte Entwicklung und Jäger und Sammler jagten (und jagen) nicht mit Hunden, obwohl Jagdgesellschaften oft von Hunden begleitet wurden (vgl. Sauer 1952). Stattdessen könnten gemeinsame Nahrungsquellen oder die Verwertung von Abfällen zur Domestizierung des Hundes geführt haben. Dieser Ansatz geht davon aus, dass mesolithische Siedlungen „vermutlich zu klein waren und zu wenig Abfälle produzierten, um einen ständigen Bestand an Wölfen zu ernähren“ (Messent und Serpell 1981, 9).

Nach einer weiteren Ansicht, die ich besonders überzeugend finde, ging die Domestizierung des Hundes „ohne Gedanken an den Nutzen“ (Messent und Serpell 1981, 10) vor sich. Historische Belege zeigen, dass die frühen Menschen alle möglichen Tiere zähmten. Die nützlichen Eigenschaften des Hundes beim Jagen, Bewachen und Hüten haben die Beziehung zwischen Mensch und Hund möglicherweise gefestigt, waren aber wahrscheinlich nicht der Grund für deren Entstehung. Stattdessen prädestinieren verschiedene biologische Eigenschaften und Verhaltensweisen den Hund dazu, sich leicht in menschliche Gruppen einzufügen. Zunächst durchläuft der Hund eine lange erste Sozialisierungsphase. Diese dauert einige Monate, in denen ein Welpe eine Bindung zu Menschen aufbauen kann, vorausgesetzt er hat ausreichend Kontakt zu ihnen. Im Gegensatz dazu sind andere Tiere wie Kühe und Pferde bei ihrer Geburt Nestflüchter. Sie stehen von Beginn an auf eigenen Beinen und werden viel früher erwachsen als Hunde. Obwohl auch diese Tiere eine emotionale Beziehung zu Menschen entwickeln können, integrieren sie Menschen nie in ihre sozialen Gruppen. Der Hund hingegen sieht Menschen als Zugehörige zur sozialen Gemeinschaft an. Constance Perin (1981, 80) meint dazu: „Die menschliche Familie ist jener Gruppe, in die sich Hunde aufgrund ihrer Anlagen einfügen, sehr ähnlich. In jedem guten Familienhund' können wir die biologische Basis dafür erkennen, dass diese beiden Arten zusammenleben können." Eine weitere Eigenschaft, die den Hund dafür prädestiniert, mit dem Menschen eine enge Bindung einzugehen und die ich später genauer behandeln möchte, ist sein ausgeprägter Spieltrieb. Da das Spiel zwischen Hund und Mensch keinen Wettbewerbscharakter besitzt, können Menschen aller Altersklassen daran teilnehmen, wodurch das Band zwischen den Arten weiter gestärkt wird. Darüber hinaus ist der Hund, im Gegensatz zu seinen wilden Artgenossen, tagaktiv, eine Eigenschaft, die er mit den Menschen gemeinsam hat.[5] Der Aktivitätszyklus des Hundes ist so ausgerichtet, dass er zur gleichen Zeit wie seine Menschen aktiv ist. Darüber hinaus sind Hunde bei der Verrichtung ihrer Notdurft peinlich genau und folgen ihren Gewohnheiten, wodurch sie leichter zur Stubenreinheit erzogen werden können als viele andere Tiere. Die physische Größe des Hundes mag ebenfalls eine Rolle gespielt haben, denn selbst der größte Hund ist kleiner als ein erwachsener Mensch und kann leichter in einer Wohnung gehalten werden als zum Beispiel ein Pferd, eine Giraffe oder ein Elefant.

Aus diesen und eventuell anderen Gründen war der Hund für die Rolle als Gefährte des Menschen prädestiniert. Nachdem er diese Lücke gefüllt hatte, waren keine anderen Spezies mehr dafür nötig. Obwohl auch zahlreiche andere Tierarten zu Gefährten des Menschen wurden, hat keine andere Art diesen Platz so erfolgreich besetzt.

„Das wollen sie auch gar nicht.", höre ich in Gedanken meine Katzen wie aus einem Mund sprechen. Die Ursprünge der Hauskatze sind schwerer auszumachen als die des Haushundes. Obgleich sich die Morphologie des Hundes wesentlich von der seiner Vorfahren unterscheidet, trennt die Katze nur wenig von ihrer vermutlichen Vorfahrin, der nordafrikanischen Wildkatze *Felis sylvestris libyca*.[6] Zudem scheint der Begriff „Domestikation" für den Prozess, den die Katze durchlaufen hat, kaum zutreffend, da hier auch die „Vergötterung" eine große Rolle spielte. Beides begann etwa 5000 vor unserer Zeitrechnung, als große landwirtschaftliche Gesellschaften entstanden (vgl. Clutton-Brock 1981). Während die Domestizierung des Hundes bereits vor der Entwicklung der Landwirtschaft stattfand, vollzog sich die Domestizierung der Katze vermutlich wegen dieser Entwicklung. Die Ägypter schätzten die Katze, da sie die Nagetiere jagte, die die Kornspeicher und somit die Basis der ägyptischen Wirtschaft bedrohten. Die Katze wurde jedoch nicht nur hoch geachtet, sie wurde schließlich auch zur Verkörperung der Göttin Bastet, Gottheit der Freude, Fruchtbarkeit und Mutterschaft (vgl. Bergler 1989; Siegal 1989). Das war der Beginn einer Verbindung zwischen der Katze und dem Weiblichen, die in anderen Kulturen zur Stigmatisierung führen oder sogar das Todesurteil bedeuten konnte. Im alten Ägypten wurden die Katzen jedoch vom Gesetz beschützt, in Tempeln verehrt und in Kunstwerken gewürdigt. Mit der Aufnahme der Katze in das ägyptische Familienleben begann eine Zeit, die ein Autor einmal als „das goldene Zeitalter in der durchwachsenen Geschichte der Hauskatze" (Siegal 1989, 4) bezeichnete. Wenn eine Katze starb, trauerte die Familie und als Zeichen dafür rasierten sich die Menschen die Augenbrauen ab. War die Familie reich, wurde der Katze ein aufwändiges Begräbnis zuteil. Bei archäologischen Ausgrabungen wurden zahlreiche Überreste mumifizierter Katzen gefunden. Die Ausfuhr einer Katze war in Ägypten zwar per Gesetz verboten, im 6. Jahrhundert v. Chr. kam dennoch die erste Katze via Griechenland nach Europa (Bergler 1989; Málek 1993). Archäologische Funde belegen, dass es ab der Mitte des 4. Jahrhunderts in Großbritannien und ab dem 10. Jahrhundert in ganz Europa Hauskatzen gab. Nach Nordamerika kam die Hauskatze erst sehr viel später, als sie die europäischen Siedler auf ihren Reisen begleitete.[7]

Obwohl sich die Katze ursprünglich dem Menschen zuwandte, weil er eine sichere Nahrungsquelle für sie bereithielt, bewahrte sie doch ihr unabhängiges Verhalten. Dieser Umstand wie auch die Stellung der Katze als Symbol des Weiblichen führte zu einer ablehnenden Haltung gegenüber der Katze, die als „sexuell geladen" sowie als „gefährlich, egoistisch und grausam" beschrieben wurde. Erst im späten 19. Jahrhundert war das positive Image der Katze wiederhergestellt und sie wurde ebenso als Haustier akzeptiert wie der Hund (Kete 1994, 116; vgl. auch Ritvo 1988). Die Anwesenheit von Katzen in vielen mittelständischen Haushalten signalisiert die veränderte Haltung der Menschen gegenüber diesem Tier und wie die angeblich übermäßige Freiheitsliebe und Sexualität der Katze ihre Bedrohlichkeit verloren haben. Dennoch lassen sich auch heute noch gewisse Spuren dieser früheren Stigmatisierung erkennen. Zum Beispiel kenne ich in Bezug auf Hunde keinen solchen Verkaufsschlager wie das Buch „Was tun mit toten Katzen. 101 praktische Anregungen." (Bond 1981 [1985]). Ein Autor meinte, dass die Katze zwar *domestiziert* sein mag, doch niemals *gezähmt* wurde (vgl. Leyhausen 1979). So konnten bei der Züchtung von Katzen beispielsweise nie dieselben Erfolge erzielt werden wie bei der Züchtung von Hunden. Mehr als 400 Hunderassen stehen weniger als 50 Katzenrassen gegenüber.[8] Im Gegensatz zu Hunderassen, die sich in Bezug auf Größe, Temperament und andere äußere Eigenschaften und Verhaltensmerkmale unterscheiden, sind es bei den Katzenrassen vor allem die Farbe und Felllänge.[9] Katzen sind wie Hunde in vielerlei Hinsicht prädestiniert mit Menschen zusammenzuleben. Sie durchlaufen ebenfalls eine lange erste Sozialisierungsphase, die es den Katzenwelpen ermöglicht, sich an den Menschen zu binden. Katzen haben ein großes Schlafbedürfnis – bis zu 20 Stunden am Tag – sind jedoch dämmerungsaktiv mit Perioden gesteigerter Aktivität am Morgen und am Abend, also zu Zeiten, in der die meisten Menschen Zeit haben, ihre

Gesellschaft zu genießen. Natürlich weiß jeder, der schon einmal mit einer Katze zusammengelebt hat, dass nach deren Vorstellung der „Morgen“ weit früher beginnt als die meisten Menschen ihren Tag beginnen möchten. Trotzdem deckt sich der Tagesablauf von Katzen im Großen und Ganzen mit dem der Menschen. Darüber hinaus benutzen Katzen bereitwillig die Katzentoilette und können sich selbst an ein Leben in der kleinsten Wohnung anpassen. Zudem fällt es Menschen leicht, mit einer Katze zu spielen. Durch einige Faktoren unterscheidet sich jedoch ihre Eingliederung in das Leben der Menschen von der Eingliederung des Hundes und lässt sie einigermaßen unvollständig erscheinen. Katzen sind keine geselligen Lebewesen (obwohl es natürlich Ausnahmen gibt). Katzen sind territorial, lieben aber auch den Komfort; aus diesem Grund gehen sie zwar eine symbiotische Beziehung mit dem Menschen ein, bewahren sich aber dennoch die Eigenschaften des einsamen Jägers. Die Allgegenwärtigkeit wild lebender Katzenkolonien zeigt, mit welcher Leichtigkeit sie auch zu einem Leben ohne Menschen zurückkehren können.

Kurz gesagt: Obwohl menschliche Gesellschaften alle möglichen Tiere eingegliedert haben, waren vor allem bestimmte Mitglieder der Familien der Canidae und Felidae dafür geeignet, das Leben mit uns zu teilen. Die Faktoren, die dies ermöglichten, sind nicht lediglich anthropomorphe Projektionen. Es sind vielmehr biologische und Verhaltensmerkmale, die unabhängig von unserer Vorstellung existieren. So bestand zum Beispiel der Instinkt von Katzen, sich einen lockeren Untergrund zu suchen, um dort zu koten und zu urinieren, bereits vor Erfindung der Katzentoilette, nicht umgekehrt. Der hündische Instinkt, bei einer Bedrohung seines Rudels zu bellen, wurde nicht erst durch das Bedürfnis des Menschen, sein Eigentum bewachen zu lassen, geweckt. Katzen und Hunde lernten diese Verhaltensweisen nicht von den Menschen. Sie sind vom Instinkt gesteuert und treten entsprechend der Entwicklung zum entsprechenden Zeitpunkt auf. Natürlich haben wir Menschen diese instinktiven Merkmale im Zuge der Domestizierung manipuliert, existiert haben sie jedoch schon vorher.

Trotz oder vielleicht gerade wegen ihrer Eignung zu einem Leben mit dem Menschen ist unsere Beziehung zu Hunden und Katzen einzigartig. Wir Menschen sind beispielsweise die einzige Spezies, die ständig und bewusst andere Arten in ihr Leben aufnimmt. Und obwohl beide Seiten von dieser Beziehung profitieren, wirft die bloße Existenz dieser Beziehung einige Fragen auf. Weshalb lassen wir beispielsweise ein fleischfressendes Raubtier wie den Hund in unsere Wohnung? Und warum holen wir auch noch Katzen mit ihren rasiermesserscharfen Krallen und der Angewohnheit, die Haare, die sie während der Fellpflege schlucken, wieder herauszuwürgen, dazu?[10] Die Leichtigkeit, mit der sich Hund und Katze an ein Leben mit dem Menschen angepasst haben, erklärt den Beginn unserer gegenseitigen Beziehung. Nun möchte ich mich mit einigen Interpretationen beschäftigen, weshalb wir auch weiterhin Tiere um uns haben möchten.

Weshalb halten wir Haustiere?

Die Defizit-Theorie

Eine Erklärung für die Anziehungskraft von Hunden und Katzen geht dahin, dass unsere Beziehungen zu diesen Tieren einen Ersatz für Beziehungen darstellen, die wir eigentlich mit anderen Menschen haben sollten (vgl. Shepard 1978, 1996). Dieser Auffassung nach wird die Mensch-Tier-Beziehung als verzerrter und unzulänglicher Ersatz für die Mensch-Mensch-Beziehung angesehen. Ich bezeichne dies als die Defizit-Theorie, da sie davon ausgeht, dass den Menschen, die die Gesellschaft von Tieren genießen, die Eigenschaften und Fähigkeiten fehlen, die es ihnen erlauben würden, die Gesellschaft von Menschen zu genießen. Weitere Ziele der Defizit-Theorie sind Umwelt- und Tierschützer, die mit der Behauptung verspottet werden, sie würden wohl eher einen Baum oder eine Laborratte als einen anderen Menschen retten.

Die Defizit-Theorie hat eine lange Geschichte. Wie ich im nächsten Kapitel erläutern werde, hielt sich die uralte Assoziation von der Verderbtheit von Tieren in den Köpfen der Menschen bis weit in die Neuzeit hinein. Sie repräsentiert die westlichen Ängste in Bezug auf die Abgrenzung zwischen Mensch und Tier. In ihrer brutalsten Form zeigte sie sich zur Zeit der Hexenjagden, wo allein schon die Beziehung zu einem Tier den Beweis dafür darstellte, mit dem Teufel im Bunde zu sein. Und die Tierfreunde des Beschuldigten – oder wahrscheinlicher: der Beschuldigten – gingen mit ihm bzw. ihr in den Tod. Zeitgenössische Versionen der Defizit-Theorie sind bei den Medien sehr beliebt, was schnell zu einer verzerrten Darstellung der Mensch-Tier-Beziehung führt. Man muss nicht lange suchen, um Berichte über Menschen – üblicherweise allein lebende Frauen – zu finden, die so damit beschäftigt sind Tiere zu retten, dass sie zu „Hortern" werden, wie man sie in Tierschutzkreisen nennt (vgl. Arluke et al. 2002). Andere Berichte stellen die Extreme heraus – in finanzieller oder anderer Hinsicht – zu denen sich Menschen für Tiere hinreißen lassen, weil sie keine andere Familie haben. Dann sind da noch Berichte wie dieser, der von einer Frau erzählt, die von ihrem Mann verlassen wurde, weil sie den Hund mehr liebte als ihn.[11] Natürlich gibt es Menschen, die eine außergewöhnliche Beziehung zu ihren Tieren haben. Nichtsdestotrotz verzerren Berichte, die sich lediglich auf die Extreme konzentrieren, das, was wir über die Mehrheit wissen. So wie Berichte über Alkoholiker und Magersüchtige nichts über moderate Trink- und Essgewohnheiten aussagen, lernen wir bei Geschichten über „Horter" und Exzentriker nichts in Bezug auf die durchschnittliche Beziehung zu Hunden oder Katzen.

Zusätzlich zur Sensationslust hat die Defizit-Theorie zwei weitere fatale Schwachstellen. Zum einen existiert keine Studie, die auf irgendwelche Fähigkeiten, Eigenschaften oder deren Fehlen hinweist, die bestimmte Menschen für den Umgang mit Tieren besonders befähigen. Wenn Beziehungen zu Tieren als Ersatz für die Beziehungen zu Menschen dienen würden, wäre zu erwarten, Beweise dafür zu finden, dass sich „Tier-Menschen" durch signifikante psychologische Indikatoren von Menschen ohne Beziehung zu Tieren unterscheiden. Psychologen und andere Gelehrte haben versucht, dies nachzuweisen, jedoch ohne Erfolg. Die umfassendste Persönlichkeitsstudie, die je in Bezug auf Tierbesitzer durchgeführt wurde, konnte keine eindeutigen Unterschiede zwischen Menschen, die Tiere besaßen, und solchen, die keine besaßen, nachweisen und ebenso wenig zwischen Katzen- und Hundebesitzern (vgl. Podberscek und Gosling 2000).[12] Ein Großteil der Studien zeigt, dass die meisten Menschen, die in Gesellschaft von Tieren leben, im Durchschnitt mehr oder weniger sind wie alle anderen. Eine Studie führt an, dass Menschen, die keine Haustiere haben, nicht aufgrund einer generellen Abneigung gegenüber Tieren auf diese verzichten (Guttman 1981). Stattdessen zeigen Menschen, die keine Haustiere besitzen, eine etwas stärkere Abneigung gegen dauerhafte Bindungen als Menschen mit Haustieren. Darüber hinaus legen sie in ihrer häuslichen Umgebung mehr Wert auf Reinlichkeit. Die gleiche Studie führt auch an, dass Haustierbesitzer oft die Vorteile des sich in Gesellschaft befindens als Grund für das Halten eines Tieres angeben. Haustierbesitzer erklärten, sich ohne ein Tier alleine zu fühlen. Sobald man an die Gegenwart eines Tieres gewöhnt ist, ist es schwer, ohne diese Beziehung auszukommen. Dies stellte ich auch im Verlauf meiner eigenen Studien fest. Viele Menschen sprachen zum Beispiel von der Leere, die sie in ihrem Haus verspürten, nachdem ihr Haustier verstorben war, und wie sie sich darauf freuten, bald wieder in Gesellschaft eines Hundes oder einer Katze zu leben. Personen, die aufgrund ihrer Lebensumstände kein Haustier halten können, sei es nun, weil sie viel auf Reisen sind oder weil ihr Vermieter es verbietet, gaben ebenfalls an, sich auf Zeiten zu freuen, in denen sie wieder einen Hund oder eine Katze würden halten können. Diese Fakten stimmen mit Studien überein, die ergeben haben, dass der signifikanteste Unterschied zwischen Hautierbesitzern und Nicht-Haustierbesitzern darin besteht, dass Haustierbesitzer bereits in ihrer Kindheit mit einem Tier zusammenlebten (Poresky et al. 1988). Insgesamt bestehen wahrscheinlich mehr Unterschiede innerhalb der Kategorie der „Tier-Menschen“ als zwischen „Tier-Menschen“ und Menschen ohne Haustier.[13]

Die zweite Schwachstelle der Defizit-Theorie ist folgende: Wenn Tiere tatsächlich als Ersatz für menschliche Beziehungen dienen würden, dann sollte der Großteil der Haustierbesitzer in der Singlebevölkerung zu finden sein. Stattdessen ist die Wahrscheinlichkeit, dass ein Tier zu einem Singlehaushalt gehört, am geringsten (*American Veterinary Medical Association* 2002). Die meisten Haustiere finden sich in Haushalten von Familien mit Kindern. Zudem gibt es keine Beweise, dass die Beziehung zu einem Tier die Beziehung zu anderen Menschen beeinträchtigen oder ihr sogar im Weg stehen könnte. Studien belegen stattdessen, dass Tiere, vor allem Hunde, als „soziale Vermittler“ dienen (vgl. Messent 1983; Robins et al. 1991; Sanders 1999). Sie bereichern unsere Beziehungen zu anderen Menschen und dies gilt in besonderem Maß für Hunde. Zum Beispiel haben Menschen, die in Begleitung eines Hundes öffentliche Plätze aufsuchen, häufiger und länger Kontakt zu anderen Menschen als solche ohne Hund (Messent 1983). Zudem ermöglichen es Hunde den Menschen, gegen den Grundsatz der „höflichen Nichtbeachtung" zu verstoßen. Der Begriff „höfliche Nichtbeachtung" („civil inattention") stammt von Erving Goffman (1963) und bezeichnet den Vorgang, der stattfindet, wenn wir die Anwesenheit einer anderen Person bemerken, beispielsweise im Bus oder in der Schlange an der Supermarktkasse, es jedoch vermeiden, mit dieser Person Augenkontakt aufzunehmen oder auf eine andere Art und Weise eine Kommunikation herzustellen. Wir richten unseren Blick auf einen imaginären Punkt und starren die Person nicht an. Hunde verwandeln ihre menschlichen Begleiter in, wie Goffman sie bezeichnet, „offene Personen"; zugänglich für Begrüßungen und Unterhaltungen. Hunde können laut Carol Brooks Gardner (1980) auch als so genannte „Erkennungszeichen" fungieren. Sie weisen ihre menschlichen Begleiter als „Hundefreunde" aus, was die Kommunikation mit anderen „Hundefreunden" erleichtert.[14] Eine persönliche Anekdote unterstreicht diesen Punkt: Etwa ein Jahr, nachdem ich Skipper zu mir genommen und mir eine Eigentumswohnung gekauft hatte, nahm ich an einem Treffen der Wohnungsinhaber teil. Ich saß neben einer Nachbarin, die bereits seit etwa vier Jahren im Haus wohnte. Als wir auf den Beginn der Veranstaltung warteten, kamen etwa ein Dutzend Personen auf mich zu, grüßten und wechselten einige Worte mit mir und eine Dame lud mich nach der Veranstaltung auf einen Drink zu sich nach Hause ein. Meine Sitznachbarin meinte darauf verblüfft, sie hätte in den vier Jahren außer mir nur eine weitere Person kennen gelernt. Ich erklärte ihr, dass ich alle diese Menschen durch unsere Hunde kennen gelernt hatte, die uns mehr Nachbarn „vorgestellt" hatten, als wir es alleine jemals geschafft hätten. Wir trafen einander regelmäßig bei unseren Spaziergängen, manchmal sogar zweimal am Tag. Wir kannten die Namen der Hunde, bevor wir die Namen der dazugehörigen Menschen kannten.[15] Dasselbe gilt für Katzen, wenn auch in geringerem Ausmaß, da Katzen ihre menschlichen Freunde selten in der Öffentlichkeit begleiten. Trotzdem ermöglichen es „Katzen-Erkennungszeichen" ebenso, die „höfliche Nichtbeachtung" außer Acht zu lassen. Mehr als einmal haben völlig fremde Personen ein Gespräch mit mir begonnen, weil sie bemerkt hatten, dass ich Socken mit Katzenmotiv oder Katzenohrringe trug.

Offensichtlich ist die Defizit-Theorie nicht in der Lage zu beweisen, dass Tiere als Ersatz für menschliche Beziehungen fungieren. Es gibt dazu jedoch noch einen anderen Punkt, der es wert ist, erwähnt zu werden. Groß angelegte Studien zeigen, dass die Gesellschaft eines Tieres positive physische, mentale, emotionale und weitere Auswirkungen auf Menschen hat (vgl. Fogle 1981; Siegel 1993; Beck und Katcher 1996; Wilson und Turner 1998; Podberscek et al. 2000). Tiere können in vielerlei Hinsicht therapeutisch wirken, auch wenn sie nicht explizit diese Rolle innehaben. Wäre dies nicht ein Beweis dafür, dass menschliche Defizite durch das Zusammenleben mit einem Tier beseitigt werden können? Ich meine, nein. In diesen Fällen sind die Tiere nicht Ersatz für etwas, das ihre Besitzer von anderen Menschen bekommen könnten oder sollten. Sie bieten etwas Einzigartiges. Die Beziehung ist eine völlig andere. Aaron Katcher (1981, 50) meint dazu: „Tiere sind kein Ersatz für die Beziehung zu anderen Menschen, sondern gehen mit uns eine Art von Beziehung ein, die andere Menschen nicht bieten können." Sie haben die angeborene und höchst therapeutische Fähigkeit, uns so zu akzeptieren wie wir sind. Egal in welcher Stimmung wir am Abend nach Hause kommen, sie sind da und „wirbeln die tote Luft im Zimmer auf", wie Thoreau es ausgedrückt haben soll (vgl. Perin 1981, 79).

Insgesamt weist die Defizit-Theorie auf den Bedarf an empirisch verankerten und theoretisch betriebenen Studien in Bezug auf die Beziehungen zwischen menschlichen und nichtmenschlichen Tieren hin. Wie Gene Myers meint: „Bis wir eine eindeutige Beschreibung für die Beziehungen zwischen Mensch und Tier haben, werden wir diese immer als verzerrte Mensch-Mensch-Beziehungen betrachten."

Die Überfluss-Theorie

Eine andere Theorie setzt den Besitz eines Haustieres mit wirtschaftlichem Wohlstand gleich. Genauer gesagt impliziert die Überfluss-Theorie, es sei Geldverschwendung, Tiere zu füttern, wenn wir uns eigentlich um andere Menschen kümmern sollten. Der vielleicht erste Beleg für diese Theorie tauchte bereits in den Schriften Plutarchs auf. Im Mittelalter gewann die Theorie an Einfluss, da die Kirchenoberen sie dazu verwendeten, Nonnen und Mönchen das Halten von Haustieren zu verbieten.[16] Harriet Ritvo (1987) fand umfassende dokumentarische Belege für die Überfluss-Theorie im England des 19. Jahrhunderts und auch heute noch scheint sie beträchtliches ideologisches Gewicht zu besitzen, denn in den Vereinigten Staaten dürfen Personen, die Essensmarken beziehen, diese nicht dafür verwenden, Hunde- oder Katzenfutter zu kaufen. Es scheint die Angst zu herrschen, die Armen könnten sich selbst – oder schlimmer, ihren Kindern – Essen vorenthalten, damit ihre Haustiere etwas zu fressen haben. Obwohl es wahrscheinlich Menschen geben wird, die auf ihr Essen verzichten, um ihre Tiere füttern zu können, entspricht dies wohl kaum der Norm. Im Laufe dieser Forschungsarbeit begegnete ich beispielsweise Menschen, die ihre Tiere abgeben mussten, weil sie sich ihre Haltung nicht mehr leisten konnten. Auf der anderen Seite kamen verwahrloste Tiere oft aus Vierteln, in denen ein Haus mehr als eine Million Dollars kostet.

Die Meinung, dass das Geld, das für Tiere ausgegeben wird, besser zur Versorgung der Armen eingesetzt werden sollte, bagatellisiert unsere Verpflichtung gegenüber unseren tierischen Gefährten. Mit der Domestikation bestimmter Tiere übernahmen wir gleichzeitig die Verantwortung für ihre Fürsorge (vgl. Rollin 1992; Beck und Katcher 1996).[17] Überdies resultiert aus einem Verantwortungsgefühl gegenüber Tieren nicht logischerweise die Vernachlässigung menschlicher Belange. Die Überzeugung, dass die Sorge um Tiere von der Sorge um Menschen ablenkt, wurde als „Verdrängungsthese“ etikettiert, weil diese Sorge verdrängtes Mitgefühl für andere Menschen verkörpert (Finsen und Finsen 1994, 26-30). Dagegen spricht, dass Menschen, die im Tierschutz aktiv sind oder Tierrechte vertreten, oftmals auch in anderen sozialen Belangen zu Gunsten von Menschen aktiv sind oder diese zumindest unterstützen (vgl. Nibert 1994). Dies ist schon lange so. Viele Bemühungen zu Gunsten von Tieren entstehen gleichzeitig mit solchen zu Gunsten von Menschen, wie Verbesserungen im Bildungswesen, in Gefängnissen und Nervenheilanstalten, die Abschaffung der Sklaverei und die Einführung des allgemeinen Wahlrechtes (vgl. Turner 1980). Mehrere Gründungsmitglieder der *American Society for the Prevention of Cruelty to Animals* (ASPCA) sowie die Gründer der SPCA in Großbritannien waren bekannte Verfechter der Abschaffung der Sklaverei. Henry Bergh, der Gründer der ASPCA, gründete auch die erste *Society for the Prevention of Cruelty to Children*, als 1874 die Sozialarbeiterin Etta Wheeler mit einem schwierigen Fall an ihn herantrat. Sie hatte versucht, die kleine Mary Ellen McCormack aus der Obhut ihrer Pflegeeltern zu befreien, die sie immer wieder furchtbar misshandelten. Die zuständigen Behörden wollten und konnten von Rechts wegen nicht eingreifen, nicht einmal zum Schutz des Kindes. So ging Wheeler zu Bergh, der eine Freigabe des Kindes erreichte und eine erfolgreiche Anklage gegen die Pflegeeltern führte (vgl. Coleman 1924; Finsen und Finsen 1994). Solche Beispiele gibt es im Überfluss. Frances Power Cobbe, britischer Gründer der *Victoria Street Society* gegen die Sektion am lebendigen Körper war ein Verfechter des allgemeinen Wahlrechtes. In den 1970er Jahren waren viele der Menschen, die im Tierschutz aktiv wurden, bereits Veteranen im Kampf um die Menschenrechte. In Susan Serplings Buch *Animal Liberators* (1988, 111) finden sich Berichte über ausführliche Interviews mit Tierrechtsaktivisten, von denen viele von sich sagen, sie würden „gegen ein System kämpfen, das Frauen, Minderheiten und Tiere unterdrückt". Zugegebenermaßen haben einige Tierrechtsaktivisten im Zuge ihrer Bemühungen Menschen verletzt und Eigentum zerstört (vgl. Jasper und Nelkin 1992). Überdies finanzierten die Nationalsozialisten ein groß angelegtes Programm zum Schutz von Tieren, während sie gleichzeitig die menschliche Würde zutiefst missachteten (vgl. Arluke und Sax 1992; Arluke und Sanders 1996). Abseits dieser

Ausnahmeerscheinungen entwickelten einige Wissenschaftler eine „Erweiterungs-These“, die im Gegensatz zur „Verdrängungs-These“ davon ausgeht, dass „die, die sich für das Wohlergehen einer unterdrückten Gruppe (gleich, ob Mensch oder Tier) einsetzen, ihre Aktivitäten auch auf den Schutz anderer Gruppen erweitern.“ (Finsen und Finsen 1994, 28) Niberts Studien weisen auf einen Zusammenhang hin zwischen dem Einsatz für Tierrechte und dem Einsatz für andere soziale Themen wie zum Beispiel Waffenkontrolle, Frauenrechte, Homosexuelle und Farbige. Menschen, die die Tierrechte ablehnen, sind mit größerer Wahrscheinlichkeit

> *„für einen leichteren Zugang zu Waffen und gegen das Recht auf Abtreibung, hegen rassistische Vorurteile, stehen zwischenmenschlicher Gewalt positiver gegenüber, geben bei Vergewaltigungen den Opfern die Schuld, stellen ihre Vorurteile gegenüber Homosexuellen offen zur Schau und sind weniger häufig dazu bereit, Menschen mit anderer sexueller Orientierung ein Recht auf freie Meinungsäußerung zuzugestehen.“ (Nibert 1994, 122)*

Die Überfluss-Theorie wirkt also nicht überzeugend, egal aus welchem Winkel man sie betrachtet. Haustiere leben nicht nur in Wohlstandsgesellschaften und fressen auch nicht die Nahrung, die eigentlich den Armen zusteht. Die Fürsorge für Tiere führt nicht zur Vernachlässigung menschlicher Bedürfnisse. Angesichts aller Belege dagegen stellt sich die Überfluss-Theorie als ideologisch heraus, beruhend auf der anthropozentrischen Behauptung, der Mensch sei mehr wert als das Tier.

Hier eine weitere Schwachstelle der Überfluss-Theorie: Auch wenn es stimmt, dass die Anzahl der Haustiere – zumindest in Amerika, Großbritannien und Deutschland – in der Zeit des Wirtschaftswachstums rasch wuchs, ist es höchst unwahrscheinlich, dass die wirtschaftliche Sicherheit den Grund für den Zuwachs an Haustieren darstellte. Die Anzahl der Haustiere schnellte im späten 19. Jahrhundert raketenartig in die Höhe, doch die potenziell entscheidenden Faktoren hierfür sind zahlreich. Obwohl ich im nächsten Kapitel näher darauf eingehen werde, möchte ich bereits hier einige Gründe nennen. Ein Impuls ging zunächst von Charles Darwin aus. Seine Ansicht von einem verwandtschaftlichen Verhältnis zwischen den Arten verringerte die Angst vor einer Verseuchung durch den Kontakt mit Tieren und schürte die Neugierde. Als Maschinen nach und nach die Tiere als Arbeitskräfte ablösten, sah man sie darüber hinaus bald als ein Symbol für einen älteren und einfacheren Lebensstil (vgl. Thomas 1983). Zur gleichen Zeit machten Fortschritte in der Veterinärmedizin, der Viehwirtschaft sowie in der Waffentechnologie „Menschen, die mit Tieren zu tun hatten, weniger anfällig für die Launen der Natur." (Ritvo 1988, 20) Die Natur im Allgemeinen war keine permanente Bedrohung mehr, wodurch die Menschen ihr mit mehr Zuneigung begegnen konnten. Sie konnte sogar als Gegenmittel zum hektischen, modernen Leben dienen. Die Menschen der Romantik konnten vorgeben, sich in der Wildnis wohl zu fühlen, in die sie vor dem modernen Fortschritt, der angeblich das menschliche Potenzial erstickte, geflohen waren (vgl. Noske 1997). War der Besitz eines Tieres lange Zeit nur der Elite vorbehalten, änderte sich dies ebenfalls ab Mitte bis Ende des 19. Jahrhunderts. Zur gleichen Zeit entwickelten sich die ersten Tierheime, die „für viele eine Gelegenheit boten, ihre geschätzten Haustiere sicher unterzubringen; eine Gelegenheit, die Hunderte in Anspruch nahmen, die ihre Tiere nicht anderweitig sichern konnten." (Coleman 1924, 210) Kurz gesagt: Sicherlich steigerte sich die Popularität von Tieren aufgrund der wirtschaftlichen Sicherheit; es kamen jedoch so viele Faktoren gleichzeitig zusammen, dass sie sicher nicht der einzige Grund für diese Entwicklung gewesen ist.

Die Dominanz-Theorie

Eine andere Erklärung geht davon aus, dass unsere tierischen Gefährten es uns erlaubten, Macht über die Natur zu bekunden. Aus dieser Perspektive gesehen sind Tiere nur ein Beispiel von vielen. Es gehörten Gärten, Aquarien,

Springbrunnen, Bonsai-Bäume und auch die Heckenschnittkunst dazu. Der bekannteste Verfechter dieser Theorie ist Yi-Fu Tuan, aus dessen Buch *Dominance and Affection: The Making of Pets* (1984) ich auch die Bezeichnung für diese Theorie übernommen habe. Tuan beginnt seine Ausführungen mit der unbedenklichen Behauptung: „Jeder Versuch, die menschliche Realität zu erklären, hat ihren Ausgang im Verständnis für die Natur der Macht." (Tuan 1984, 1) Dann räumt er ein, dass das Konzept der Macht nur eine „teilweise und verzerrte" Sichtweise zulässt, denn so sehr sich die Menschen auch bemühen zu dominieren, so sehr kooperieren sie auch mit anderen Menschen und kümmern sich umeinander. Die Zuneigung ist deshalb ebenfalls wichtig, um die „tägliche Instandhaltung der Welt" zu verstehen (Tuan 1984, 1). Anstatt die Zuneigung als Gegenteil von Dominanz darzustellen, gibt Tuan sie als ihre verwässerte, weniger offensive Version oder als „Dominanz mit menschlichem Antlitz" aus (Tuan 1984, 2). „Dominanz ohne Anzeichen von Zuneigung kann grausam und ausbeuterisch sein." schreibt er. „Sie erschafft das Opfer. Auf der anderen Seite kann Dominanz mit Zuneigung verbunden sein; so erschafft sie *das Haustier*." (Tuan 1984, 2; Hervorhebung der Autorin)

Zunächst empfand ich Tuans Ausführungen als beunruhigend. Ich fühlte mich von der Andeutung angegriffen, meine Hunde und Katzen, die bei mir ein komfortables Leben führen und denen es an nichts zu fehlen scheint, seien lediglich ein Ausdruck meines Bedürfnisses, andere Lebewesen zu dominieren. Ich denke, die meisten Menschen, die sich wirklich um ihre Tiere sorgen, empfinden diese Dominanz-Theorie als beunruhigend, denn sie impliziert Missbrauch. Tuan hingegen meint, dass Macht zwar dem Missbrauch unterliegt, Macht aber „nicht *zwangsläufig* missbraucht werden muss." (Tuan 1984, 2; Hervorhebung der Autorin) Laut Tuan macht erst ein Ungleichgewicht der Machtverhältnisse wahre Zuneigung möglich. In menschlichen Beziehungen kann dieses Ungleichgewicht eine liebevolle Form der Dominanz schaffen. Er veranschaulicht seinen Standpunkt anhand der Intimität in der Ehe. Als „zeitlich begrenztes Ungleichgewicht" bezeichnet er dabei die Zeiten, in denen ein Partner beispielsweise krank und auf die

Pflege des anderen angewiesen ist (Tuan 1984, 163). Jeder Ehepartner weiß, dass es Anlässe geben wird, die ihn vom anderen abhängig machen werden, und diese Verletzlichkeit macht echte Intimität erst möglich. Zwei ebenbürtige Individuen können füreinander niemals die Intimität und Zuneigung empfinden, die während einer Ehe möglich ist, behauptet Tuan. Wenn sie auf diese Weise praktiziert wird „ist Macht", wie Tuan es ausdrückt, „kreative Aufmerksamkeit", auch Liebe genannt (Tuan 1984, 176).

In Bezug auf Haustiere verhält sich die Situation ein wenig anders. Unsere Beziehungen zu ihnen sind zwangsläufig nicht ebenbürtig. Tiere sind darauf angewiesen, dass wir ihnen Futter und Wasser zur Verfügung stellen und sogar darauf, dass wir ihnen die Möglichkeit geben, sich zu lösen. Zusätzlich wird der Besitzer – zumindest wenn er verantwortungsvoll ist – Macht über das Tier ausüben, indem er es erzieht, impft und auch sonst medizinisch versorgen lässt. Er wird außerdem bei vielen alltäglichen Begebenheiten Macht ausüben, wenn der Hund oder die Katze etwas tun möchte – rausgehen, reinkommen, den Postboten anbellen, die Krallen an den Möbelbezügen wetzen – und der Besitzer das Verhalten des Tieres kontrollieren muss. In vielen Fällen erfolgt diese Kontrolle zum Wohle des Tieres; sie ist jedoch in jedem Fall ein unabdingbarer Bestandteil der Beziehung zwischen Mensch und Tier. Laut Tuan entspringt unsere Freude an der Gesellschaft von Tieren daraus, ihr „Meister" sein zu können. Wir beeinflussen ihr Verhalten auf eine Weise, die nicht natürlich ist und die andere Menschen nicht tolerieren würden. Wir geben ihnen kindische oder dümmliche Namen. Wir necken sie. Da die Freude am Umgang mit Tieren vor allem von deren Gehorsam abhängt, werden Tiere, die nicht gehorchen, bestraft, vernachlässigt und im Stich gelassen. Wenn sie schließlich alt, unbequem oder lästig werden, geben wir sie weg. Die unausweichliche Schlussfolgerung laut Tuan ist, dass wir Tiere benutzen. „Egal, ob wir [sie] aus wirtschaftlichen, spielerischen oder ästhetischen Gründen benutzen – wir benutzen sie", schreibt er. „Wir kümmern uns nicht zu ihrem Besten um sie, außer im Märchen." (Tuan 1984, 176; Hervorhebung im Original)

Tuan spricht einige stichhaltige Punkte an. Mir sind zahlreiche Beispiele der unmenschlichen Dinge begegnet, die Menschen Tieren antun, um ihre natürlichen und tierischen Angewohnheiten zu „kurieren". Da werden beispielsweise Katzen die vordersten Zehenknochen mitsamt den Krallen amputiert, damit sie die Möbel nicht mehr ruinieren können. Hunden werden die Stimmbänder durchtrennt, damit sie nicht mehr bellen können.[18] Würgehalsbänder und andere Starkzwangmittel werden eingesetzt, um Hunde zum Gehorsam zu zwingen. Es wird versucht, Katzen zu züchten, die keine Allergien auslösen. Dann, wenn sich die Tiere weiterhin nicht an den sich ständig verändernden Lebensstil des Menschen anpassen können, werden sie in Tierheime abgeschoben oder einfach ausgesetzt. Kurz: Es ist nicht schwer, Beispiele für die Richtigkeit der Dominanz-Theorie zu finden.

Wie die Überfluss-Theorie beschäftigt sich die Dominanz-Theorie jedoch nur mit einer Form der Beziehung zwischen Mensch und Tier, nämlich mit der zwischen „Besitzer" und „Haustier" (vgl. Serpell 1986). Was mir dabei in den Sinn kommt, ist „Tricky Woo", der überfütterte Pekinese aus den Büchern von James Herriot. Tricky war das typische „Haustier". Er lebte mit Mrs. Pumphrey zusammen, einer reichen Witwe, die ihn mit dem fettreichsten Futter verwöhnte, was unvermeidlich zu Verdauungsproblemen führte, die wiederum häufige Hausbesuche des Tierarztes Herriot nötig machten. Zusätzlich rief Mrs. Pumphrey Herriot wegen zahlloser anderer Notfälle herbei, von denen die meisten ihrer Einbildung oder Langeweile entsprangen. Später „schrieb" Tricky Herriot Dankeskarten und schickte ihm Geschenke wie Räucherheringe oder gute Zigarren. Offenkundig war es Mrs. Pumphrey gewohnt, Haustiere zu halten.

Solche Beziehungen zu Tieren gibt es tatsächlich. Tiere können als Mittel zum Zweck oder als Spielzeug dienen. Dies ist jedoch weder der einzige, noch der wichtigste Aspekt unserer Beziehung zu Tieren. Sie können unsere Freunde, Augen, Ohren und mehr sein. Überdies sollten die Praktiken, die der Begriff „Haustier" impliziert, nicht mit den humaneren und kooperativeren Praktiken, die die Beziehung zu „tierischen Gefährten" ausmachen, in einen

Topf geworfen werden. Auch wenn ich im nächsten Kapitel ausführlich darauf eingehen werde, möchte ich hier anmerken, dass der Begriff das Bestreben kennzeichnet, Tiere so zu akzeptieren, wie sie *sind* und nicht, wie sie *sein könnten*, würden sie sich nicht so sehr wie „Tiere" verhalten. Während das Haustier seinen menschlichen „Herrn und Meister" zufrieden stellen und unterhalten muss, hat ein tierischer Gefährte einen Partner oder Betreuer, der das Tier als ein Lebewesen mit völlig unterschiedlichen Verhaltensweisen anerkennt, das dennoch allen Respekt verdient. Ein Partner beispielsweise, der vor hat, seinen Hunde-Gefährten zu erziehen, wird damit beginnen, etwas über die Art und Weise herauszufinden, wie Hunde lernen und wie ihre sozialen Beziehungen funktionieren. Der Besitzer oder „Gebieter" hingegen wird den Hund einer anderen Person zur Erziehung überlassen oder sie selbst schlecht ausführen, indem er den Hund beispielsweise Stunden, nachdem dieser auf den Teppich uriniert hat, anschreit und dem Hund dadurch lediglich verwirrende Signale in einer fremden Sprache sendet, die diesem nichts darüber verraten, wie er sich richtig verhalten soll.

Ich zögere jedoch zuzustimmen, dass die menschliche Veranlagung, die sich in der Art der „Haustierhaltung" zeigt, alle Beziehungen zwischen Menschen und Tieren beschreibt. Die Praktiken, die mit der Haustierhaltung assoziiert werden, mögen tatsächlich das menschliche Bedürfnis offenbaren, über andere Lebewesen zu dominieren. Ich bin jedoch nicht davon überzeugt, dass dieses Bedürfnis auch Verhaltensweisen erklärt, die Alternativen zur Haustierhaltung darstellen. Selbstverständlich haben sich unsere tierischen Gefährten nicht freiwillig dafür entschieden, mit uns zu leben. Auch wenn ihre vollkommene Abhängigkeit von ihren menschlichen Beschützern in der Tat ein grundlegendes Ungleichgewicht schafft, muss dies nicht zwangsläufig zu Dominanz führen. Immerhin sind auch Kinder von ihren Eltern abhängig, doch die Elternschaft hat nichts mit Dominanz zu tun. In beiden Fällen resultieren aus der Versorgung und Pflege eines anderen Lebewesens Freuden und Belohnungen, die nichts mit Dominanz zu tun haben.

Ich hüte mich davor, sämtliche Verhaltensweisen einer Ursache zuzuordnen, vor allem einer, die so doppeldeutig ist wie die Macht. Wenn der Missbrauch von Tieren ein Zeichen von Macht ist und die Zuneigung zu Tieren ebenfalls, bleibt kein Platz mehr für Alternativen. Macht ist allgegenwärtig und alles ist ein Zeichen von Macht. Wenn das der Fall ist, dann ist es eine Frage des Glaubens, die Macht als ordnende Kraft zu akzeptieren. Obwohl ich zugeben muss, dass der Faktor Macht in allen sozialen Beziehungen eine instrumentale Rolle spielt, bin ich nicht davon überzeugt, dass er alles erklärt. Die Beziehungen zwischen Menschen und Tieren sind zu mannigfaltig und fließend, als dass sie auf einen einzelnen kausalen Faktor zurückzuführen sind.

Die Biophilie-Theorie

Vielleicht haben Menschen eine natürliche Verbindung zu Tieren – es scheint manchmal so – und dies erklärt die große Anziehungskraft von Hunden und Katzen. Dies ist der Kern einer weiteren Erklärung nicht nur für die Anziehungskraft, die von Haustieren ausgeht, sondern auch der Beziehungen zwischen dem Menschen und der Natur. Im Jahr 1984 veröffentlichte der Biologe Edward O. Wilson ein Buch mit dem Titel *Biophilia*, in dem er die These aufstellt, dass dem Menschen eine „angeborene emotionale Zuneigung" zu anderen Lebewesen innewohnt – „angeboren" in dem Sinn, als dass sie „erblich und somit Teil der urmenschlichen Natur" sei (vgl. Wilson 1993, 32). Mit anderen Worten: Wilson mutmaßt, dass die sinnvolle menschliche Existenz so sehr von unserer Beziehung zur Natur abhängt, dass ihr eine genetische und evolutionäre Basis zu Grunde liegt. Genau gesagt hat sie eine *biokulturelle* Basis. Unsere Gene und unsere Kultur entwickeln sich mit der Zeit parallel, die Gene beeinflussen bestimmte Verhaltensweisen, die die Überlebens- und Fortpflanzungschancen erhöhen. Während sich Sprache und Kultur entwickeln, führen sie gleichzeitig zu Verhaltensweisen, die sich durch die natürliche Selektion in der gesamten Bevölkerung ausgebreitet haben. Wilson verdeutlicht seine Theorie am Beispiel der Beziehung von Menschen zu Schlangen. Viele Menschen empfinden eine Abneigung gegen Schlangen, selbst wenn sie selten mit ihnen zu tun haben. Trotzdem finden wir Schlangen auch faszinierend; wir beobachten sie mit leichtem Gruseln in Gefangenschaft und viele Kulturen verwenden Schlangen in ihrer religiösen Symbolik. Wilson weist auch darauf hin, dass wir Menschen häufiger von Schlangen als von anderen Tieren träumen. Unsere Vorfahren, die Primaten, betrachten Schlangen mit derselben Mischung aus Abneigung und Faszination. In freier Natur stellt eine giftige Schlange für Affen eine ernst zu nehmende Gefahr dar; wenn ein Gorilla oder ein anderer Affe eine Schlange sieht, warnt er mit seinen Schreien die anderen in der Gruppe vor ihr. Anstatt jedoch vor der Schlange davonzulaufen, folgt ihr die Gruppe so lange, bis sie deren Revier verlassen hat. Die Gruppe zeigt also eine ähnliche Faszination, wie sie bei Menschen beobachtet werden kann. Laut Wilson verschlüsselte die natürliche Selektion die Notwendigkeit unserer Vorfahren, Schlangen zu meiden, in Verbindung mit den häufigen und unumgänglichen Begegnungen mit ihnen, zu angeborenem Angstgefühl bei gleichzeitiger Faszination. Als sich menschliche Kulturen entwickelten, trugen sie diese ererbte Reaktion in sich, welche sich in der Mythologie, in Geschichten, der Kunst und in Träumen manifestierte. Somit erzeugte ein biologischer Imperativ – die Notwendigkeit, Schlangen zu meiden –verhaltenstechnische *und* kulturelle Reaktionen. Andere Reaktionen, wie beispielsweise die Zuneigung zu Tieren, könnten sich durch denselben Prozess, jedoch unter einem anderen „Selektionsdruck sowie unter Beteiligung anderer Gene und Gehirnzentren", entwickelt haben (Wilson 1993, 34).

Auf den ersten Blick scheinen ausreichend Beweise für eine „angeborene" Zuneigung zur Natur und zu den Tieren vorzuliegen. Menschen schätzen Wohnungen mit Blick auf den Wald, die Berge oder das Wasser. Sie dekorieren ihre Wohnungen mit Pflanzen, die die Natur in die eigenen vier Wände holen sollen. Die Bilder an den Wänden zeigen häufiger Landschaften als irgendwelche anderen Motive (vgl. Halle 1993). Menschen beobachten gerne Tiere. Die Zahl der Amerikaner, die einen Zoo besuchen, ist höher als die Summe sämtlicher Besucher von Sportveranstaltungen. Darüber hinaus versuchen Zoos, die Tiergehege den natürlichen Umgebungen nachzuempfinden und in vielen großen Zoos leben die Tiere zumindest nicht länger in Einzelkäfigen. Das Beobachten von Vögeln, und sei es nur vom eigenen Balkon aus, ist mittlerweile so beliebt, dass Franchiseunternehmer vom Verkauf von Futterstellen, Vogelfutter, Ferngläsern und anderem Zubehör leben können. Für alle, die es sich leisten können, bieten Veranstaltungen wie Walexpeditionen die Möglichkeit, die Tiere aus nächster Nähe zu beobachten. Selbst zu Hause erhalten die Menschen durch das Fernsehen die Möglichkeit, eine große Auswahl an Natur- und Wildtierdokumentationen anzusehen. Zugleich führten die Weiterentwicklungen im Bereich der Bildaufzeichnungsverfahren dazu, den Zuschauern immer genauere Einblicke in das Leben von Tieren in ihrer natürlichen Umgebung zu vermitteln. Das Interesse an der Tierwelt führte zur Gründung des Kabel-TV-Senders *Animal Planet*, der ausschließlich Tierfilme sendet; von Steve Irwins unbezähmbaren *Crocodile Hunter* bis hin zu Reportagen über Tierquälerei. Die Faszination für Tiere beginnt bereits im frühen Kindesalter. Kinder scheinen ein natürliches Verhältnis zu Tieren zu haben. Sie tun so, als seien sie Tiere, sie sprechen mit Tieren, unter ihren Spielzeugen befinden sich viele Tiere und Tiercharaktere spielen die Hauptrollen in den Zeichentrickfilmen (vgl. Myers 1998; Melson 2001). Zudem steigt die Zahl der Haustiere immer mehr an. All diese Beispiele lassen sicher auf eine dem Menschen angeborene Zuneigung zur Natur schließen.

Oder doch nicht? Auch die Biophilie-Theorie enthält einige Schwachstellen. Zunächst ist sie geschichtlich nicht korrekt. Sie verwechselt Entwicklungen des späten 20. Jahrhunderts mit allgemeinen, langfristigen menschlichen Neigungen. Ein Beispiel: Bevor Rachel Carsons Buch *Silent Spring* [*Stummer Frühling*] (1962 [1964]) veröffentlicht wurde, lag die Sorge um die Umwelt vielen Menschen noch völlig fern. Über einen langen Zeitraum der neueren Geschichte hinweg empfanden die Menschen den Wald als „schauderhaften" und „düsteren" Ort (vgl. Thomas 1983, 194), dem nur Exzentriker Schönheit abgewinnen konnten. Tiere wurden lange Zeit als „Untiere“ und „Bestien“ betrachtet, die lediglich zur Befriedigung menschlicher Bedürfnisse existierten. Heute leben in den westlichen Kulturen so viele Menschen so eng mit Tieren zusammen, dass es hilfreich ist, sich daran zu erinnern, dass wir das nicht immer getan – und gewollt – haben. Wie Arluke und Sanders (1996, 191; vgl. auch Franklin 1999) darlegen: „Wie wir über Tiere und über uns selbst denken, ist, wie die Gesellschaft an sich, dem Wandel unterworfen.“ Noch vor ein oder zwei Generationen hatte man noch nie von Walbeobachtungstouren gehört und praktisch die einzigen Zimmerpflanzen waren die Veilchen, die die Großmutter gepflanzt hatte. Natürlich konnten es sich die Reichen immer leisten, Häuser zu bauen, die es ihnen ermöglichten, die Natur zu genießen. Der allgemeine Trend ging jedoch dahin, Bäume zu fällen, um das Bauen zu erleichtern, Feuchtgebiete trocken zu legen, um das Land „zurückzuerobern“, und Flüsse zur Gewinnung von Strom umzuleiten. Erst vor kurzem wurden die negativen Auswirkungen solcher Versuche, sich die Natur Untertan zu machen, weithin sichtbar. Dennoch bleibt die Frage, wie sich menschliche Interessen mit dem Umweltschutz vereinbaren lassen, heftig umstritten.[19]

Wenn die Liebe zur und die Achtung vor der Natur im Menschen genetisch angelegt wären, wie lässt sich dann unser offenkundiges Bestreben zur Zerstörung der Natur erklären? Ein Befürworter der Biophilie-Theorie würde wie Stephen Kellert (1993, 42) argumentieren, dass „selbst die Neigung, Bestandteile der Natur zu meiden, abzulehnen und manchmal auch zu zerstören als eine Erweiterung eines angeborenen Bedürfnisses angesehen werden kann, mit der großen Vielfalt an Leben um uns herum eine tiefe und intime Beziehung einzugehen.“ Hierin liegt ein weiteres Problem der Biophilie-Theorie: Wenn unsere Zuneigung zur Natur sowohl ihre Erhaltung als auch ihre Zerstörung erklärt, ist dieses Konzept tautologisch. Zudem setzt es die Existenz einer Art herrschenden Wesens voraus, dessen „Bedürfnisse“ befriedigt werden müssen. Um die Biophilie-Theorie akzeptieren zu können, muss ich beispielsweise zunächst den Vorrang der angeborenen „Bedürfnisse“ der menschlichen Rasse akzeptieren. Wie es beim Vorrang der Macht in der Dominanz-Theorie der Fall ist, ist dies eine Frage des Glaubens. Natürlich macht das unsere ethische Verantwortung gegenüber der Natur zu einem biologischen Imperativ (vgl. Kellert 1993). Dadurch setzt sich die Biophilie-Theorie jedoch rücksichtslos über alle anderen möglichen und unterschiedlichen Bedeutungen hinweg, die Individuen ihren Beziehungen zur Natur oder zu Tieren verleihen. Vielleicht haben wir eine genetische Veranlagung dazu, uns für Tiere zu interessieren, doch selbst wenn dies der Fall ist, brauchen wir weitreichendere Erklärungen. Wie Myers es ausdrückt: „Selbst wenn wir biologisch programmierte ‚Lernmaßstäbe' zur Biophilie in uns tragen, müssen wir dieses Potenzial im Kontext unserer gesamten menschlichen Fähigkeiten begründen." (Myers 1998, 45)

Es wäre sehr befriedigend zu verstehen, weshalb wir enge Beziehungen zu Tieren, insbesondere zu Hunden und Katzen, pflegen. Diese Freundschaften sind in vielerlei Hinsicht ungewöhnlich. Am Ende dieses Buches werde ich eine Antwort zusammengesetzt haben. Die einzelnen Bausteine dazu, die ich auf dem Weg dorthin darlegen werde, werden zeigen, wie alltägliche Beziehungen zu Tieren entstehen, statt von einem angeborenen „Bedürfnis" oder einer „Kraft" ausgelöst zu werden. Die Bedeutung der Tiere für uns ändert sich im Laufe der Geschichte und auch im Laufe eines Menschenlebens und enthüllt nicht nur, was wir über Tiere denken, sondern auch, was wir über uns selbst denken – sowohl als Kultur als auch als Individuen. Wie Adrian Franklin (1999, 53) erklärt: „Menschen mögen Tiere schon immer gemocht haben, doch die Geschichte lehrt uns, dass sie es auf sehr unterschiedliche Art unter sehr unterschiedlichen historischen Bedingungen taten." Im nächsten Kapitel gehe ich auf diese Aussage und ihre Bedeutung näher ein.

Sie und wir

Im Laufe der Geschichte wurden Tier und Mensch immer wieder miteinander verglichen, wobei große Unterschiede zwischen den einzelnen Spezies gemacht wurden, was wiederum dazu führte, dass diese auch unterschiedlich behandelt wurden. Die Ansichten hinsichtlich der Fähigkeiten und Stärken von Tieren umfassten die gesamte Skala von: Tiere besitzen großartigere Macht und Fähigkeiten als Menschen und wurden deshalb als Götter angesehen, bis hin zu: Tiere unterscheiden sich vom Menschen in jeglicher Hinsicht und haben daher nichts mit unserer Spezies gemein. Die Zuordnung von Überlegenheit oder Unterlegenheit geht praktisch immer mit diesen Bestimmungen einher. Und daraus folgt u.a. meist die Schlussfolgerung, dass diese Unterschiede ihre Ausbeutung rechtfertigen .

Elizabeth Atwood Lawrence (1995, 75)

Es gibt keine allgemein gültige Antwort auf die Frage, warum wir Menschen Beziehungen mit Hunden und Katzen eingehen, da diese Beziehungen niemals eine universelle, standardisierte Form hatten, die eine ein für alle Mal gültige Erklärung hervorbringen könnte. Obwohl Menschen schon seit Ewigkeiten mit Hunden und Katzen zusammenleben, hat sich die Bedeutung ihrer Beziehung zu ihnen im Laufe der Zeit verändert. Das Zusammenleben mit einem wilden Tier, das man gefangen und gezähmt hat, unterscheidet sich wesentlich von dem Zusammenleben mit einem wirklich domestizierten Tier und in keinem der beiden Fälle ist das Tier zwangsläufig ein Haustier.

Ein Haustier hat die Kategorisierung als „Tier“ bereits hinter sich gelassen*. Tiere sind im Vergleich zu Haustieren oft namenlose Wesen, was es für uns leichter macht, sie zu essen oder Experimente an ihnen durchzuführen. Zudem werden bei einem Haustier viele Verhaltensweisen, die wir bei anderen Tieren als abstoßend oder beängstigend empfinden, toleriert oder als liebenswert erachtet.

Jede Weise ein Tier zu verstehen, zu beschreiben oder zu behandeln ist historisch befrachtet. Jede Epoche hat ihr eigenes soziales Konstrukt von Tieren und ihren Beziehungen mit Menschen erschaffen. Ich verwende den Begriff „soziales Konstrukt“ mit besonderer Vorsicht – vor allem um auf Peter Bergers und Thomas Luckmanns (1967) Auffassung zu verweisen, dass bestimmte Einstellungen und Überzeugungen für die Wahrnehmung einer sozialen Gruppe im Hinblick auf die Realität mitbestimmend sind. In diesem und dem nächsten Kapitel widme ich mich einer selektiven, geschichtlichen Betrachtung der Einstellungen, Überzeugungen und sozialen Zusammenhänge, die zu den Kategorien „Tier“, „Haustier“ und „tierischer Gefährte“ geführt haben. Wenn ich sage, dass diese Kategorisierungen gesellschaftlich konstruiert wurden, möchte ich darauf hinweisen, dass es a priori keinen Unterschied zwischen einem „Tier“ und einem „Haustier“ gibt. Es ist eine Frage der Konventionen, dass Amerikaner und Europäer zwar Kühe, aber keine Pudel essen.[1] Die Normen und linguistischen Gepflogenheiten, die es uns ermöglichen, Tiere von Menschen oder Tiere von Haustieren zu unterscheiden, sind nicht absolut. Sie können am ehesten als soziale Konstrukte bezeichnet werden, wobei die Grenze zwischen Mensch und Tier durchaus eines der ersten Konstrukte sein kann. Diese Grenze ist nicht „natürlich“ – sie transportiert bestimmte menschliche Ziele und Konflikte. Ihre Macht liegt in der Weise, wie sie als objektive Realität wahrgenommen wird.

* Das englische Wort für Haustier, „pet“, beinhaltet im Gegensatz zum deutschen Begriff das Wort „Tier“ („animal“) nicht mehr. Die Autorin verwendet anstatt des für sie eher negativ besetzten Begriffes „pet“ den Begriff „companion animal“ (in etwa: „tierischer Gefährte“). Dieser Begriff gibt lt. Irvine dem „pet“ einen Teil seiner tierischen Würde zurück.

Ich möchte allerdings auf die Grenzen hinweisen, die meiner Verwendung des Begriffes „soziales Konstrukt", wie ich ihn gebrauche, zu Grunde liegen. Ich meine damit nicht, dass die einzelnen Tiere selbst soziale Konstrukte sind. Wie schon in Kapitel 1 erwähnt, zeigen Hunde und Katzen viele Verhaltensweisen, die unabhängig der menschlichen Vorstellungen von ihnen existieren. Trotzdem nehmen wir Tiere durch „komplexe und aus sedimentierten Schichten bestehende" Kategorien wahr, von denen einige sozial konstruiert wurden (Shapiro 1990, 193). So sehen wir bestimmte Hunde oder Katzen zum Beispiel (unter anderem) als Repräsentanten ihrer Spezies („der Hund", „die Katze"), als vom Instinkt geleitete Lebewesen („Tier") und, je nach Einstellung, als gefügiges, lebendiges Spielzeug („Haustier") oder vierbeinigen Freund („Gefährte"). Unsere Beziehung zu einem Tier wird von all diesen sozialen Konstrukten beeinflusst, vor allem deshalb, weil wir Menschen Tiere, speziell Hunde, so gezüchtet haben, dass diese Konstrukte zum Leben erweckt werden.

Glücklicherweise beinhalten unsere Beziehungen zu Tieren mehr als soziale Konstrukte. Wie wir in den nächsten Kapiteln sehen werden, stützen sie sich auf erlebte Geschichte und einzelne Persönlichkeiten. Unsere Beziehungen sind nicht auf soziale Konstrukte beschränkt, sind jedoch auch nicht von ihnen unabhängig. Um die täglichen Erfahrungen im Zusammenleben mit Tieren zu verstehen, ist es hilfreich, einige der sozialen Konstrukte zu verstehen, die diese Erfahrungen teilweise beeinflussen.

Anthropozentrismus

Die Konstruktion der Kategorie „Tier“

Die Kategorie „Tier“, als vom Menschen verschieden und ihm unterlegen, entwickelte sich wahrscheinlich mit dem Übergang vom Jäger und Sammler zum Bauern. Fundstücke weisen darauf hin, dass primitive Völker mit der Natur in respektvollem Einklang lebten (vgl. Ingold 1994; Schwabe 1994; Noske 1997). Obwohl sie sicherlich eine Unterscheidung zwischen sich selbst und den Tieren treffen konnten, gibt es keine Hinweise darauf, dass sie sich den Wesen um sie herum überlegen fühlten. Sie nutzten die Körper der Tiere, um ihre materiellen Bedürfnisse des Lebens zu befriedigen, verstanden die Tiere aber auch als Wesen, die für sie eine große spirituelle Bedeutung hatten. John Berger (1980, 2) meint dazu: „Anzunehmen, dass Tiere den Menschen in erster Linie als Fleisch-, Leder- und Hornlieferanten in den Sinn kamen, würde bedeuten, eine Ansicht, die im 19. Jahrhundert herrschte, auf die vorhergehenden Jahrtausende zu übertragen. Tiere wurden zuallererst als Boten und Verheißungen wahrgenommen.“ Es ist keine bloße Romantisierung zu behaupten, dass viele, wenn nicht gar die meisten primitiven Völker die Tiere als ihnen überlegen betrachteten und ihnen magische, wenn nicht gar göttliche Kräfte zuschrieben. Tatsächlich waren Tiere die ersten Symbole. Sie stehen Pate für acht der zwölf Sternzeichen und zahlreiche Mythen über die Entstehung der Welt zeigen Bilder von Tieren, die den Erdball tragen, um nur zwei von unzähligen Beispielen aufzuzeigen. Die primitiven Völker erkannten, dass Tiere in vielerlei Hinsicht dem Menschen glichen; jedoch unterschiedlich genug waren, sie zu befähigen, Dinge zu erklären und zu vollbringen, die den Menschen nicht möglich waren. Berger argumentiert:

„Die Tiere vermittelten zwischen Menschen und ihrem eigenen Ursprung, weil sie dem Menschen sowohl ähnlich als auch unähnlich waren. Tiere kamen von einem Ort hinter dem Horizont. Sie gehörten dorthin *und* hierhin. *Zugleich waren sie sterblich und unsterblich. Das Blut der Tiere floss wie das Blut der Menschen, doch ihre Art an sich war unsterblich und jeder Löwe war Löwe und jedes Rind war Rind. Dies – der vielleicht erste existenzielle Dualismus – spiegelte sich im Umgang mit den Tieren wider. Sie wurden unterworfen* und *verehrt, gezüchtet* und *geopfert."*
(Berger 1980, 4-5; Hervorhebung im Original)

Die Elemente der Verehrung und der damit einhergehenden spirituellen Verbindung zu Tieren fielen aus dem Gleichgewicht, als sich die Bedeutung des Begriffs Produktion in der menschlichen Gesellschaft veränderte. Die Anthropologin und Tierärztin Elizabeth Lawrence (1986, 46) meint dazu, dass es „nicht möglich ist, die Bedeutung des Wandels des Menschen vom Jäger und Sammler zum Domestizierer von Pflanzen und Tieren zu überschätzen." Die Jäger und Sammler nahmen sich, was sie zum Überleben brauchten. Ihr schlichtes Überleben bedeutete jedoch, dass sie die Umgebung, von der sie abhängig waren, nicht über die Maßen ausbeuten konnten. Die Wandlung zum Bauern verlangte dagegen sowohl ein intimes Verhältnis zur Natur, als auch den Willen, sie zu erobern bzw. zu unterwerfen. Indem er unerwünschte Pflanzen und Tiere entfernt und sie als „Unkraut" bzw. „Plage" bezeichnet, arbeitet der Bauer gegen die Natur. Außerdem greift er in die Wasserverteilung und die Reproduktion von Getreide ein. Konsequenterweise verlangte die Wandlung zum Bauern auch die Bildung „neuer Ideologien… die die Bauern von Schuld freisprachen und es ihnen ermöglichten, ihre gewissenlosen Pläne zur Erweiterung und Unterwerfung mit reinem Gewissen weiterzuverfolgen." (Serpell 1986, 218) Gruppen, die Ideologien verfolgten, durch die sie sich von der Natur entfernten, waren am erfolgreichsten. Der Erfolg sesshafter, landwirtschaftlicher Gruppen erforderte ein Dominanzdenken, das seine Rechtfertigung aus der Überzeugung nahm, Tiere seien nicht nur die „Anderen", sondern den Menschen auch unterlegen (vgl. Thomas 1983; Tuan 1984; Franklin 1999). Dies ist der Punkt, an dem die Trennlinie zwischen Mensch und Tier zu einem sozialen Konstrukt wird: Sie ist weder natürlich noch unvermeidlich; sie ist ein Produkt der Macht, die der Mensch über andere Lebewesen ausübt. Der „Fortschritt" verlangte von den menschlichen Gemeinschaften, die natürliche Welt und die in ihr lebenden nichtmenschlichen Tiere als „grundlegend verschieden und ontologisch getrennt" von ihrer eigenen zu erklären (Wolch 1998, 121). So kam es nicht nur zu einer Unterscheidung, sondern auch zu einem Ungleichgewicht, denn in Bezug auf nichtmenschliche Tiere bedeutete „verschieden" soviel wie „minderwertig". Die Ideologie des Anthropozentrismus, die den Menschen als im Zentrum der Schöpfung stehend sieht, verdrängte allmählich den Respekt vor dem Rest der Natur.

Monotheistische Religionen wie das Judentum, der Islam oder das Christentum rechtfertigen alle eine strenge Form des Anthropozentrismus, das sogenannte „Herrentum", was das gottgegebene Recht bedeutet, über die Natur zu herrschen.[2] Hier zum Beispiel die berühmte Passage aus der Genesis 1:28:

> *„Gott segnete sie und sprach zu ihnen: Seid fruchtbar und mehret euch und füllet die Erde und machet sie euch Untertan und herrschet über die Fische im Meer und über die Vögel unter dem Himmel und über alles Getiere, das auf Erden kriecht."*
>
> *(Dt. Übersetzung aus der Luther-Bibel)*

Für die Weisung „zu herrschen" waren die Menschen als Spezies jedoch bedauerlich schlecht gerüstet. Die Herrschaft auszuüben gelang deshalb nur mit Hilfe von Tieren, die die Fähigkeiten und Stärken besaßen, an denen es den Menschen mangelte. Indem bestimmten Arten erlaubt wurde, eine enge Arbeitsbeziehung mit den Menschen einzugehen, erwarben diese Tiere einen Sonderstatus abseits der Trennlinie zwischen Mensch und Tier. Die Weisung „Du sollst dem Ochsen zum Dreschen keinen Maulkorb anlegen" (Deuteronomium 25:4) befiehlt beispielsweise den Bauern, ihr Lastvieh an den Früchten ihrer Arbeit teilhaben zu lassen. Die Weisung, den Sabbath zu befolgen, beinhaltet den Zusatz, dass auch „dein Rind und dein Esel und dein ganzes Vieh“ (Deuteronomium 5:14) ruhen sollen.[3]

Da Tiere eine wichtige Rolle in der Gesellschaft spielten, kam es zu Diskussionen über ihren Status und die richtige Behandlung. Genauer gesagt kam es zu diesen Diskussionen, weil die Tiere uns Menschen in vielerlei Hinsicht so ähnlich waren. Wie Berger (1980, 5) es ausdrückt: „Durch die Parallelität ihrer ähnlichen/ unähnlichen Lebensweisen provozierten die Tiere einige der ersten Fragen und lieferten Antworten.“ Während die frühen Philosophen mit Fragen zu Moral und Gerechtigkeit kämpften, versuchten sie gleichzeitig festzustellen, wer über die notwendigen geistigen und spirituellen Fähigkeiten verfügte, um moralisch und gerecht zu handeln. Nebenbei kursierten zahlreiche verschiedene Ansichten zum Status von Tieren (vgl. Sorabji 1993). Zum Beispiel glaubten die Pythagoreer und Platoniker, dass Tieren reinkarnierte menschliche und daher rationale Seelen innewohnten.[4] Die Zyniker behaupteten, dass Tiere überlegene Wesen seien. Erst im 4. Jahrhundert vor Christus sprach Aristoteles den Tieren ihre Rationalität ab und löste damit „sowohl in der Philosophie des Geistes als auch in der Moraltheorie eine Krise“ aus, deren Folgen bis heute umstritten sind (Sorabji 1993, 7).[5] Auf die Gefahr hin, ein hoch entwickeltes, philosophisches System zu vereinfachen: Aristoteles gestand dem Tier zwar ein hohes Maß an Wahrnehmungsvermögen zu, sprach ihm jedoch Vernunft, Gedanken, Intellekt und Glauben ab. In seinem Werk *Politik* unterteilte er die Welt in die, die ihr eigenes Leben planen können, und die, denen das nicht möglich ist. Er positionierte die unterschiedlichen Lebewesen aufgrund ihrer rationalen Fähigkeiten auf einer „Leiter des Lebens“, wobei er die Menschen auf die oberste und die leblosen Dinge auf die unterste Sprosse setzte. In Anlehnung an Plato teilte er die Menschen darüber hinaus in höhere und niedrigere Klassen ein, wobei solche mit geringerem Intellekt (als die Griechen) zu Sklaven bestimmt wurden. Tiere hatten vorgeblich noch weniger intellektuelle Fähigkeiten als die Sklaven und wurden, da die Natur ja nichts grundlos hervorbrachte, dafür vorgesehen, den vollkommeneren

Menschen zu dienen. Im 3. Jahrhundert vor Christus verschärften die Stoiker die Unterscheidung zwischen Mensch und Tier weiter, indem sie Tieren jegliche Form von gesetzlichem Schutz versagten, da diese nicht dazu in der Lage waren, ihre Einwilligung zu geben oder zu verweigern. Im 4. Jahrhundert nach Christus hielt die Theorie der Stoiker mittels der Schriften des Augustinus Einzug in die christliche Glaubenslehre. In *De civitate Dei* (*Über den Gottesstaat*) beharrte Augustinus darauf, dass das Gebot „Du sollst nicht töten" sich nicht auf Tiere bezieht, da sie „unserer Gemeinschaft nicht zugehörig sind, weil ihr Leben und Sterben unserem Nutzen unterworfen ist" (1.20, verfasst 413 n. Chr.). Überdies interpretierte Augustinus eine Handlung, die Jesus zugeordnet wird, als Beweis für die Gültigkeit der Doktrin der Stoiker: Im Neuen Testament findet sich eine Geschichte darüber, wie Jesus einen Mann von Dämonen befreit und diese in eine Herde Schweine fahren lässt, die sich daraufhin über eine Klippe ins Meer stürzt (vgl. Matthäus 8:28-32; Markus 5:1-17). Mit dieser Tat erklärte laut Augustinus Christus die Ansicht der Stoiker für gültig, dass Tiere nicht zur vom Gesetz geschützten Gemeinschaft gehören. Lawrence weist darauf hin, dass die Bedeutung der Unterscheidung zwischen Mensch und Tier in der frühchristlichen Kirche mit der Unterscheidung zwischen Christen und Heiden zusammenhing. Da sich die Tiere der Antike leicht in Menschen verwandeln konnten und umgekehrt (Ovids *Metamorphosen* sind ein gutes Beispiel dafür), lehnten die frühen Kirchenväter entschieden „eine Zweideutigkeit von Lebewesen ab und errichteten entschlossen die Doktrin, dass Mensch und Tier qualitativ unterschiedlich sind" (Lawrence 1995, 76).

Im 13. Jahrhundert nach Christus wurde das rationalistische, katholische Dogma gegen Tiere von Thomas von Aquin gefestigt.[6] Thomas von Aquin hatte sich der Lehre des Aristoteles verschrieben und war der Meinung, dass der einzige Teil der Seele, der nach dem Tod weiterlebte, die Vernunft sei. Da den Tieren diese Fähigkeit fehlte, starben ihre Seelen gemeinsam mit ihren Körpern. Mit dieser Formulierung befreite Aquin die Christen von der Notwendigkeit, Tiere mit Güte zu behandeln, denn sie würden die Lebewesen, die sie ausgebeutet hatten, im Jenseits nicht wiedersehen. Er wies die Menschen zwar an, auf vorbehaltlose Grausamkeit zu verzichten, doch nicht wegen der ihr innewohnenden Sünde. Ihr Unheil lag eher in der Gefahr des ernsthafteren Vergehens, Grausamkeit gegen andere Menschen zu richten. Dieser Blickwinkel, der unter dem Begriff „indirekte Pflicht" bekannt ist, hat bis heute Gültigkeit.[7]

Thomas von Aquin symbolisiert einen „atemberaubend anthropozentrischen Geist" (Thomas 1983), der sich in Gewalt, Folter und Exekutionen Geltung verschaffte.[8] Auf dem europäischen Kontinent geschah dies in Form der Inquisition, einer Kommission, die 1231 von Papst Gregor IX ins Leben gerufen wurde, um in Fällen des Verdachts der Ketzerei zu ermitteln. Dies war zumindest die offizielle Aufgabe der Inquisition, „ihr wahres Ziel schien aber die Auslöschung jeden Gegners der parteiischen, hierarchischen Ansichten des Aristoteles und des Thomas von Aquin zur Stellung des Menschen in der Welt zu sein." (Serpell 1986, 155) Die Inquisitoren verliehen sich selbst die Entscheidungsgewalt darüber, welche Beziehungen zu Tieren angemessen und welche ketzerisch waren. Tiere waren zwar in zahlreiche Aspekte des täglichen Lebens eingebunden, betrachtete ein Mensch sie jedoch als seine Gefährten, bedeutete dies eine Pervertierung der anthropozentrischen Hierarchie und häufig wurde Anklage wegen Sodomie oder Hexerei erhoben, die nicht angefochten werden konnte. Die Inquisitoren unterdrückten die zahlreichen und beliebten Naturkulte, die die Kirche bis dahin ignoriert hatte – und löschten sie wenn möglich aus. Überdies wurden Abbildungen aus frühchristlicher Zeit von Heiligen mit Tieren während der Zeit der Inquisition bereinigt. Die bekanntesten Beispiele hierfür sind der Heilige Christophorus und Sankt Bernhard. Besonders bemerkenswert ist der Fall eines Hundes, der als Heiliger verehrt wurde – zumindest bis zur Zeit der Inquisition. In der Gegend um Lyon in Frankreich hatte sich ein Kult um Guinefort, den heiligen Greyhound gebildet (vgl. Thomas 1983; McDonogh 1999). Die Legende von Guinefort erzählt, dass der Besitzer des Hundes eines Tages nach Hause kam und feststellte, dass sein kleines Kind verschwunden und dessen Krippe sowie der Hund von Blut bedeckt waren. In der Annahme, dass der Hund sein Kind umgebracht hatte, tötete der schockierte Mann Guinefort. Danach erfuhr er die Wahrheit. Er fand die zerfetzten Überreste einer riesigen Schlange, die das Kind bedroht hatte, welches nun, dank des treuen Guinefort, ruhig und sicher in der Nähe schlafend gefunden wurde. Von Reue geplagt, bettete der Mann den leblosen Körper des Hundes in einen Brunnenschacht und pflanzte zu dessen Ehren einen Hain. Der Hain wurde zu einer heiligen Stätte, wohin Menschen aus der ganzen Umgebung kamen, um ihre Kinder von dem Hund, der mittlerweile als Sankt Guinefort bekannt geworden war, heilen zu lassen. So lange bis Kirchenvertreter kamen, seine Überreste ausgraben und mitsamt des heiligen Hains verbrennen ließen. Guineforts Legende konnte überliefert werden; es gibt jedoch sicherlich zahlreiche andere Beispiele harmloser Verehrung der Natur oder eines Tieres, die vergessen wurden, als die Inquisitoren alles, was die zerbrechliche Trennlinie zwischen Mensch und Tier in Gefahr hätte bringen können, auszulöschen suchten.

Die Anstrengungen, die unternommen wurden, um die Mensch-Tier-Trennung aufrechtzuerhalten, sind ein Beweis für den künstlichen – und politischen – Charakter der Trennlinie. Wäre die Grenze zwischen Mensch und Tier eine „natürliche", wäre keine gewaltsame Durchsetzung nötig gewesen. Die Gewalt zeigt jedoch, wie weit Gruppen – in diesem Fall die Kirche – gehen würden, um ihre eigene Macht zu steigern. Damit will ich nicht behaupten, dass es prinzipiell falsch war, die Menschen von Tieren zu unterscheiden. Ich behaupte lediglich, dass die Unterscheidung weniger etwas mit der Abgrenzung zwischen zwei gleichberechtigten Arten zu tun hatte, als damit, den Menschen einen besonderen Status einzuräumen und ihre Herrschaft über die Natur zu rechtfertigen. desweiteren stellte die Debatte um die Grenze zwischen Mensch und Tier lediglich einen Teil der Debatte um annehmbares menschliches Gebaren dar. Aristoteles, Augustinus, Aquin und andere versuchten herauszufinden, was im Leben wichtig ist (vgl. Sorabji 1993, 218). Ihre Theorien gingen auf zeitgenössisch aktuelle soziale Themen wie die Rechtfertigung der Sklaverei oder die Grundlagen der Gesetzgebung ein. Durch den Bezug ihrer Positionen zu diesen Themen wurden die Dinge für sie kontrollierbar, da es weniger Punkte zu berücksichtigen galt und die

Tiere außerhalb jeglicher Überlegung eingeordnet wurden. In diesem Sinne ist die Grenze zwischen Mensch und Tier ein soziales Konstrukt, was jedoch nicht bedeutet, dass sie nicht real ist. Für die Menschen dieser Zeit diente sie vielmehr als Leitlinie für ihre Belange, angefangen von der Rechtfertigung, über die Natur zu herrschen, bis hin zur Festlegung der Reichweite der Gesetzgebung. Ich habe bereits angemerkt, dass es zu dieser Zeit auch andere Sichtweisen in Bezug auf Tiere gab und jede von ihnen hätte ebenso leicht die beherrschende Sichtweise werden können. Theophrastus, ein Schüler von Aristoteles, bestand beispielsweise darauf, dass Tiere Gerechtigkeit verdienten und es falsch sei, ihnen Leid zuzufügen und sei es nur, indem man Fleisch isst. Die rationalistische Ideologie wurde jedoch zur „Realität", da sie die existierende Gesellschaftsordnung am besten legitimierte.

Neue Kategorien:
Klasse, Status und Haustiere

Der Begriff „Gesellschaftsordnung" ist immer heikel. Da eine Bedeutung weder natürlich gegeben noch objektiv ist, bringen neue Modelle sozialer Wechselbeziehungen und neue Erwartungen auch neue Bedeutungen zum Vorschein. Der gesellschaftlich konstruierte Charakter der Abgrenzung von Mensch und Tier wird noch offenkundiger, wenn man bedenkt, dass sich bestimmte Gruppen dem theologischen Dogma widersetzen konnten und eng mit Tieren zusammenlebten. Sie benötigten natürlich die nötigen Ressourcen, um Tiere zu halten, die keinen wirtschaftlichen Nutzen hatten, sie benötigten jedoch vor allem den sozialen Status, um sich vor den sich daraus ergebenden Konsequenzen zu schützen. Die Ersten, die diese Voraussetzungen erfüllten, gehörten der kirchlichen Elite und dem Adelsstand an. Weil diese Gruppen gewisse Tiere in ihrer Mitte duldeten, veränderte sich die Funktion der Grenze zwischen Mensch und Tier. Durch sie wurde nun nicht mehr nur der Mensch über das Tier gestellt, sondern auch bestimmte Menschen über andere Menschen. Durch die brüchige Trennlinie zwischen Mensch und Tier begannen sich daraufhin soziale Klassen herauszubilden. Der Vergleich mit einem Tier war eine symbolische Art des Ausdrucks dafür, dass eine andere Person zu den Untermenschen zählte. In einem Text aus dem 16. Jahrhundert zum Thema Anstand unterscheidet Erasmus zwischen guten und schlechten Manieren, indem er die als schlecht bezeichnet, die den Menschen zum Tier machen, denn nur ein Pferd leckt sich beim Fressen über die Lippen und nur ein Hund kaut auf einem Knochen herum und zeigt dabei seine Zähne. Das „Tier" oder die „Bestie" im Menschen im Zaum zu halten, war in einer Zeit, die befrachtet war vom ängstlichen Bestreben, die Trennung zwischen Mensch und Tier aufrechtzuerhalten, von grundlegender Bedeutung. Zudem war die Grenze durchlässig genug, um neue Kategorien von Tieren entstehen zu lassen. Der Hund erlangte einen nahezu menschlichen Status, die Katze wurde zum teuflischen Dämon und das „Haustier" zu einem allgegenwärtigen, wenn auch umstrittenen Statussymbol.

Offiziell verboten die religiösen Orden ihren Mitgliedern, Haustiere zu halten, abgesehen von einer Katze hier und da zur Bekämpfung des Ungeziefers. Aufzeichnungen aus Kirchenkonzilen zeigen, dass Hunde in Klöstern bereits im 6. Jahrhundert weitgehend verboten waren (vgl. Menache 2000). Für dieses Verbot gab es mehrere Gründe. Erstens hatte die frühe christliche Kirche die im Mittleren Osten vorherrschende Meinung übernommen, wonach ein Hund als unrein galt (und es bis heute ist; vgl. Menache 1997). So gibt es in der Bibel zahlreiche Stellen, in denen Hunde als „dreckig" bezeichnet werden. In der Offenbarung des Neuen Testaments schließt dieser Status Hunde von Auferstehung und ewigem Leben im neuen Jerusalem aus.[9] Solche Kreaturen konnten schlecht mit Nonnen und Mönchen zusammenleben. Zweitens hatten die Kirchenväter die Jagd zur „fleischlichen Ablenkung" erklärt, die sich nicht für die Mitglieder des Klerus ziemte (vgl. Thomas 1983; Menache 2000). Da die Existenz von Tieren durch ihre Nützlichkeit für den Menschen definiert wurde und die Mönche nicht zur Jagd gingen, hatten sie für Hunde keine Verwendung. Drittens behaupteten die Kirchenväter, dass das Füttern von Tieren eine Verschwendung von Almosen sei, die eigentlich den Armen zustünden und viertens, dass die Menschen Angst haben könnten, das Wohnhaus eines Geistlichen aufzusuchen, der Hunde hielt. Trotz der strengen Verbote gibt es Beweise dafür, dass Mönche, Nonnen und Laien, die das klösterliche Leben gewählt hatten, eine gewaltige Anzahl aller Arten von Tieren als Gefährten hielten. Zudem finden sich in von Mönchen geschaffenen illustrierten Schriften häufig Bilder von Hunden und anderen Tieren. Einige Klöster züchteten sogar ihre eigenen Hunderassen (vgl. Menache 2000).

Die Hingabe, mit der Kirchenoberhäupter das Thema Tiere in geistlichen Orden verfolgten, weist auf die Schwierigkeiten hin, die sie hatten, die Gesetze von der Vorherrschaft des Menschen selbst in ihren eigenen Reihen durchzusetzen. Selbst in theologischen Kreisen, die die Grenze zwischen

Mensch und Tier am energischsten kontrollierten, war diese umstritten. Die der Beziehung zu einem Tier innewohnende Entlohnung war das Risiko offensichtlich wert.

Auch der Adel konnte der Stigmatisierung entgehen, welche die Beziehung zu Tieren, besonders zu Hunden, mit sich brachte. Die Wandlung der Jagd vom notwendigen Mittel zum Überleben zu einer elitären Freizeitbeschäftigung (für Männer), legitimierte die Anwesenheit von Hunden in der menschlichen Gesellschaft (vgl. Serpell 1988a; Menache 2000).[10] Zum Ende des 13. Jahrhunderts, als die Jagd ihre lebenserhaltende Bedeutung für die Elite verlor, zeichneten sich ausgeprägte, klassenspezifische Verhaltensmuster ab. Der Adel betrachtete die Jagd als Sport, bei dem Eigenschaften wie Mut und Tapferkeit eine Rolle spielten, die angeblich nur in adeligen Kreisen zu finden waren. Hunde verband man mit erfolgreicher Jagd, und da eine erfolgreiche Jagd ein wichtiges Statussymbol darstellte, waren Hunde in höheren gesellschaftlichen Kreisen bald allgegenwärtig. Sophia Menache spricht von einer „sozio-ökonomischen und kulturellen Gleichung: Adel = Jagd = Hunde“ (2000, 55; vgl. auch Cartmill 1997). Diese Gleichung machte die Hunde über das Tierreich erhaben und verschaffte ihnen, allein durch ihre Fähigkeit, die Chancen auf eine erfolgreiche Jagd zu erhöhen, einen respektablen Platz in der adeligen Gesellschaft. Illustrierte Manuskripte aus dieser Zeit stellen anschaulich dar, wie der Hund, „nachdem er zur unerlässlichen Voraussetzung für eine erfolgreiche Jagd geworden war, von den anderen Tieren distanziert wurde und einen besonderen Platz in der menschlichen Gesellschaft erhielt“ (Menache 2000, 56).[11] Nachdem dies geschehen war, scheint sich der privilegierte Status der Jagdhunde auf Hunde im Allgemeinen ausgeweitet zu haben, sogar auf solche, die nicht jagten. Portraits von Königen machen beispielsweise deutlich, dass um das 15. Jahrhundert herum kleine Hunde an den königlichen Höfen Europas üblich waren. Die *Arnolfini-Hochzeit* von Jan van Eyck aus dem Jahr 1434 ist das erste Portrait, das einen kleinen Haushund darstellt, der eindeutig kein Jagdhund ist.[12] Für diese Zeit charakteristisch, wurde die Ansicht vertreten, dass Hunde existierten, um dem Menschen zu dienen. So entwickelten sich neue Aufgaben für neue

Hunderassen: Die einen jagten Ratten, während andere als offizielle Vorkoster dienten, um königliche Familien vor einem Giftanschlag zu schützen. Manche hatten die Aufgabe, ihre königlichen Besitzer vor Eindringlingen in ihren Schlafräumen zu warnen. Viele von ihnen waren jedoch ausschließlich Gefährten. Die offensichtlich für die Jagd ungeeigneten Schoßhunde kamen zuerst beim weiblichen Geschlecht in Mode. Ihre Nutzlosigkeit sowie ihre Beliebtheit bei den Damen machten sie zu einem leichten Ziel der Kritik. Während größere Rassen wie Greyhound und Mastiff anerkannte Symbole der Männlichkeit darstellten, repräsentierten die kleineren Rassen Unmännlichkeit und Impotenz. Obwohl es heute unmöglich ist, die in den Bildern dargestellten Rassen zu identifizieren, scheint es sich bei vielen dieser Hunde um King-Charles-Spaniels zu handeln. Selbst diese kleineren Hunde hatten, wie ihre jagenden Verwandten, ihre eigenen Aufgaben: Sie hielten Flöhe ab und spendeten Wärme und Trost – weshalb sie die Bezeichnung „Tröster" erhielten. Einige Kritiker hatten jedoch das Bild eines „richtigen" (mit anderen Worten „maskulinen") Hundes vor Augen, dem diese Schoßhunde nicht entsprachen. John Caius zum Beispiel, Arzt am Hofe Heinrich VIII. und Autor des ersten englischen Buches zum Thema Hunderassen, hatte eine Abneigung gegen kleine Rassen, da sie „hauptsächlich zur Belustigung und zum Pläsier der Damen" dienten. Sein Zeitgenosse William Harrison nannte sie „Instrumente der Torheit", die Frauen dazu brachten, „ihre kostbare Zeit zu vertrödeln und ihre Gedanken von lobenswerteren Aufgaben abzulenken" und, was am schlimmsten wog, „ihre verdorbene Lüsternheit durch eitle Belustigung zu befriedigen" (vgl. Ritvo 1988; Serpell 1988a; McDonogh 1999). Die Damen der höheren Kreise ignorierten solche kritischen Stimmen offenbar, denn die „unnützen" Hunderassen gewannen weiter an Beliebtheit, bis „eine wohlhabende Dame sich ohne einen solchen Hund unvollständig fühlte." (Thomas 1983, 108) Das Haustier war geboren.

Für Menschen, die kein Geld hatten und – noch schlimmer – ohne Status waren, stellte sich die Situation anders dar. Nicht Armut, sondern eher Vorurteile waren der Grund, warum das Halten von Haustieren den oberen Schichten vorbehalten war. Für die Armen blieb die Jagd lebensnotwendig, auch wenn das Jagen durch neue Jagdgesetze, wann, wo und wie sie stattzufinden habe, immer mehr erschwert wurde (vgl. Cartmill 1997; Menache 2000). Nachdem den unteren Klassen die Jagd per Gesetz verboten worden war, war es für sie zugleich gesetzwidrig, Hunde bestimmter Rassen zu besitzen – kaum überraschend, dass es sich dabei um Jagdhundrassen handelte (vgl. Thomas 1983; Derr 1997; Menache 2000). Die englische Gesetzgebung im 12. Jahrhundert verbot beispielsweise jedem, der nicht dem Adel angehörte, den Besitz von Mastiffs, Spaniels oder Greyhounds. Andere, die Hunde besaßen, hielten meist vielseitige Mischlinge, die als „Köter" bezeichnet wurden. Der einzige Weg, die Gesetze zu umgehen, war entsetzlich unmenschlich. Dem gemeinen Volk war es erlaubt, Mastiff-artige Hunde als Wachhunde zu halten, doch nur, wenn die Hunde verstümmelt oder gelähmt waren (vgl. Derr 1997, 54-55). Dafür wurden die Vorderpfoten des Hundes auf einen dicken Holzblock gelegt und die mittleren Krallen mit Hammer und Meißel direkt am Fleisch abgehackt. Diese Amputation verhinderte, dass der Hund das Wild des Grundbesitzers jagen konnte. Natürlich konnten es sich einige Leute nicht leisten, Tiere zu halten, die keinen wirtschaftlichen Nutzen hatten, doch selbst die, die es konnten, gingen Risiken ein. Die Gefahr, der Sodomie oder Hexerei beschuldigt zu werden, war allgegenwärtig.[13] Die Beschuldigten – für gewöhnlich Frauen, meist arm und im fortgeschrittenen Alter – wurden oft nur deshalb verdächtigt, weil sie „einen oder mehrere tierische Gefährten hatten und ihre Zuneigung zu diesen zeigten." (Serpell 1986, 57; vgl. auch McDonogh 1999) Ihre Tiere gingen mit ihnen in den Tod, da sie höchstwahrscheinlich „Vertraute" waren – diabolische Gefährten, die im Austausch gegen Futter und ein Dach über dem Kopf üble Taten vollbrachten.

Dies betraf besonders Katzen. Während der Status des Hundes dank der Jagd über dem anderer Tiere und näher am Menschen rangierte, entwickelte sich der Status der Katze in die entgegengesetzte Richtung. Einst so sehr geschätzt, dass die Ägypter verboten, sie außer Landes zu bringen, wurde die Katze nun zum Symbol für alles Dämonische. Ihr Niedergang begann mit der Verbreitung des Christentums und der damit verbundenen Ausrottung heidnischer Kulte. Die umfassende Verfolgung von Katzen begann mit der Inquisition, wo das Töten von Katzen – vor allem von schwarzen – als heilige Aufgabe galt. Wir werden wohl niemals wissen, was den Hass auf Katzen wirklich auslöste, ihr rätselhaftes Wesen und ihre leisen, schleichenden Bewegungen – genau die Dinge, die sie bei den Ägyptern so beliebt machten – stellten jedoch sicher eine Bedrohung für das anthropozentrische Weltbild dar. Demzufolge duldete die Kirche stillschweigend das Foltern und Töten von Katzen zu Patronatsfesten und anderen heiligen Tagen. In Frankreich wurden zum Beispiel zum Fest des Saint Jean, mit dem das Ende der Aussaat gefeiert wurde, regelmäßig Katzen bei lebendigem Leibe verbrannt (vgl. Kete 1994; McDonogh 1999). Außerdem fanden Katzen bei Reinigungs- und Schutzriten den Tod. In Metz sperrte man für die Fastenzeremonie dreizehn Katzen in einen Eisenkäfig und verbrannte sie bei lebendigem Leibe (vgl. Kete 1994, 119). Diese Zeremonie wurde bis 1777 jährlich abgehalten. Ähnliches wurde aus Lothringen bis zum Jahr 1905 berichtet. Robert Darnton (1985) und Norbert Alias (1994) sammelten viele weitere Beispiele für das Verbrennen, Foltern und Sieden von Katzen. Bis weit ins 17. und 18. Jahrhundert hinein blieben Katzen leichte Ziele für Folter. In Großbritannien wurden die Stoffpuppen bei symbolischen Verbrennungen oft mit Katzen gefüllt, die mit ihren Todesschreien die gewünschte, morbide Geräuschkulisse schufen (Thomas 1983; McDonogh 1999).[14]

Zusammenfassend lässt sich sagen, dass die mittelalterliche und frühneuzeitliche Einstellung zu Hund und Katze im Kontext eines sich entwickelnden Klassensystems und einer mächtigen Kirche existierte, die offen ihre feindliche Haltung gegenüber Tieren zur Schau stellte. Das Christentum tolerierte keine engen Beziehungen zwischen dem Menschen, der als Abbild Gottes geschaffen worden war, und Tieren, die geschaffen worden waren, dem Menschen zu dienen. Der Hund hatte jedoch eine privilegierte Stellung inne, da er dem Menschen half, andere Tiere zu töten. Als die aufkommende Elite an Macht gewann, die vorher allein in Händen der Kirche gelegen hatte, konnten sich adelige Herren und Damen Hunde halten, ohne die Konsequenzen fürchten zu müssen, die den weniger Wohlhabenden drohten.

Die Elite konnte ihre Beziehung zu Hunden damit rechtfertigen, dass diese bei der Jagd nützlich waren. Die Zerbrechlichkeit der sozialen Klassengesellschaft wird jedoch durch die Kritik, die sich gegen die kleinen, „unnützen“ Hunde richtete, und durch die Einschränkungen, denen nichtadelige Hundebesitzer unterlagen, sichtbar. Ein weiteres Zeichen dafür ist auch die Dämonisierung und Verfolgung von Katzen, die dazu benutzt wurde, die zu eliminieren, die die Grenze zwischen Mensch und Tier auf vielfältige Art und Weise bedrohten.

Der besondere Status, der dem Hund gewährt wurde, stellt einen Wendepunkt in der Beziehung zwischen Mensch und Tier dar. Die mittelalterlichen und frühneuzeitlichen Beziehungen zwischen Mensch und Hund waren jedoch wahrscheinlich nicht von emotionalen Gefühlen geprägt. Die Verbreitung von Doktrinen zur menschlichen Überlegenheit und zum Herrschertum sowie die damit verbundene Definition vom Tier als Werkzeug, verbunden mit der Macht der katholischen Kirche, diese Ansichten durchzusetzen, lassen kaum vermuten, dass die Menschen eine ähnliche Zuneigung zu ihren Tieren empfinden konnten, wie wir dies heute tun. Obwohl die Menschen ihre Hunde offensichtlich bewunderten und schätzten, war die Trennung zwischen den Welten der Menschen und der Tiere streng genug, um jeglichem Versuch vorzubeugen, zu verstehen, was Hunde denken oder fühlen, oder sich überhaupt nur vorzustellen, dass sie denken oder fühlen könnten. Diese Art von Beziehung wurde erst möglich, als die Wissenschaft die Distanz zwischen Tier und Mensch verringerte, doch selbst zu diesem Zeitpunkt – und noch heute – blieb eine enge Verbindung zwischen Mensch und Tier stark umstritten.

Die Wissenschaft stellt die anthropozentrische Illusion in Frage

Mit dem Schritt der westlichen Welt in die Neuzeit wurde die Debatte um die Trennung zwischen Mensch und Tier nicht mehr nur auf theologischer, sondern auch auf wissenschaftlicher Ebene geführt. Natürlich spielten die theologischen Aspekte auch weiterhin eine Rolle und dabei blieb es auch – trotz Darwin. Primär ging es jedoch um Fragen zu den rationalen Fähigkeiten von Tieren, wenn sie auch als Fragen nach der Absicht des Schöpfers verschleiert wurden. Zum Beispiel äußerte sich im 17. Jahrhundert René Descartes zum Status der Tiere; er beschrieb sie als Automaten, so gänzlich verschieden vom Menschen, dass sie kein Bewusstsein für ihren eigenen Schmerz hätten. Genau gesagt behauptete Descartes, dass der Schmerz der Tiere bedeutungslos sei, weil sie sich ihrer Gefühle nicht bewusst wären. Sie reagierten lediglich auf physische Stimuli. Obwohl auch der Mensch als Automat betrachtet wurde, unterschied er sich durch zusätzliche Fähigkeiten vom Tier; darunter die Fähigkeit zur Selbstwahrnehmung und der Besitz einer Seele, der wir durch Sprache Ausdruck verleihen können. Präziser ausgedrückt: „Descartes vertrat die bekannte Ansicht, dass nichts als die Befähigung zum Dialog in einer menschlichen Sprache dazu führen würde, Tieren ein Bewusstsein zuzuschreiben.“ (Allen und Bekoff 1997, 144)

Keith Thomas (1983, 34) meint dazu: „Stärkstes Argument der kartesischen Haltung war, dass sie die bestmögliche Legitimation für die Art und Weise darstellte, auf die Menschen Tiere tatsächlich behandelten.“ Die kartesische Sichtweise rechtfertigte Vivisektionen ohne Betäubung und andere schreckliche, jedoch weit verbreitete Grausamkeiten. Man muss die Einzelheiten des kartesischen Gedankenguts nicht kennen, um zu begreifen, dass zwischen Mensch und Tier eine tiefe Kluft herrschte. Der Alltag bot zahlreiche Beispiele für die Unterlegenheit der Tiere, denn die Ausbeutung ihrer Arbeitskraft erforderte eine extensive Rechtfertigung. Unerwünschte Verhaltensweisen wurden als „tierisch“ oder „bestialisch“ bezeichnet und unerwünschte Personen als von ihren Begierden und Trieben beherrschte „Tiere“. Obwohl heute noch immer Tierbezeichnungen als Beschimpfungen herhalten müssen, hatten sie zu einer Zeit, die der Abgrenzung von Mensch und Tier gewidmet war, sicher viel mehr Gewicht. Für die meisten Menschen repräsentierten Tiere die raue, verdorbene und unreine Natur; ein Tier ins eigene Haus zu bringen und es mit dem Menschen auf eine Stufe zu stellen, hätte eine Einstellung erfordert, die zu jener Zeit nur sehr wenige der gewöhnlichen Bürger hatten (vgl. Ritvo 1987, 1988). Der Mangel an schriftlichen Beweisen für Haustiere in den amerikanischen Kolonien spricht Bände in Bezug auf die Einstellung zu Tieren. Die wenigen vorliegenden Hinweise sind Spottschriften, in denen Menschen, die eine Zuneigung zu Tieren empfanden, die keinerlei wirtschaftlichen Nutzen hatten, mit Missbilligung oder Argwohn begegnet wurde. Bei der amerikanischen und britischen Elite waren Schoß- und Jagdhunde im 17. Jahrhundert hingegen sehr beliebt; zusammen mit Pferden treten sie häufig auf offiziellen Portraitbildern in Erscheinung. Es ist jedoch unklar, ob diese Hunde als Haustiere im heutigen Sinn des Wortes bezeichnet werden können. Möglicherweise dienten sie lediglich als Symbole wie andere Gegenstände auch, durch die der Maler den sozialen Status des Portraitierten darstellte. In jedem Fall entging die Oberschicht, vor allem in Bezug auf Hunde, auch weiterhin einer Stigmatisierung ihrer Beziehung zu Tieren.

Im späten 17. Jahrhundert wurde die anthropozentrische Tradition von mehreren Seiten her angegriffen. Die fehlerhafte Logik der kartesischen Anschauung brachte sich selbst zu Fall, wie Serpell (1986, 161) darlegt:

> *„Die kartesischen Vivisektionen haben sich ihr eigenes Grab geschaufelt. All die Belege, die über die innere Anatomie und Physiologie von Tieren gesammelt worden waren, unterstrichen lediglich ihre Ähnlichkeit mit der des Menschen. Und wenn die zu Grunde liegenden Mechanismen und Reaktionen dieselben*

waren, dann war es sehr wahrscheinlich, dass sowohl Mensch als auch Tier ähnliche Gefühle von Schmerz und Unbehagen empfanden.“

Die kartesische Anschauung wollte Zweierlei. Zum einen stellte sie Tiere als Maschinen dar, die sich nicht nur vom Menschen unterschieden, sondern ihm auch unterlegen waren. Zum anderen setzte sie für ihre medizinischen und wissenschaftlichen Experimente Tiere als Ersatz für Menschen ein – trotz der Unterschiede und ihrer Unterlegenheit. Doch selbst zu jener Zeit gab es auch Gegner des kartesischen Anthropozentrismus. Voltaire ([1962], 113) schrieb beispielsweise: „Du entdeckst in ihm all dieselben Organe der Empfindung, wie sie in dir vorhanden sind. Antworte mir, Maschinist, hat die Natur in diesem Tier all die Quellen der Empfindung zu dem Zweck eingerichtet, dass es nichts fühlen soll?“ Descartes hatte noch zahlreiche weitere Gegner, darunter John Locke und den Theologen Henry More, der die kartesische Weltanschauung als „mörderisch“ bezeichnete. Der entscheidende Schlag kam mit der Einführung neuer Systeme zur biologischen Klassifizierung. Bis dahin wurden Tiere (und Pflanzen) im Hinblick auf ihren Nutzen für die Menschen eingeteilt (also in genießbar – ungenießbar, zahm – wild, nützlich – unnütz). Der Biologe John Ray entwickelte schließlich gemeinsam mit Carl von Linné ein taxonomisches System, das auf Gemeinsamkeiten im physischen Aufbau basierte. Die Vielfalt der Natur konnte nun distanzierter betrachtet werden, unabhängig von ihrer Nützlichkeit für den Menschen. Weitere Anfechtungen gegen den Anthropozentrismus kamen von Seiten der Geologie, die das Wissen beisteuerte, dass die Erde nicht nur viel älter war als angenommen, sondern dass sie darüber hinaus auch schon lange vor der Entstehung des Menschen existiert hatte. Die Astronomie verkündete, dass das Universum möglicherweise unendlich sei; das Mikroskop enthüllte Welten in einem einzelnen Wassertropfen; und Wissenschaftler der unterschiedlichsten Fächer begannen, zahlreiche Evolutionstheorien in Form der „Großen Kette der Wesen“ zu erstellen. Kurz gesagt: Die Epoche erlebte eine „Revolution der Erkenntnisse“ (Thomas

1983, 70), von der sich die anthropozentrische Illusion nie wieder völlig erholten sollte.

Die neuen Erkenntnisse über die anatomischen und biologischen Gemeinsamkeiten von Mensch und Tier waren zunächst hauptsächlich der Elite zugänglich (vgl. Tester 1992). Die kulturellen Auswirkungen dieser Erkenntnisse äußerten sich in einem größeren Respekt vor dem Leben, wie die philosophischen und theologischen Diskurse des Zeitalters der Aufklärung zeigen. Denn wenn Tiere wie Menschen konstruiert waren, konnten sie auch fühlen. Und wenn sie Schmerz empfinden konnten wie wir, dann war das Verhalten der Menschen gegenüber unseren „tierischen Kameraden" barbarisch. Mitte des 18. Jahrhunderts bezeichnete Jean-Jacques Rousseau Tiere und Menschen als empfindungsfähige Lebewesen, die beide eine respektvolle Behandlung verdienten. 1781 verfasste Jeremy Bentham (1988 [1781]) sein berühmtes Manifest gegen die grausame Misshandlung von Tieren:

> *„Ein ausgewachsenes Pferd oder ein ausgewachsener Hund sind unvergleichlich vernunftbegabter und mitteilsamer als ein Kind, das einen Tag, eine Woche oder gar einen Monat alt ist. Doch selbst wenn es nicht so wäre, was würde das ändern? Die Frage ist weder: „Können sie* denken*?" noch: „Können sie* sprechen*?" sondern: „Können sie* leiden*?"* [15]

Im Gegensatz zu früheren Epochen unterstützten die Kirchenoberhäupter dieses neue Feingefühl. Die Frage, ob Tiere eine Seele oder einen Verstand hätten, war nicht mehr wichtig, denn ihre Fähigkeit zu fühlen war Grund genug, sie nicht mehr zu misshandeln. Es wurde als „unnatürlich" erachtet, wenn jemand untätig zusah, während andere Lebewesen litten, und die ersten Gesetze gegen Tierquälerei entstanden. Im Jahre 1822 wurde in Großbritannien der *Ill Treatment of Cattle Act*, auch bekannt als *Martin's Act*, verabschiedet, der als die erste gesetzliche Maßnahme für den Tierschutz angesehen werden kann. Zwei Jahre später wurde die *British Society for the Prevention of Cruelty to Animals (British SPCA)* gegründet (im Jahre 1840 bekam sie die Erlaubnis, den Titel "Royal" im Namen zu führen). Mehrere deutschsprachige Staaten erließen ebenfalls Gesetze gegen die Misshandlung von Tieren.[16]

Den größten Dämpfer erhielt der Anthropozentrismus mit der Veröffentlichung von Charles Darwins *Die Entstehung der Arten durch natürliche Zuchtauswahl* (1859 [1986]). Obwohl vor ihm andere die Idee verfolgt hatten, dass sich das Leben entwickelt hatte, konnte niemand vorher die Mechanismen beschreiben, die den Prozess der Evolution bewirkten. Die Theorie der natürlichen Selektion lieferte einen solchen Mechanismus und forderte damit die Religion und den Anthropozentrismus heraus. Denn im Gegensatz zu den christlichen Theorien und jenen von Aristoteles, die davon ausgingen, dass ein höherer Schöpfer oder ein Gott die verschiedenen Arten erschaffen hatte, auf dass sie verschiedene (menschliche) Zwecke erfüllten, gab es bei der Theorie der natürlichen Selektion keinen Schöpfer und keinen Zweck. Darwin erklärte die Vorstellung eines schöpferischen Wesens oder einer schöpferischen Kraft für irrelevant und stieß damit die Menschen von ihrem Thron der Überlegenheit. In seinem späteren Werk *Abstammung des Menschen* (1871 [2005], 448) unterstreicht Darwin die Verwandtschaft zwischen den einzelnen Arten und stellt fest, dass es „keinen grundlegenden Unterschied zwischen dem Menschen und den höheren Säugetieren bezüglich ihrer mentalen Fähigkeiten" gibt. Danach geht er auf die moralischen Implikationen dieser Aussage ein und schreibt, dass der Mensch die höchste Stufe der Evolution erreichen wird, wenn er seine Sorge auf alle empfindungsfähigen Lebewesen ausdehnt.

Das Konzept von einer Verwandtschaft zwischen den Arten barg zwei Interpretationsmöglichkeiten, die unterschiedliche Auswirkungen auf die Behandlung von Tieren hatten (vgl. Franklin 1999).[17] Eine Interpretation ging davon aus, wenn der Mensch ein Teil der Natur war, seien Aktivitäten wie die Jagd oder das Sportfischen gerechtfertigt, denn sie verbanden Mensch und Tier in dem wetteifernden, sogar gewalttätigen Kampf um Leben und Tod. Dieser Ansicht nach bietet beispielsweise die Großtierjagd die

Möglichkeit, den Geist, den Körper und die Seele abzuhärten, die durch das moderne Leben schlaff geworden waren.[18] Die Massenabschlachtung afrikanischer und nordamerikanischer Wildtiere in der zweiten Hälfte des 19. Jahrhunderts deutet darauf hin, dass hier viele Geister, Körper und Seelen „abgehärtet" wurden. Die zweite Interpretation ging davon aus, dass der Mensch, wenn er tatsächlich Teil der Natur war, sie nicht ausbeuten, sondern bewahren müsse. Letzteres äußerte sich in einer Welle von Bemühungen, Tiere zu schützen.[19]

Zu dieser Zeit „waren die schrecklichsten Misshandlungen meist mit gewöhnlichen wirtschaftlichen Routinetätigkeiten verbunden." (Ritvo 1987, 137) Der Inbegriff für die Behandlung von Tieren im 19. Jahrhundert war das geschlagene und verwahrloste Pferd. Eine übliche Maßnahme Pferde dazu zu bringen, ungeheuer schwere Lasten zu ziehen, war es, unter ihnen ein Feuer zu entfachen. Oftmals brachen Pferde vor Erschöpfung auf der Straße tot zusammen und erst sehr viel später wurden Wassertränken errichtet, an denen sie unterwegs getränkt werden konnten. Eines der packendsten Artefakte, das zu einer veränderten Einstellung gegenüber Pferden führte, war *Black Beauty*. 1877 von Anna Sewall veröffentlicht, portraitierte das Buch die Misere der Pferde auf beiden Seiten des Atlantiks. Darüber hinaus lieferten die immer zahlreicher werdenden Organisationen und Gesetze gegen Misshandlung schriftliche Belege für den Gesinnungswandel. In London wurde 1840 der Gebrauch von Hunden als Zugtiere für Karren verboten. In Paris wurde 1845 die *Société protectrice des animaux* gegründet. In den Vereinigten Staaten bremste der Bürgerkrieg die Tierschutzaktivitäten, doch unmittelbar nach dem Krieg, im Jahre 1866, gründete Henry Bergh die *American Society for the Prevention of Cruelty to Animals (ASPCA)*. Eine Woche später wurde ein Gesetz gegen die Misshandlung von Tieren verabschiedet und die ASPCA erhielt die Vollmacht, diesem Gesetz Geltung zu verschaffen. Während der 70er Jahre des 19. Jahrhunderts bildeten sich in Großbritannien, Frankreich und den Vereinigten Staaten Gruppen, die sich gegen die Vivisektion einsetzten. 1877 wurde die *American Humane Association* gegründet.[20] In den 1870er Jahren entstanden in den USA darüber hinaus die ersten humanen

Tierheime als Gegenstück zu den Tierasylen, die die Tiere nur eine Zeit lang unterbrachten, bevor sie getötet oder zum Zweck der Vivisektion verkauft wurden.[21] Vor dem Bürgerkrieg waren streunende Tiere aufgegriffen und (abhängig von der örtlichen Verwaltung) für einige Zeit eingesperrt worden, bevor sie üblicherweise durch Stromschläge getötet oder in großer Zahl an Vivisektionslabors verkauft wurden.[22] In den 60er Jahren des 19. Jahrhunderts begannen zwei Frauen aus Philadelphia, Elizabeth Morris und Annie Waln, in der Stadt streunende Tiere aufzulesen und sie zu beherbergen. Für einige fanden sie ein neues Zuhause, die anderen töteten sie mithilfe von Chloroform. 1874 gründeten Morris und Waln die erste *Animal Rescue League*. 1888 wurde diese Organisation eingetragen als die unabhängige *Morris Refuge Association for Homeless and Suffering Animals (Gesellschaft zum Schutz heimatloser und leidender Tiere)*. Diese Organisation diente vielen Tierheimen als Vorbild und ist heute noch in der Lombard Street in Philadelphia ansässig. Etwa zur selben Zeit empörte sich Caroline White, ebenfalls aus Philadelphia, über die schlechten Bedingungen im städtischen Tierasyl und über dessen Praxis, Tiere zur Vivisektion zu verkaufen.[23] White hatte die Gründung der *Pennsylvania Society for the Prevention of Cruelty to Animals (PSPCA)* initiiert, als Frau konnte sie der Organisation jedoch nicht vorstehen (obwohl ihr Mann Vorstandsmitglied war). Im zweiten Jahr nach der Gründung der *PSPCA* wurde innerhalb der Organisation eine eigene Frauengruppe gegründet, deren Vorsitz White übernahm und bis zu ihrem Tod 1916 innehatte.[24] Zu den vielen Leistungen der Frauengruppe gehörte unter anderem die vertragliche Verpflichtung der Stadtverwaltung, für eine humanere Unterbringung von Streunern zu sorgen. Die Stadt trug 2.500 US-Dollar zu den Kosten bei. Dies stellt „das erste Bestreben einer Gesellschaft in den Vereinigten Staaten überhaupt dar, das Problem der Fürsorge für überflüssige oder ungewollte Kleintiere zu lösen und, soweit das beurteilt werden kann, auch die erste Bereitstellung von Fördermitteln für humane Zwecke durch eine Stadtverwaltung." (Coleman 1924, 181; vgl. auch Brestrup 1997). Auch heute noch wird dieses System, in dem eine unabhängige humanitäre Organisation vertraglich mit einer Stadt zusammenarbeitet, um Tierschutz zu betreiben, praktiziert.

Die humanitäre Bewegung bewirkte ein Umdenken bei den designierten Aufsehern über die Trennung zwischen Mensch und Tier sowie eine subtile Veränderung der Bedingungen, unter denen die damit einhergehende Debatte stattfand. Als die Bedingungen religiöser Natur waren, war die Trennung eine Domäne der Kirche. Als die Wissenschaft begann, die Debatte auf eine weltliche Ebene zu bringen, wurde sie zu einer Sache der Mittelschicht. Es ging weniger darum, Tiere vom Menschen zu unterscheiden, sondern zu unterscheiden, welche Menschen Tiere angemessen behandelten. Auch dies sind Artefakte der Evolutionstheorie. Darwin hatte zwar die Grenze zwischen Mensch und Tier verwischt, doch verschiedene gängige Formen des „sozialen Darwinismus" unterstützten die Vorstellung, gewisse Gruppen von Menschen seien höher entwickelt als andere. In diesem Fall enthüllten die Bemühungen, die Misshandlungen zu beenden, die Ansicht der Mittelklasse, die Unterklasse sei unmenschlich. Die Gründer der *Royal Society for the Prevention of Cruelty to Animals* nutzten beispielsweise ihre Bemühungen um das Wohl der Tiere zur Disziplinierung der Arbeiterklasse (vgl. Ritvo 1987). Obwohl die diversen Gruppen in ihrem Kampf gegen die Misshandlung große öffentliche Unterstützung erfuhren, hatten sie Schwierigkeiten, die Gesetzgeber zu mobilisieren – dazu benötigten sie dringend die Unterstützung der Elite. Ihr Anliegen als Arbeit an der sozialen Gesellschaft darzustellen, war der Schlüssel dazu. Zu jener Zeit zogen Scharen von Landarbeitern in die Städte. Die urbane Arbeiterklasse beutete häufig die Arbeitskraft von Tieren aus, was oft mit Misshandlungen einherging. Darüber hinaus bestand die Unterhaltung der Arbeiterklasse seinerzeit aus brutalen Kämpfen zwischen Tieren wie der Stierhetze, Hunde- oder Hahnenkämpfen.[25] Die städtische Mittelschicht hatte zunehmend Angst davor, dass sich die potenzielle Gewaltbereitschaft, die von bereits bekannten Unruhestiftern ausging, noch steigern könnte. Diese Angst spielten die Aktivisten im Kampf gegen die Misshandlungen aus. Durch die indirekt dargelegte Meinung, dass das Misshandeln von Tieren zur Misshandlung von Menschen führt, und den Hinweis auf die ohnehin unzivilisierte Wesensart der Unterschicht weckten die Reformer aus der Mittelschicht das Interesse der Gesetzgeber.[26]

Ich erwähne die Tatsache, dass die Arbeiterklasse aufs Korn genommen wurde, nicht, um Zweifel an der Authentizität der Ziele der Kämpfer gegen die Tierquälerei aufkommen zu lassen. Vielmehr möchte ich darauf hinweisen, wie die Bemühungen zum Schutz von Tieren dazu genutzt wurden, die Machtverhältnisse zwischen den herrschenden und den untergeordneten Klassen aufrecht zu erhalten.[27] Der Kampf verlagerte sich auf eine andere Ebene, als die Freude, die die Gesellschaft von Tieren spendet, Menschen aller Klassen zugänglich wurde.

Die Demokratisierung der Haustierhaltung

In der zweiten Hälfte des 19. Jahrhunderts ließen zahlreiche Faktoren die Haustierhaltung zu einer weit verbreiteten Gepflogenheit werden. Zum einen hatte Darwin – und die Wissenschaft insgesamt – dafür gesorgt, dass Tiere weniger bedrohlich erschienen und zunehmend interessanter wurden. Gleichzeitig konnten es sich die Menschen mit der immer umfassender werdenden Herrschaft über die Natur gefahrlos erlauben, ausgesuchten Spezies Einlass in ihre vier Wände zu gewähren.[28] Die Zahl der Haustiere in Europa und den Vereinigten Staaten wuchs rasant und zahlreiche Kulturgüter belegen die Institutionalisierung des Haustiers zum Ende des 19. und Anfang des 20. Jahrhunderts. Eines davon ist die „Tierhandlung". Während ihrer Studie über Haustiere in Paris fand Kathleen Kete heraus, dass Menschen, die sich einen Hund anschaffen wollten, ungefähr bis 1880 hauptsächlich auf dem sonntäglichen Pferdemarkt oder bei privaten Züchtern fündig wurden. Mit der Zeit begannen die Händler, Anzeigen in Zeitungen aufzugeben. Kete stellte fest, dass bereits 1910 zahlreiche Geschäfte in Zeitungsanzeigen neben reinrassigen Welpen für Hundehalsbänder und anderes Zubehör warben. Die ersten Tierfriedhöfe wurden in den Jahren 1898 und 1906 in den Vereinigten Staaten eröffnet (vgl. Coleman 1924), die wie die kommerzielle

Herstellung von Hundefutter ein Zeugnis dafür waren, dass Haustiere zum festen Bestandteil der Mittelstandsgesellschaft geworden waren. Die britische Firma *Spratts Patent* war das erste Unternehmen, das Hundekekse aus Getreide, Gemüse und ein wenig Fleisch herstellte. Für Schoßhunde produzierte *Spratts* eine fleischlose Version. Hundefutter in Pellet- oder Nuggetform, wie wir es heute kennen, kam erst einige Jahrzehnte später auf den Markt. Der 1894 gegründete Pferde- und Maultierfutter-Hersteller *Robinson-Danforth Commission* begann unter dem Namen *Ralston Purina* mit der Herstellung von Haustierfutter.[29] In den Zwanzigerjahren des letzten Jahrhunderts verkaufte *Purina* das erste kommerzielle Hundefutter in Viehfutterhandlungen.[30] Bis dahin bekamen Hunde die Reste vom Tisch und alles, was die Menschen nicht aßen. Ein Handbuch zur Haustierhaltung aus dem Jahr 1917 rät, Hunde mit „einem gewissen Prozentsatz an – vorzugsweise gekochtem – Fleisch" zu ernähren. „Dem kann man verschiedene Gemüse, Brot, gekochtes Getreide und Milch, eigentlich alles Essbare, sofern es sauber und nicht zu fett ist, hinzufügen." (Crandall 1917, 6) Ähnliches wurde für Katzen empfohlen: Ihre Nahrung sollte „aus rohem oder gekochtem Fleisch" bestehen. „Es muss nicht von bester Qualität sein, es sollte aber auch nicht von der übelriechenden Sorte sein, die Fleischer als Katzenfutter verkaufen." (Crandall 1917, 14) Eine Notwendigkeit im Zusammenleben mit Katzen – nämlich Katzenstreu – wurde erst nach dem 2. Weltkrieg erfunden (vgl. Maggitti 1996).[31] Bis dahin wurden die Katzentoiletten mit Sand oder Asche gefüllt.

Wie bereits erwähnt, stellt auch die Einrichtung der ersten humanen Tierheime im späten 19. Jahrhundert ein Kulturgut dar. Die Entstehung dieser Institutionen spiegelt die Akzeptanz der Einstellung wider, dass Hunde und Katzen zum Haushalt gehören und streunende Tiere zu einem gesellschaftlichen Problem geworden waren, was viel über den ideologischen Unterbau des städtischen Lebens verrät. Die Tierheime trugen zusätzlich dazu bei, die Zahl der Haustiere ansteigen zu lassen, indem sie es Menschen, die nicht den oberen Gesellschaftsschichten angehörten, ermöglichten, sich ebenfalls einen tierischen Gefährten zuzulegen (vgl. Coleman 1924). Tierheime wurden zur Anlaufstelle für Menschen, die es sich nicht leisten konnten, ein Tier in einer Tierhandlung oder bei einem Züchter zu kaufen, oder die lieber ein „Secondhand"-Tier retten wollten.

Trotz der zunehmenden Demokratisierung der Haustierhaltung hatten Haustiere nach wie vor unterschiedliche Bedeutung, abhängig vom Status des Besitzers. Reinrassige Hunde waren in der Mittel- und Oberschicht groß in Mode. Das Züchten der Hunde selbst war in Mode gekommen. Die meisten der heute bekannten Rassen stammen aus dem viktorianischen Zeitalter. Lynda Birke (1994, 36) schreibt, dass die Zucht „Tiere hervorgebracht hat, die Spiegelbilder der menschlichen (viktorianischen) Gesellschaft darstellten, von elitären Aristokraten – den Gewinnern im Showring mit besten Stammbäumen – bis hin zu nutzlosen, armseligen Kötern." Die Hunde der Unterschicht wurden für alle möglichen physischen und charakterlichen Störungen verantwortlich gemacht. Wie Ritvo (1987, 179) beschreibt, waren die Hunde der armen Bevölkerung Großbritanniens der damaligen Meinung nach anfälliger für Tollwut als die „wohlerzogenen" Hunde. Zur Bekämpfung der Tollwut und der Kontrolle der Hundepopulation wurden Hunde in vielen amerikanischen und britischen Städten genehmigungs- und steuerpflichtig. Diese Vorgaben galten gewöhnlich für Hunde ab sechs Monaten und beschränkten den Besitz von Hunden auf Menschen, für die Hunde entweder wirtschaftlich notwendig waren oder die sich die Steuer für den "Luxus"-Hund leisten konnten (vgl. Thomas 1983; Ritvo 1987; Kete 1994). Um der Steuer zu entgehen, ließen viele Menschen ihre Hunde frei in den Straßen umherstreunen, wenn sie einmal das putzige Welpenalter überschritten hatten. Dies hatte zur Folge, dass in den meisten Orten und Städten rudelweise Hunde frei umherrannten, was wiederum eine Menge potenzieller und tatsächlicher Probleme mit sich brachte.[32] Natürlich ließen auch viele Hundebesitzer der Mittel- oder Oberschicht ihre Hunde nicht registrieren, doch die „nutzlosen, armseligen Köter" der Unterschicht waren die idealen Sündenböcke. Ritvo zitiert zahlreiche Berichte aus Londoner Tageszeitungen, in denen Streuner beschuldigt wurden, sich genauso schlecht zu benehmen wie sich angeblich die Menschen benahmen, die sie freigelassen hatten.

Ein weiterer Beweis dafür, dass auch Menschen mit geringerem Einkommen Haustiere hielten und dass die Mittelschicht dies verhindern wollte, findet sich im Verbot der Haustierhaltung in Mietwohnungen. Im späten viktorianischen Großbritannien war es Mietern in öffentlichen Wohnbauten verboten, Haustiere zu halten. Alles deutet darauf hin, dass der ärmeren Bevölkerungsschicht nicht zugetraut wurde, sich verantwortungsvoll um Tiere zu kümmern (vgl. Jones 1971, 186). Trotzdem gelang es Menschen aller Schichten, sich an der Gesellschaft von Hunden zu erfreuen. Libby Hall (2000) dokumentierte einen Trend des späten 19. Jahrhunderts, Hunde fotografieren zu lassen. Sie konnte viele Bilder Fotostudios zuordnen, die in den ärmeren Vierteln Londons ansässig gewesen waren, was darauf hindeutet, dass die Unterschicht nicht nur Hundegefährten hatte, sondern dass ihnen diese Beziehung manchmal sogar teure Erinnerungsstücke wert gewesen war.

Am eindrucksvollsten ist jedoch die Eingliederung der Katze in die menschliche Gesellschaft. Als Symbol für die gefährliche weibliche Sexualität gebrandmarkt, wurde das Image der Katze von Mitte bis Ende des 19. Jahrhunderts „rehabilitiert" (Kete 1994, 117, 127). Weil die Katze viel von ihrer Wildheit beibehalten hatte, wurde sie lange nicht als „Haustier" im engeren Sinne betrachtet (vgl. Griffiths et al. 2000). Im Gegensatz zum Hund, dem Symbol für Treue und Zuneigung, war die Botschaft der Katze eine ganz andere. Im Paris des 19. Jahrhunderts beispielsweise wurde die Katze weder der Arbeiterschicht noch dem Bürgertum zugerechnet, sie war vielmehr das Tier der Bohemien, vor allem der Intellektuellen und Künstler (vgl. Kete 1994). Die Katze war das „Anti-Haustier" und verkörperte mit ihrer Trägheit und ihrer Suche nach Behaglichkeit das Gegenteil vom urbanen, bürgerlichen Leben. Zu Beginn des 20. Jahrhunderts war die Katze jedoch bereits zum beliebten Haustier geworden. Zu dieser Rehabilitierung trugen einige Faktoren bei. Zunächst verloren die Eigenschaften der Katze immer mehr „die Kraft, zu beruhigen oder zu beunruhigen" (Kete 1994, 134). Die Unabhängigkeit, Promiskuität, Distanziertheit, Treulosigkeit, Trägheit und andere Eigenschaften, die der Katze lange Zeit zugeschrieben und die gefürchtet worden waren, wurden als die falschen Vorurteile erkannt, die sie schon immer gewesen waren. Zudem vertraten Katzenfreunde die Meinung, die Eigenschaften der Katze seien unterhaltsam. Ein weiterer Grund für die Rehabilitierung der Katze – und eng mit dem oben erwähnten verbunden – ist die Tatsache, dass die Modernisierung die Eingliederung ungefährlicher „exotischer" Elemente in den Alltag förderte. Obwohl auch eine „gewöhnliche" Katze einige dieser Elemente mitbrachte, kamen die zu dieser Zeit populären Rassen dem Ganzen näher: Siam, Abessinier, Perser – allein schon die Namen suggerierten das Ungewöhnliche und Mysteriöse. Ein dritter Grund war schließlich die Reinlichkeit der Katze, die sie in einer Zeit, in der man sich der Existenz von Bakterien bewusst wurde, vor dem Hund positionierte. War das anspruchsvolle Wesen der Katze vorher das Ziel von Spott und Hohn gewesen, schien es sie jetzt positiv vom Hund abzuheben, der immer glücklich ist, ob schmutzig oder sauber, und der Abfall mit der gleichen Begeisterung frisst wie Roastbeef.

Die Integration der Katze als Haustier war in vielerlei Hinsicht die letzte Hürde auf dem Weg zur vollkommenen Herrschaft über die Natur. Hatten sich die Menschen früher dafür zu rechtfertigen, wenn sie Tiere hielten, die keinen wirtschaftlichen Nutzen brachten, gehörte das „Haustier" nun einer Kaste an, dessen einziger Nutzen darin bestand, Gefährte des Menschen zu sein. Sowohl Hunde als auch Katzen wurden Objekte höchst gezielter Zucht – Hunde mit größerem Erfolg als Katzen – und beide wurden auf Schauen präsentiert, die Scharen von „Liebhabern" anzogen. Unter anderem zielten die Zuchtversuche darauf ab, das „Tierische" im Haustier zu verringern. Haustiere durften wild und exotisch aussehen, mussten sich jedoch wie ordentliche Familienmitglieder verhalten. Das „Haustier", so Shepard (1978), war ein „minimal animal"– niemals aggressiv oder sexuell aktiv, immer fröhlich, ruhig, verspielt und glücklich.

Kapitel 3

Vom Haustier zum tierischen Gefährten

Wenn man Tiere als eine Art Maschine betrachtet, die einem Uhrwerk gleicht, werden einige ihrer interessantesten Eigenschaften mit Sicherheit übersehen.

Patrick Bateson und Dennis C. Turner (1988, 200)

Könnten wir in der Zeit zurückreisen und die verschiedenen Einstellungen der westlichen Welt zu Tieren im Verlauf der Jahrhunderte betrachten, bin ich mir in Einem völlig sicher: Viele davon nahmen Tiere nicht als denkende und empfindungsfähige Partner in der sozialen Interaktion wahr. Einige ließen sicher eine große Zuneigung zu Tieren erkennen, aber wenige sahen Tiere als Wesen an, die – ähnlich dem Menschen – ein Selbst besitzen. In den späten 1990er Jahren hatte sich die allgemeine Einstellung jedoch genügend verändert, um auch Wissenschaftler aufmerksam werden zu lassen. In seinem Buch *Understanding Dogs* beschreibt Sanders, dass die Mehrheit der Menschen, die mit Hunden zusammenlebt oder arbeitet, diese als „fürsorgliche, erwidernde, emotionale Wesen mit einzigartigen individuellen Neigungen und Persönlichkeiten" (Sanders 1999, 3) bezeichnet. Die von Alger und Alger (1997, 2003) interviewten Katzenbesitzer berichteten Ähnliches.

Im vorhergehenden Kapitel habe ich dargelegt, dass die Haustierhaltung ein Zeichen für ein besonderes Verständnis für Tiere ist, das sich jedoch nur unter speziellen sozialen, kulturellen und wirtschaftlichen Voraussetzungen entwickeln konnte. Die weitere Entwicklung hängt ebenfalls von einer Reihe ähnlicher Veränderungen ab. Während der 1990er Jahre wurde der Begriff „tierischer Gefährte" zu einer beliebten, wenn auch umstrittenen Alternative zum Begriff „Haustier". Obwohl diese beiden Begriffe manchmal synonym verwendet werden, hat der „tierische Gefährte“ einen anderen Beiklang als das „Haustier“, das Bilder von Tricky Woo heraufbeschwört. Die Bezeichnung „tierischer Gefährte“ steht in einem politischen Kontext, der auf das gesteigerte menschliche Bestreben hinweist, manche Tiere mehr als Persönlichkeiten statt als Arbeiter, Dekoration oder Unterhalter zu sehen (vgl. Franklin 1999, 86). „Tierische Gefährten“ bleiben „anders“ als Menschen, werden jedoch mit Respekt und nicht als Unterlegene behandelt. Es gibt viele ganz unterschiedliche Beispiele für diese neue Sensibilität:

- neue Erkenntnisse in Bezug auf Verhalten, Emotionen und Kognition von Tieren
- gesteigertes Bewusstsein für das Problem der Überpopulation bei Haustieren und daraus resultierende erschwingliche Kastrationsprogramme
- verstärkte Sichtbarmachung heimatloser Tiere, um die Menschen zur Adoption von Tierheimtieren anzuregen, statt bei „Massenzüchtern“ zu kaufen
- technologische Fortschritte wie zum Beispiel Mikrochip-Implantate, durch die entlaufene Tiere mit ihren Besitzern wieder vereint werden können
- Tierärzte, die sich mit ganzheitlicher und alternativer Medizin beschäftigen (vgl. http://www.ahvma.org)
- Tierärzte, die die Patientenbesitzer in die Behandlung miteinbeziehen und besonderes Augenmerk auf die Beziehung zwischen Tier und Halter legen
- neue Beschäftigungsmöglichkeiten für Tiere (vor allem Hunde) und ihre Besitzer, die diese gemeinsam ausüben können, wie zum Beispiel Denksport- oder Geschicklichkeitsspiele
- gesteigertes Bewusstsein für die Schäden, die Amputationen und Verstümmelungen wie das Entfernen von Krallen, das Durchtrennen von Stimmbändern sowie das Kupieren von Ruten oder Ohren mit sich bringen.

Am deutlichsten wird die Veränderung jedoch im Bereich des Hundetrainings, besonders in der Tendenz zu gewaltfreien und einfühlsamen Methoden, die sich im Lauf der letzten 15 Jahre entwickelt haben. „Traditionelle" Trainingsmethoden beinhalten die „Leinenkorrektur", was bedeutet, dass an der Leine geruckt oder gerissen wird, die für gewöhnlich an einem Halsband befestigt ist, das den Hund entweder würgt, kneift oder sogar Elektroschocks verabreicht. In vielen Fällen endet es damit, dass ein Besitzer seinen Hund, wenn dieser die ersten paar Mal nicht versteht, was von ihm verlangt wird, hochhebt – präzise gesagt ihn „aufhängt" – bis er hört. Diese Philosophie wurde in den 1960er und 1970er Jahren vor allem durch die Arbeit des Trainers William Koehler zur gängigen Praxis. Seine Trainingsmethoden beinhalten „Nackenschütteln" (der Hund wird im Genickfell gepackt und geschüttelt), „Alphawurf" (der Hund wird auf den Rücken und somit in eine unterwürfige Position gezwungen) und das sogenannte „Kreiseln" (der angeblich störrische Hund wird an Würgehalsband und Leine im Kreis gewirbelt).

Soll ein Hund nach traditionellen Trainingsmethoden lernen zu sitzen, wird folgendermaßen vorgegangen: Ein Mensch befiehlt einem Hund – meist einem Welpen, der zudem im Regelfall mit Würgehalsband und Leine ausgestattet ist – in strengem Tonfall „Sitz!" zu machen. Da der Hund die menschliche Sprache nicht versteht, hat er keine Ahnung, was von ihm erwartet wird, steht einfach da und betrachtet die vielen Ablenkungen um sich herum, die die Welt zu bieten hat. Der Mensch glaubt, der Hund will nicht gehorchen. Er reißt an der Leine, versetzt damit der Luftröhre des Hundes einen Ruck, um seine Aufmerksamkeit zu gewinnen, und wiederholt den Befehl „Sitz!" ein paar weitere Male. Der Hund hat immer noch keine Ahnung, was dieses Wort bedeutet und beginnt wieder, sich umzuschauen, nur um einen weiteren Ruck zu empfangen, dieses Mal gefolgt von einem nach oben Reißen der Leine, das den Hund von den Füßen reißt, und einem weiteren strengen „Sitz!". Zu diesem Zeitpunkt hat die Trainingsstunde längst aufgehört, dem Hund Spaß zu machen. Der Mensch, der ebenso wenig Freude hat, drückt das Hinterteil des Hundes zu Boden, reißt seinen Kopf hoch und wiederholt nochmals, fast schreiend: „Ich habe gesagt ‚Sitz!' Was ist los mit dir du dummer Hund?" Nun hat der Hund gelernt, vor dem Menschen Angst zu haben. Zudem wurde er, als sein Hinterteil den Boden berührte, scharf angesprochen, was ihn verständlicherweise zögern lässt, das Verhalten von sich aus zu zeigen. Für den Menschen scheint es, als würde der Hund ihm nicht gehorchen. Der Mensch wird ärgerlich. Der Hund ist weiterhin verwirrt. Nach mehreren solchen Trainingseinheiten gibt der Mensch auf und bindet den Hund an einen Baum im Hinterhof oder sperrt ihn in die Garage. Der Hund fängt in seiner Langeweile und Einsamkeit an zu bellen. Die Nachbarn beschweren sich. Weil der Mensch und der Hund keine wirkliche Beziehung zueinander haben, fällt es nicht besonders schwer, den Hund im Tierheim abzuliefern.

Zugegeben, viele Hunde lernen durch traditionelles Training tatsächlich, sich auf Kommando zu setzen und mehr. Außerdem endet es nicht bei allen Hunden so, wie in meinem Beispiel. Ich habe bewusst übertrieben, um auf zwei Punkte hinzuweisen: Erstens wird bei traditionellen Trainingsmethoden vom Hund erwartet, dass er nach menschlichen Maßstäben lernt, er soll auf eine Sprache reagieren, die er nicht versteht. Zweitens geht es bei diesen Methoden allein darum, den Hund dazu zu bringen, bestimmte Dinge zu tun, sich zum Beispiel hinzusetzen. Im Gegensatz dazu steht ein anderes Szenario. Dieses Mal würdigt der Mensch die Tatsache, dass der Hund die menschliche Sprache nicht versteht. Der Mensch hat einen Vorrat an Belohnungen für den Hund bei sich, vielleicht kleine Stückchen Käse oder Fleisch oder ein Spielzeug, falls der Hund nicht mit Futter motiviert werden kann. Der Mensch hält einige der Belohnungen in der einen Hand, so dass der Hund sie sehen und riechen kann, und erlangt so die Aufmerksamkeit des Hundes. Danach hält er die Belohnung über den Kopf des Hundes. Der Hund schaut auf und der Mensch bewegt seine Hand allmählich weiter nach hinten. Der Kopf des Hundes folgt der Hand, während die Belohnung immer weiter nach hinten wandert, was den Hund aufgrund des natürlichen Bewegungsablaufs dazu veranlasst, sich zu setzen. Wenn das Hinterteil des Hundes den Boden berührt, sagt die Person „Fein!" oder kennzeichnet das richtige Verhalten auf andere Weise – z. B. mithilfe eines Clickers – und gibt dem Hund die Belohnung. Das Kommando „Sitz!“ ist bis jetzt noch nicht im Spiel. Hund und Mensch üben das noch einige Male. Gemeinsam „formen“ sie ein Verhalten des Hundes.[1] Der Hund erhält stets seine Belohnung. Nach kurzer Zeit stellt der Hund eine gedankliche Verknüpfung her und setzt sich von alleine; der Mensch kann jetzt das Wort „Sitz!“ in das Training einführen, da der Hund es nun mit seinem Verhalten in Verbindung bringen kann. Danach kann der Mensch langsam beginnen, nicht mehr jedes Mal eine Belohnung anzubieten, um sicherzustellen, dass der Hund das Kommando unter allen Umständen ausführt. Der Hund lernt ohne Zwang und mithilfe einer Sprache, die er versteht. Hund und Mensch haben eine Gemeinschaft aufgebaut, in der ihr Verstand und ihre Körper zusammenarbeiten. Sie achten aufeinander bzw. „lesen“ einander. Sie erfreuen sich an der Gesellschaft des anderen. Bei diesem Training geht es nicht darum, den Hund zum Gehorsam zu bringen – oder zumindest nur zum Teil. Es hat mehr mit dem Aufbau einer Partnerschaft zu tun.

Diese beiden Beispiele veranschaulichen zwei sich voneinander grundlegend unterscheidende Denkweisen. Die eine ist als „Unterordnung“ bekannt, die andere ist eine Kombination aus positiver Bestärkung und Verhaltensmodifikation. Der erste Ansatz legitimiert physische Gewalt und Misshandlung, getarnt als Disziplinierung. Der zweite Ansatz stützt sich auf die Prinzipien der Verhaltensmodifikation und der Philosophie der Gewaltlosigkeit. Ersterer basiert auf der Einstellung, Tiere seien ein Bündel von Instinkten. Der Zweite vertritt die Einstellung, dass Tiere über einen Grad an Bewusstsein verfügen, der sie in vielerlei Hinsicht dem Menschen ähnlich macht. Dieses Konzept spielt bei der Wandlung vom „Haustier“ zum „tierischen Gefährten“ eine wichtige Rolle. Wie wir schon bei der Entstehung der Haustierhaltung feststellen konnten, sind bei einem solchen Wandel viele Faktoren am Werk.

Wie sich neue Einstellungen entwickeln

Um den Wandel zu erklären, wende ich mich zunächst der Arbeit Adrian Franklins (1999, 175; vgl. auch Franklin et al. 2001) zu. In seinem Buch *Animals and Modern Culture* vertritt er die Auffassung, dass die sozialen, wirtschaftlichen und kulturellen Umgestaltungen, die zur Postmoderne führten, „zu einer Verlagerung vom anthropozentrischen Instrumentalismus hin zu einer zoozentrischen Empathie geführt haben." Seine Behauptung beruht auf Begriffen, die ihre Geltung behalten, unabhängig davon, ob man die Voraussetzungen der „Postmoderne" anerkennt oder nicht. Im Besonderen benennt er drei Dimensionen der postmodernen Kultur, die diese Verlagerung beeinflusst haben: die ontologische Unsicherheit, die Risikoreflexivität und die Misanthropie. Anschließend führt er anhand etlicher verschiedener Mensch-Tier-Interaktionen wie der Haustierhaltung, der Jagd und Fischerei und der Lebensmittelindustrie Beispiele an, um die mitfühlendere Haltung gegenüber Tieren zu veranschaulichen. Ich möchte diese drei Aspekte hier kurz zusammenfassen.

Wenn sich ontologische *Sicherheit* auf „eine Form der Kontinuität und Ordnung von Ereignissen, auch solchen, die sich nicht im direkten Wahrnehmungsbereich des Individuums ereignen" beziehen (Giddens 1991, 243), dann bedeutet ontologische *Unsicherheit* das Fehlen dieser Kontinuität und Ordnung. Der Begriff „ontologische Unsicherheit" beschreibt das Gefühl eines Individuums dafür, dass seine Umwelt unberechenbar ist. Die Menschen des Abendlands konnten über Generationen hinweg das Gefühl ontologischer Sicherheit genießen, doch in den letzten Jahrzehnten hat sich das geändert. Soziale und wirtschaftliche Faktoren haben zu einer wachsenden Unsicherheit am Arbeitsmarkt geführt und die Menschen können sich nicht mehr darauf verlassen, jahrelang im selben Job oder in derselben Firma zu arbeiten. Weitere Beispiele sind der Mangel an erschwinglichem Wohnraum und die geschwächten oder nicht existenten familiären Bindungen. Seit der Veröffentlichung von Franklins Buch sind neue Beispiele hinzugekommen. Finanzskandale und die Ereignisse des 11. September 2001 haben das Gefühl der Sicherheit, das die meisten Amerikaner für selbstverständlich hielten, in Frage gestellt. In Zeiten ontologischer Unsicherheit vermitteln uns Tiere ein Gefühl der Kontinuität, selbst wenn ansonsten nur wenig Kontinuität vorhanden ist, so Franklin. Beweise hierfür liefert nicht nur die wachsende Zahl von Haustieren, sondern auch die zunehmende Beliebtheit von Freizeitbeschäftigungen, bei denen Tiere eine Rolle spielen, wie zum Beispiel das Beobachten und Füttern von Vögeln, das Franklin in seiner Arbeit untersucht.

Parallel zur ontologischen Unsicherheit existiert die Risikoreflexivität, die sich auf das Bewusstsein bezieht, dass sowohl Menschen als auch nichtmenschliche Lebewesen mehr als je zuvor denselben Bedrohungen durch die Umwelt ausgesetzt sind. Hinzu kommt, dass diese Bedrohungen größtenteils dem Eindringen des Menschen in jeden Winkel der Wildnis zuzuschreiben sind. Die Tiere in diesen einst abgeschiedenen Lebensräumen sind nun von menschlicher Intervention abhängig, um überhaupt überleben zu können. Die Vielzahl an Umweltbewegungen und -organisationen zum Schutz bestimmter Tierarten wie Wal und Delfin, zeugen davon, dass sich die Menschen ihrer Verantwortung bewusst sind. Andere Gelehrte haben dies ebenfalls erkannt. So schreibt beispielsweise Myers (1998, 46), dass „wir unsere biologische Kontinuität mit anderen Organismen heute leichter anerkennen können und uns zweifellos bewusst sind, dass es sinnvoll wäre, unsere gegenseitige Abhängigkeit zu respektieren."

Der dritte Aspekt der Postmoderne, die Misanthropie, steht in engem Zusammenhang sowohl mit der ontologischen Unsicherheit als auch mit der Risikoreflexivität. Franklin erläutert die Misanthropie als eine allgemeine Abneigung gegenüber Menschen als Spezies und nicht als eine spezielle Abneigung gegenüber bestimmten Völkern oder einzelnen Individuen. In diesem Sinne stellt die Misanthropie die Menschheit angesichts der Zerstörung, die sie im Interesse des Fortschritts unter Tieren und in der Umwelt angerichtet hat, als „außer Kontrolle geraten, gestört, krank und verrückt" dar (Franklin 1999, 54). Die Misanthropie taucht die Menschheit in ein ausgesprochen negatives Licht im Gegensatz zu der „grundlegenden Güte, Vernunft und Gesundheit der Tiere“ (Franklin 1999, 55). Ein gutes Beispiel hierfür ist die positive und meist reizende Darstellung von Tieren in Filmen und in der Populärliteratur aus der Zeit nach dem Zweiten Weltkrieg, am bekanntesten hier sicher die Zeichentrickfilme von Walt Disney.[2] In Kombination mit der ontologischen Unsicherheit und der Risikoreflexivität trägt die Misanthropie dazu bei, Beziehungen zu Tieren als „moralisches Gegengewicht“ zur Instabilität und Unmoral der Menschen einzugehen (Franklin 1999, 55).

Zu Franklins drei Aspekten möchte ich noch einen weiteren hinzufügen, nämlich den des wachsenden Bewusstseins dafür, dass Tiere bewusste, empfindungsfähige Wesen sind. Dank der Bemühungen der Wissenschaftler, die bereit waren, nicht in Schubladen zu denken, entstand ein aufgeklärterer Blickwinkel auf Tiere. Ein Zeichen dafür war die Verleihung des Nobelpreises an Konrad Lorenz (bekannt vor allem aufgrund seiner Erforschung der Prägung von Gänsen), Niko Tinbergen (bekannt als der „neugierige Naturforscher“) und Karl von Frisch (bekannt für seine Arbeit zur Sprache der Bienen) im Jahr 1973. Bekoff (2002, 34) meint dazu: „Viele Menschen waren entsetzt, dass Wissenschaftler, die ihre Zeit damit zubrachten, „nur Tiere zu beobachten“, Forscher der Biomedizin ausstechen konnten.“ Dies stellte einen Wendepunkt für die Ethologie, die Erforschung des Verhaltens von Tieren, dar. Ein umfassender historischer Abriss der Entwicklung dieser Disziplin würde dieses Buch sprengen, doch ich fasse sie hier in groben Zügen zusammen. Darwin (wie auch einige seiner Zeitgenossen) betonte die artübergreifende mentale Kontinuität und sprach somit nichtmenschlichen Tieren kognitive Fähigkeiten zu. Sein Blickwinkel wird als „anekdotischer Kognitivismus“ (Jamieson und Bekoff 1993) bezeichnet, da er einzelne Fälle beobachtete und keine kontrollierten Experimente durchführte. Im 20. Jahrhundert wurden Anstrengungen unternommen, das Verhalten der Tiere genauer zu erforschen; die verschiedenen daraus resultierenden Formen des Behaviorismus schlossen jedoch nicht sichtbare, mentale Reaktionen zu

Gunsten von Stimulus-Response-Modellen, die allgemeinen Regeln folgen, aus. In der klassischen Ethologie blieb die Wahrnehmung der Tiere ein Thema, vertreten durch Wissenschaftler wie Lorenz, Tinbergen und von Frisch. 1976 lebte die Idee, dass bewusste Denkvorgänge die Basis für viele Arten komplexen Verhaltens bei Tieren darstellen, durch Donald Griffins Buch *The Question of Animal Awareness* wieder auf (vgl. Griffin 1992).[3] Griffin, der Begründer des Fachgebiets der kognitiven Ethologie, hat sich mit der Erforschung des mentalen Erlebens von Tieren beschäftigt und zwar so, wie es im natürlichen Lebensraum des Tieres auftritt und nicht unter Laborbedingungen. Dieses Fachgebiet vereint Aspekte der klassischen Ethologie, der vergleichenden Psychologie sowie der Wissenschaftsphilosophie.[4] Es bildet die Grundlage zahlreicher Studien in Bezug auf die Wahrnehmung und die Emotionen von Tieren, darunter Irene Pepperbergs Arbeit über Alex, den Papagei (vgl. Pepperberg 1991), Francine (Penny) Pattersons Arbeit über Koko, den Gorilla (vgl. Patterson und Linden 1981), Goodalls Feldforschung an den Schimpansen von Gombe und Bekoffs Arbeit über das Sozialleben von Hunden. Außerdem wurde der Weg geebnet für Bücher wie *Hundegesellschaft. Vom Glück mit Vierbeinern* (2000 [2002]) und *Das geheime Leben der Katzen* (1994 [1996]) von Elizabeth Marshall Thomas, *Hunde lügen nicht* (1997 [2000]) von Jeffrey Moussaieff Masson und für den Bestseller *Wenn Tiere weinen* (1995 [1996]) von Masson und Susan McCarthy.

Nur wenige Laien werden den Begriff „kognitive Ethologie" kennen, doch viele sind sicherlich mit ihren Thesen und ihrem Blickwinkel vertraut. Schon zuvor hatten andere neue Theorien (beispielsweise die Evolutionstheorie) die Kultur durchdrungen, so auch die Vorstellung, dass Tiere mentale Fähigkeiten und Emotionen besitzen und dass wir mehr mit ihnen gemein haben als wir ahnen. In Verbindung mit Franklins Dimensionen, die ontologische Unsicherheit, Risikoreflexivität und Misanthropie in Zusammenhang bringt, ist es leicht zu verstehen, warum Menschen ihre Tiere lieber als „Gefährten" denn als „Haustiere" bezeichnen. Wenn man einmal in Betracht zieht, dass ein Tier ein subjektives Selbst und die Fähigkeit besitzt, Absichten und

Emotionen zu teilen, dann wird es schwieriger, das Tier einfach als Wesen zu sehen, das lediglich unserer Unterhaltung, unserem Nutzen und Vergnügen dient. Als die Menschen begannen, in diesen neuen Kategorien zu denken, benötigten „sie auch ein Wort, das weniger vorbelastet ist, als der Begriff „Besitzer“, um ihre Beziehung zu beschreiben.“ (Derr 1997, 324) Sie begannen den Begriff „Beschützer“ zu verwenden, der eine gänzlich andere Art von Verantwortlichkeit beschreibt*. Viele Städte nahmen diese Terminologie auch in ihre amtlichen Verordnungen auf. Die erste Stadt war San Francisco; die Initiative ging hier von Elliot Katz aus, einem Tierarzt und dem Präsidenten der Organisation *In Defense of Animals*, der diese veränderte Haltung unterstützte und als Teil einer „Revolution“ in der Art und Weise, wie Menschen über ihre Katzen und Hunde denken, bezeichnete. Im Juli 2000 wurde in Boulder, Colorado, eine Verordnung erlassen, durch die der Begriff „Besitzer“ in den Rechtsverordnungen der Stadt durch „Beschützer“ ersetzt wurde.

Manche Menschen sind der Meinung, dass es keinen Unterschied macht, ob ein Tier als Gefährte oder als Haustier bezeichnet wird, solange Tiere als Eigentum gelten; ein Thema, auf das ich in meinen Schlussbemerkungen zurückkommen werde. So stellt die Stadt Boulder auf ihrer Website beispielsweise klar, dass der Begriff „Besitzer“ zwar durch „Beschützer“ ersetzt wurde, beide Begriffe nichtsdestotrotz dasselbe bedeuten. Gary Francione, Juraprofessor an der *Rutgers University School of Law*, legt dar, dass die verwendeten Begriffe keine rechtliche Bedeutung haben, da Tiere von Rechts wegen Besitztum darstellen, egal wie die Beziehung der Menschen zu ihnen bezeichnet wird (Francione 1995, 1996, 2000). Andere Menschen verwenden die Bezeichnung jedoch, obwohl sie wissen, dass sie dem Gesetz nach ihre Beziehung zu ihrem Tier nicht korrekt beschreibt. Mark Derr schreibt zum Beispiel: „Wie viele andere Menschen auch sehe ich mich lieber als Hüter oder Beschützer meiner Hunde. Ich bin dafür verantwortlich, ihnen medi-

* Im Englischen wird hier unterschieden zwischen „owner“ (Besitzer) und „guardian“ (Wächter, Hüter, Vormund, aber auch Schutzengel).

zinische Hilfe, Futter und ein Zuhause zur Verfügung zu stellen und ihnen Anweisungen zu geben, wie sie sich in dieser Welt zu verhalten haben. Rechtlich gesehen bin ich auch ihr Besitzer. Moralisch gesehen bin ich es nicht." (Derr 1997, 324) Auch der ganzheitliche Tierarzt und Autor Allen Schoen (2001, 9) erklärt, dass er die Begriffe „tierischer Gefährte" und „menschlicher Gefährte" statt „Haustier" und „Besitzer" benutzt, da er nicht denkt, dass „die komplexe Beziehung zwischen zwei Spezies durch zwei derart vorbelastete Begriffe adäquat beschrieben werden kann."

Tierisches Selbst und tierisches Kapital

Diese von Schoen angesprochene „komplexe Beziehung" macht auf den entscheidenden Unterschied zwischen dem Besitz eines tierischen Gefährten und dem eines Haustieres aufmerksam. Die Beziehung zu einem Haustier kann nie übermäßig komplex sein. Ein Haustier dient dem Vergnügen und der Besitzer kann sich zurücklehnen und sich daran erfreuen. Komplexität hat in diesem Bild nichts zu suchen und falls die Beziehung dennoch einmal komplex werden sollte, werden Haustierbesitzer für gewöhnlich alles tun, um dies wieder zu ändern. Wie ein Mann mir in einem Interview erklärte:

> *„Ich habe Haustiere. Meine Hunde sind Haustiere. Ich glaube nicht, dass ihre Gedankengänge sehr hoch entwickelt sind. Wenn bei einem von ihnen ein kostspieliges medizinisches Problem auftritt oder wenn eines krank wird, dann lasse ich es einschläfern und hole mir ein neues."*

Man beachte, dass für diesen Mann ein Hund ein geschlechtsloses Wesen ist, ein „Es". Im Gegensatz dazu erfordert eine komplexe Beziehung eine Menge an Wissen über das andere Wesen, mit dem wir diese Beziehung eingehen. Wenn wir die Beziehung als komplex betrachten, heißt das, dass wir uns verpflichten müssen zu lernen, wie der Hund oder die Katze die Welt wahrnimmt und in ihr funktioniert. Dies setzt wiederum voraus, dass Tiere einen Verstand und Gefühle haben müssen, die ihnen dabei helfen, zu verstehen und zu funktionieren. Dies alles muss – zumindest meiner Meinung nach – zu einer Neugierde darauf führen, wie Tiere kommunizieren, fühlen und lernen und darauf, was sie benötigen, um ein gesundes Leben führen zu können. Das Wissen, das aufgrund dieser Neugierde angesammelt wird, bewirkt eine vollkommen andere Form von Beziehung zu Tieren.

Diese Art des Wissens umfasst etwas, das ich „tierisches Kapital" nenne. Der Begriff „Kapital" bezieht sich auf die Ressourcen, die in einem bestimmten sozialen Bereich an Wert besitzen. Menschen tauschen Kapital in bestimmten Situationen zu ihrem Vorteil untereinander aus. Neben der bekanntesten Form des Kapitals, dem wirtschaftlichen Wohlstand, gibt es beispielsweise auch noch das Bildungskapital, das aus den Fähigkeiten und dem Wissen eines Menschen besteht und ihm Vorteile auf dem Arbeitsmarkt verschafft (vgl. Becker 1975). Pierre Bourdieu (1986) unterscheidet zwischen kulturellem Kapital (welches Wissen, Gepflogenheiten und Geschmäcker beinhaltet, die den Zugang zu den oberen Gesellschaftsschichten ermöglichen), symbolischem Kapital (Ehre und Prestige) sowie Sozialkapital (soziale Netzwerke). James Côté und Charles Levine (2002) fügen dem noch das Persönlichkeitskapital hinzu, das die Fähigkeiten zu kritischem Denken, zielbewusstem Handeln sowie andere selbstbestimmte Fähigkeiten umfasst. Verschiedene soziale Bereiche schätzen unterschiedliche Arten von Kapital. Der Geschäftswelt sind zum Beispiel vor allem wirtschaftliches und soziales Kapital wichtig, während die akademische Gemeinschaft in erster Linie mit Bildungskapital handelt. Ich verwende den Begriff „tierisches Kapital", um mich damit auf Ressourcen zu beziehen, die die Entwicklung einer bedeutsamen Partnerschaft möglich machen, in der das Tier nicht ausgenutzt wird. Zu diesen Ressourcen rechne ich das Wissen über Verhalten, Ernährung, Gesundheit und Geschichte sowie über Rassecharakteristika, Trainingsmethoden und die Vielfalt der Dinge, die das Leben des Tieres bereichern können. Darüber hinaus zählt für mich zum tierischen Kapital, eine Beziehung zu einem Tier zu haben, die auf aktivem Interesse an den Emotionen, den Kommunikationsmethoden und der Wahrnehmung des Tieres beruht. desweiteren gehört zum tierischen Kapital die Fähigkeit zu wissen, wie man Dinge herausfinden kann. Das heißt, dass man fähig sein muss, im Falle von Gesundheits- oder Verhaltensproblemen auf andere Ressourcen, wie zum Beispiel Tierärzte, Tiertrainer oder Verhaltensforscher zurückzugreifen.

Die Idee zum Konzept des tierischen Kapitals entstand, während ich versuchte zu verstehen, warum manche Beziehungen zwischen Menschen und Tieren funktionieren und andere scheitern. Es wurde deutlich, dass zwei eng miteinander verwandte Faktoren eine Rolle spielen. Ein Faktor ist die Akzeptanz des Tieres als subjektives Wesen und als aktiver Teilnehmer am Leben der Person. Menschen, deren Beziehungen zu Tieren scheiterten, hatten aufgehört – oder niemals damit begonnen – , das Tier als besonderen Bestandteil ihres Lebens und ihres Selbst zu sehen. Der zweite Faktor, der bei gescheiterten Beziehungen eine Rolle spielt, ist die Unfähigkeit oder das Versäumnis, Hilfe zu suchen und in Anspruch zu nehmen, wenn ein Problem auftritt; sei es nun ein Problem im Verhalten des Tieres oder die eigene Allergie. Menschen, die mit der Behauptung, sie seien allergisch, eine Katze abgeben, wissen zum Beispiel oft gar nicht, ob sie tatsächlich unter einer Allergie leiden. Zugegeben: In manchen Fällen gibt es keinen anderen Ausweg, als das Tier abzugeben. Viele Menschen tun dies jedoch, ohne vorher bei einem Trainer, Tierarzt, Tierpsychologen, Allergieexperten oder bei einem anderen Spezialisten Rat gesucht zu haben. Menschen, die im Gegensatz dazu schwierige Situationen gemeistert haben, gehen meist mit einer größeren Zuneigung zu ihrem Tier, einem erweiterten Wissen über die zur Verfügung stehenden Ressourcen und einem Gefühl der Zufriedenheit in Bezug auf die Beziehung daraus hervor. Das tierische Kapital bringt nicht nur komplexere und dadurch befriedigendere Beziehungen zu Tieren hervor, es erweitert auch die Selbsterfahrung.

Tierisches Kapital hat nichts damit zu tun zu wissen, wie man Tiere ausbeutet; es hat damit zu tun zu wissen, wie man ihre Ausbeutung minimieren kann. Es bedeutet, den wirklichen Wert tierischen Lebens anzuerkennen. Es macht qualitativ gesehen eine andere Form der Beziehung zu Tieren möglich, ebenso wie andere Formen von Kapital bestimmte menschliche Beziehungen ermöglichen. Ein Mensch, der verstehen möchte, wie Hunde und Katzen ihre Umgebung wahrnehmen, wird eine andere Art von Beziehung zu einem Hund oder einer Katze haben, als ein Mensch, der der Meinung ist, dass Tiere nicht sonderlich intelligent sind. Die Meinung, Tiere seien nichts weiter als ein Bündel von Instinkten, gehört nicht zum tierischen Kapital. Die Akzeptanz der Rolle, die der Instinkt im Verhalten von Tieren spielt, gehört hingegen dazu. Mit anderen Worten: Tierisches Kapital entsteht durch das Bestreben, das Potenzial der Tiere zu verstehen, wodurch gleichzeitig unser Potenzial im Umgang mit Tieren erweitert wird. Das vielleicht beste Beispiel hierfür liefert Goodall (1999, 77-78), deren Annäherung an die Schimpansen, die sie erforschte, ihr tierisches Kapital einbrachte, das unser Wissen über Schimpansen – und über uns selbst – für alle Zeiten verändert hat:

> *„Um zu verwertbaren wissenschaftlichen Daten zu kommen, so wird einem gesagt, muss man kalt und objektiv vorgehen. Man zeichnet sorgfältig auf, was man sieht, und erlaubt sich vor allem nicht, Empathie für die Forschungsobjekte zu empfinden. Zum Glück wusste ich während meiner ersten Monate in Gombe nichts davon. Einen Großteil meiner Erkenntnisse über diese intelligenten Wesen verdanke ich gerade dem Umstand, dass ich solche Empathie für sie empfand. Sobald man weiß, warum etwas geschieht, kann man seine Interpretation so streng prüfen, wie man möchte.“*

Sie macht deutlich, dass ihr Einblick in die Lebensweise der Schimpansen viel tiefer war, weil sie sie verstehen wollte. Im Gegensatz zu vielen Forschern dieser Zeit, ging sie nicht davon aus, sie müsse ihre Gefühle außer Acht lassen, wenn sie ihre Beobachtungen machte, oder dass die Schimpansen in einem Labor besser hätten studiert werden können. In Bezug auf unser tägliches Leben mit Hunden und Katzen kann diese Einstellung die Art und Weise verändern, wie wir über sie denken. Lassen Sie mich nun einer Frage zuvorkommen:

Ist das nicht Vermenschlichung?

Ja, das ist es. Wenn ich sage, dass Hunde und Katzen ein Selbst besitzen und zu Emotionen fähig sind, dann verwende ich menschliche Begriffe, um tierisches Verhalten zu beschreiben, und das ist Vermenschlichung. Ich finde es sehr bezeichnend, dass von all den Terminologien und Verbildlichungen, mit denen Menschen Tierverhalten beschrieben haben – von der Wettbewerbswirtschaft bis hin zur Maschinerie – gerade die emotionalen und psychologischen Beschreibungen die schärfsten Einwände hervorruft.[5] Als Menschen können wir es gar nicht vermeiden zu vermenschlichen. Kenneth Shapiro (1997, 294) weist darauf hin, dass wir nicht nur vermenschlichen, wenn wir versuchen, Tiere zu verstehen, sondern dass,

> *„jeder Versuch zu verstehen, anthropomorph ist (von „anthropos" für „Mensch" und „morphe" für „Gestalt" oder „Form"), da er teilweise durch den menschlichen Betrachter als Subjekt beeinflusst wird. Da es sich jedoch um eine Perspektive oder um eine „Neigung" handelt, die allen Erfahrungen innewohnt, ist es kein gelegentlicher Zuordnungsfehler, für den wir besonders anfällig sind, wenn wir die Grenze zwischen den Arten überschreiten. Es handelt sich um eine Bedingung der Wissenschaft, die verhindert, dass diese endgültige Gewissheit erlangt und somit auch der Bildung einer positivistischen Philosophie vorbeugt."*

Da alle Versuche des Menschen, Phänomene zu verstehen oder zu beschreiben, aus der Sicht des Menschen unternommen werden müssen, bezieht sich das „Problem“ der Vermenschlichung nicht allein auf die Beschreibung von Tieren. Es ist stattdessen ein Resultat der Sprache. Bekoff (2000, 21) stellt fest, dass wir, „um über die Welt anderer Tiere zu sprechen, die Sprache verwenden müssen, die wir sprechen.“ Da ich nur über die menschliche Sprache verfüge, habe ich keine Wahl als zu sagen „Dolly schien traurig zu sein“ oder „Skipper mag es, hier zu liegen“, wenn ich das Verhalten meiner Hundegefährten beschreiben möchte. Die Gegner des Anthropomorphismus würden diese Beschreibungen als inakzeptabel bezeichnen, da ich keine „harten“ Beweise dafür habe, was Dolly fühlt oder was Skipper mag. Zugegeben: „Es ist besonders schwierig, auf empirische Weise nachzuweisen, dass solche Beschreibungen gerechtfertigt sind.“ (Fisher 1991, 71) Wenn wir jedoch die Verwendung anthropomorpher Sprache gänzlich ablehnen, was könnte sie ersetzen? Wenn ich die Beschreibung von Dolly alleine auf eine mechanische Darstellung der Bewegungen ihrer Gesichtsmuskeln beschränke, lasse ich meine Erkenntnisse hinsichtlich der Situation, in der dieses Verhalten auftritt, unter den Tisch fallen. Desweiteren beziehe ich meine Erkenntnisse, die ich während meiner ständigen Interaktion mit Dolly erworben habe, nicht mit ein. Ich habe sie gesehen, wenn sie glücklich scheint, wenn sie zum Beispiel wartet, während wir uns für den Spaziergang fertig machen, oder wenn sie auf einem Knochen herumkaut, Enten jagt, durch den Schnee läuft usw. Ebenso lasse ich meine Erkenntnisse, die ich während der ständigen Interaktion mit Skipper gewonnen habe, wegfallen, wenn ich Skippers offensichtliche Schlafvorlieben rein vom Verhalten her erkläre. Ich habe beobachtet, wie Skipper zahlreiche verschiedene Schlafplätze ausprobierte, um sich schließlich für einen bestimmten Platz in meinem Büro zu entscheiden. Es erscheint vernünftig zu sagen, dass er diesen Platz mag.

Der Begriff „Anthropomorphismus“ zielt oft darauf ab, jemandes Behauptungen im Hinblick auf Tiere in Misskredit zu bringen.[6] Der Begriff impliziert für gewöhnlich Gefühlsduselei und falsche Projektion, die, da stimme ich zu, tatsächlich vermieden werden sollten. Es ist jedoch nicht so, dass „die beiden einzigen Alternativen darin bestehen, Tiere uneingeschränkt zu vermenschlichen oder aber jegliche Vermenschlichung zu eliminieren" (Bekoff 2002, 49-50). Der Mittelweg enthält informierte und systematische Interaktion mit dem Tier sowie dessen Beobachtung. Mit der Zeit ermöglicht dies einen „kritischen" und „interpretativen" Anthropomorphismus (Fisher 1991; Burghardt 1998). Der „kritische Anthropomorphismus" hat das Ziel, auf dieselbe Weise zu Verständnis für die Tierwelt zu gelangen, wie es unter Menschen durch das „Verstehen" geschieht. Es wird versucht, die bedeutungsvollen, subjektiven Aspekte einer Handlung zu erkennen. Dies setzt grundlegendes Wissen über Tiere voraus, und zwar „was unser Wissen über die Geschichte ihrer Art, ihre Wahrnehmungs- und Lernfähigkeit, ihre Physiologie, ihr Nervensystem und ihre jeweilige persönliche Vorgeschichte betrifft" (Burghardt 1998, 72). Mein Wissen über Katzen im Allgemeinen oder über eine Katze im Speziellen erlaubt es mir beispielsweise, eine begründete Aussage darüber zu treffen, wann sich eine Katze wohl fühlt oder wann sie Angst verspürt. Katzen verfügen über eine deutliche Körpersprache und jeder, der diese eine Zeit lang genau beobachtet, wird verstehen, dass geweitete Augen und angelegte Ohren ein Zeichen von Angst sind. Wenn meine Aussagen auf meinem Wissen über normale Verhaltensmuster beruhen, kann ich durchaus eine anthropomorphe Sprache verwenden, um diese zu beschreiben. Tatsächlich habe ich gar keine andere Wahl. Auch wenn ich nicht wissen kann, ob die erlebte Angst der Katze mit der meinen vergleichbar ist, ist dennoch die Bezeichnung „Angst" gerechtfertigt.

Laut Shapiro (1990, 1997) gelingt es uns am besten Tiere zu verstehen, wenn wir sie zuallererst als intelligente Lebewesen sehen und gleichzeitig und zu gleichen Teilen unser Wissen über soziale Konstrukte und die Geschichte einfließen lassen. So beschreibt er zum Beispiel, wie sein Hund Sabaka andere zum Spielen auffordert oder selbst aufgefordert wird:

> *„Im Spielzimmer gab es einen Eimer, in dem wir alle möglichen Dinge aufbewahrten – alte Socken, Teile eines alten Schuhs, eine*

Wassermelone aus Gummi, alte Tennisbälle und einen Plastikknochen. Sabaka konnte einen von uns zum Spielen auffordern, indem er beispielsweise eine alte Socke herauszog und damit schüchtern auf uns zukam. Umgekehrt konnten auch wir selbst oder einer der beiden Nachbarshunde, die oft zu Besuch kamen, auf die gleiche Weise eine Socke nehmen und auf ihn zugehen."
(Shapiro 1990, 186)

Dieser Bericht erscheint in keiner Weise vermenschlichend. Es folgt Shapiros Beschreibung des Spielverlaufs:

„Der Bereich, in dem wir spielten, war für gewöhnlich durch eine Couch, unter die er schlüpfen konnte, ich jedoch nicht (zumindest nicht, ohne mich zu verletzen) und allerlei weitere Möbelstücke im Spielzimmer beschränkt, die als Hindernis/ Versteck dienen konnten. Manchmal dehnte sich das Spiel auch auf den Korridor aus, der einmal um die Treppe herum verlief, um schließlich wieder zum Spielzimmer zurückzuführen."

Shapiro gibt zu, dass diese Handlung auf den ersten Blick „kaum der Erwähnung wert scheint, da es sich um ein einfaches Spiel mit Verstecken und Fangen handelt" (Shapiro 1990, 186). Auf den zweiten Blick erkennt man jedoch, dass das gesamte Spiel, vom „Aufforderungsritual" bis hin zu den „Umständen, die das Spiel beenden" eine „komplizierte Angelegenheit war, die jedoch beiden Mitspielern leicht von der Hand ging. Noch raffinierter waren die Körperhaltungen und Täuschungsmanöver, die halb ausgeführten Bewegungen in Phasen, die dem Uneingeweihten wohl wie Spielpausen erscheinen." Shapiro meint, dass er das Spiel zwar vom Hergang her exakt beschreiben könnte – also in etwa: „Er bewegte sich in diese Richtung und ich bewegte mich in diese Richtung" – dass diese Beschreibung den tatsächlichen Ereignissen jedoch nicht Rechnung tragen würde. Eher konnte er Sabakas Absichten erkennen, indem er seine Körpersprache deutete und umgekehrt. Er bringt das Beispiel von einem Tennisspieler, der seinen nächsten Spielzug plant, indem er seinen Gegner beobachtet.[7] Wenn man sich lediglich auf die Bewegungen des Gegners fokussiert und das Element der Spielplanung ausblendet, erfahren wir durch diese Momentaufnahme, was der Körper des anderen als Nächstes tun wird. Es ist tatsächlich nicht mehr als ein Schnappschuss, da wir unseren Fokus immer nur für wenige Augenblicke beibehalten können. Nichtsdestotrotz erlauben uns diese kurzen Momente zu erkennen, was das Tier gerade erlebt – und zwar indem wir in Betracht ziehen, was für das Tier gerade im Bereich des Möglichen liegt und was für das Tier von Bedeutung ist. In Shapiros Beispiel beeinflussen die Beschränkungen des Raumes, die Couch, die Gegenstände und der andere Körper (Shapiros) im Spiel Sabakas Erlebnis. Es findet keine bewusste Beeinflussung statt, da der Hund beispielsweise nicht wissen kann, dass Shapiro nicht unter die Couch passt. Für Sabaka ist es jedoch wichtig, unter der Couch zu sein, da dies „sicher" ist. Als intelligente Wesen haben wir alle ähnliche Erfahrungen von physischer Sicherheit und Deckung; das ist gewiss nicht rein menschlich.

Diese Form des Wissens kann am besten eingesetzt werden, wenn sie mit den anderen beiden Teilen der drei Komponenten umfassenden Methode kombiniert wird, nämlich mit dem Wissen über soziale Konstrukte und die individuelle Geschichte. In diesem Fall bezieht sich das soziale Konstrukt beispielsweise auf die zahlreichen Abhandlungen um Sabaka herum als Repräsentant der Spezies „Hund" (hier können wir auch noch „Katze" hinzufügen), als „Tier" und als „Haustier". Wie ich schon in Kapitel 1 festgestellt habe, interagieren wir mit Tieren unter dem Einfluss verschiedener vorgefasster Meinungen. Was zum Beispiel ist ein „Hund" oder eine „Katze"? Sind es wilde Geschöpfe, die dafür gemacht sind, frei von menschlicher Intervention zu leben? Sind sie knuddelige Kuscheltiere aus Fleisch und Blut? Oder sind sie liebevolle, ergebene Gefährten, die Stress reduzieren und das Leben allgemein lebenswerter machen können? Jedes dieser Bilder – und weitere – stehen uns zur Verfügung. Wir alle machen in unseren Interaktionen mit einzelnen Tieren von ihnen Gebrauch. Um das Erleben eines Tieres verstehen zu können, müssen wir diese Bilder, die wir verwenden, anerkennen bzw. beurteilen. Dies gilt auch, wenn wir uns mit wissenschaftlichen Studien über Tiere beschäftigen, denn auch diese sind sozialen Konstrukten gegenüber nicht immun. Die kognitive Ethologie zum Beispiel, die sich auf das Bewusstsein und die Vielseitigkeit der Tiere konzentriert (Allen und Bekoff 1997), enthüllt ein Konstrukt von Tieren, die behavioristische Position eine andere, in der die Tiere nichts weiter sind als eine Blackbox (die vereinfachte Darstellung einer komplexen Struktur).

Beim Versuch, ein Tier zu verstehen, muss neben dem sozialen Konstrukt auch der individuellen Vorgeschichte des Tieres Beachtung geschenkt werden. So wie wir bei unseren Interaktionen mit anderen Menschen bestimmte Ereignisse der betreffenden Person (oder auch der sozialen Gruppe, der diese Person angehört) berücksichtigen müssen, spielt die individuelle Vorgeschichte auch bei unseren Interaktionen mit Tieren eine Rolle. Zum Beispiel kann ich Skipper besser verstehen, weil ich weiß, dass er als Streuner aufgegriffen wurde und mehrere Monate in mindestens zwei verschiedenen Tierheimen zubrachte, bevor ich ihn adoptierte. Dieses Wissen um seine Vorgeschichte half mir vor allem in den ersten Tagen unseres gemeinsamen Lebens, gewisse Verhaltensweisen besser einordnen zu können. Es ist auch wichtig zu wissen, dass er einen Teil Herdenschutzhund in sich trägt, was wiederum einige seiner Verhaltensweisen erklärt. Um zu verstehen, warum eine unserer Katzen sofort davonläuft und sich versteckt, wenn Fremde ins Haus kommen, ist es ebenso hilfreich zu wissen, dass sie aus einer Kolonie von Wildkatzen stammt und erst mit sechs Monaten den ersten Kontakt zu Menschen hatte. Es ist jedoch wichtig, Vorsicht walten zu lassen, wenn wir uns auf die individuelle Vorgeschichte eines Tieres stützen. Shapiro drückt das sehr gut aus:

> *„Eine Folge der Anerkennung, welche Bedeutung die individuelle Geschichte eines Tieres hat, ist die, dass sie die Allgemeingültigkeit aller Forschungsergebnisse untergräbt. Wenn wir die Bedeutung der individuellen Vorgeschichte ernst nehmen, können wir nicht behaupten, das grundlegende Hundsein eines Hundes zu untersuchen."* *(Shapiro 1990, 194)*

So wenig, wie ich Aussagen über einzelne Hunde oder Katzen verallgemeinern kann, kann ich dies mit Aussagen über Menschen tun. Irgendwann gelangt man jedoch an einen Punkt, an dem wir genügend Gewissheit darüber haben, was ein anderer denkt oder fühlt, um die Wissenslücke vertrauensvoll schließen zu können. Dabei beziehen wir uns dann meist auf ein allgemeines Verhalten und nicht auf eine spezielle Eigenart. Wenn eine bestimmte Anzahl von Beobachtern ein Phänomen auf dieselbe Weise interpretiert, schließen Wissenschaftler in der Sozialpsychologie und in anderen wissenschaftlichen Bereichen daraus, dass etwas im Aufbau des Phänomens zu diesen übereinstimmenden Interpretationen geführt haben muss. Mit anderen Worten: Die Übereinstimmung der Erklärungen muss vom Aufbau der beobachteten Situation herrühren. Unlängst wurde ein Experiment durchgeführt, um dies im Zusammenhang mit dem Verhalten von Hunden zu überprüfen. In welchem Ausmaß würden die Probanden vermenschlichende Schilderungen verwenden und wenn, wie einheitlich würden sich diese gestalten? Zur Beantwortung dieser Frage wurden den Probanden Videos von Interaktionen zwischen Hunden und ihren Haltern gezeigt; anschließend mussten sie die Szenen mit Blick auf den Hund beschreiben. Meist verwendeten sie psychologische Beschreibungen und „die Teilnehmer waren sich im Hinblick auf die Bedeutungen der anthropomorphischen Beschreibungen bemerkenswert einig“ (Morris et al. 2000, 162). Anders gesagt: Etwas im Verhalten der Hunde hat diese psychologischen Beschreibungen nahegelegt. Sie entsprangen nicht einem unbegründeten, sentimentalen Anthropomorphismus. In der Verhaltensforschung am Menschen stellen solche Ergebnisse einen Beweis dafür dar, dass es „etwas in der Struktur der menschlichen Handlungen und jeweiligen Körperhaltung gibt, das für bestimmte Absichten oder Emotionen spezifisch ist“ (Morris et al. 2000, 162). Ich behaupte, dass dies auch auf Tiere zutrifft.

Sentimentaler Anthropomorphismus

Im Gegensatz zum kritischen Anthropomorphismus schreiben die Menschen Tieren oft Vorstellungen und Vorlieben zu, ohne dass dafür eine Grundlage besteht. Ich habe zum Beispiel viele Menschen sagen hören, dass Tiere, die aus einem Tierheim stammen, „wissen", dass sie gerettet wurden, und für den Rest ihres Lebens „dankbar" sein werden. Um zu verstehen, was es heißt, gerettet zu werden, müssten Hunde oder Katzen erst eine Vorstellung davon haben, was es heißt, verloren zu gehen oder verlassen zu werden. Dies sind menschliche Vorstellungen. Ein Hund mag tatsächlich Angst empfinden oder verwirrt sein, wenn er von seinem (menschlichen) Sozialverband getrennt wird, und ich habe entlaufene Hunde gesehen, die sich gefreut haben, ihre Besitzer wiederzusehen, nachdem sie ein oder zwei Tage im Tierheim verbracht hatten. Ich habe jedoch keine Beweise dafür, dass Hunde Konzepte wie „verloren gehen", „verlassen werden" oder „gerettet werden" verstehen. Darüber hinaus ist es für einen Streuner aus dem Tierheim nicht weniger wahrscheinlich, dass er bei entsprechender Motivation und Gelegenheit aus seinem neuen Zuhause fortläuft, als jeder andere Hund. Soviel zum Thema Dankbarkeit.

Der Nachteil des unkritischen, sentimentalen Anthropomorphismus besteht darin, dass er die Bemühungen, die Wirklichkeit der Tiere in tierischen Begriffen zu verstehen, umgeht. Die Aussage, dass ein gerettetes Tier für immer dankbar sein wird, sagt zum Beispiel mehr darüber aus, was der Mensch, der sie tätigt, von der Beziehung zu dem Tier erwartet, als über Tierverhalten an sich. Diese Person wünscht sich Anerkennung dafür, dass sie das Tier gerettet hat, und ich frage mich immer, wie ein Hund oder eine Katze jemals seine oder ihre Dankbarkeit angemessen ausdrücken könnte. Eine mögliche Antwort für den Hund ist „Treue", eine gebräuchliche, sentimentale anthropomorphe Projektion, die zum Bild des „Ein-Personen-Hundes" geführt hat. Es ist eine verlockende Art, das Band zwischen einem Hund und einer bestimmten Person zu beschreiben und es gibt Zeiten, in denen sogar ich glauben möchte, dass sie wahr ist. Skipper hört besser auf mich, als auf die meisten anderen Menschen, und nicht viele Dinge erwärmen mein Herz mehr, als wenn er in schnellem Tempo auf mich zugerannt kommt, wenn ich seinen Namen rufe. Da ich ihn jedoch zu mir genommen habe, nachdem er als Streuner gelebt hatte, weiß ich, dass ich nicht der erste oder einzige menschliche Gefährte für ihn bin. Wir haben im Laufe der Zeit mit Konsequenz und Belohnungen eine Beziehung zueinander aufgebaut. Sollte mir etwas zustoßen, weiß ich, dass Skipper auch zu einer anderen Person eine Beziehung aufbauen könnte, so sehr ich mir auch wünsche, es wäre anders. Perin hat dies gut erläutert:

> *„Hunde sind schlicht nicht dafür geschaffen, irgendeinem Menschen „völlig ergeben“ zu sein.* Wir *möchten das gerne. Hunde zeigen uns immer wieder, dass unsere Vorstellung von „Treue“ nicht die ihre ist, wenn sie sich leicht in eine neue Familie einfinden oder von uns fortgehen, ohne auch nur eine Träne zu vergießen. Der „Ein-Personen-Hund“ ist unser Mythos (eine Beobachtung, die Hundehasser oft machen). Es sind* menschliche *Vorstellungen von der Beziehung des Hundes zu uns. Es sind kulturell bedingte Vorstellungen.“*
>
> *(Perin 1981, 80-81; Hervorhebungen im Original)*

Besser, als im Begriff des „Ein-Personen-Hundes“ zu denken, wäre es, zu verstehen, auf welche Weise Hunde eine Beziehung mit anderen Lebewesen eingehen. Es ist kein sentimentaler Anthropomorphismus zu sagen, dass Hunde Hierarchien „schaffen“ und einen Anführer benötigen. Es ist kein sentimentaler Anthropomorphismus zu sagen, dass sie durch positive Bestärkung lernen, das zu tun, was sie als lohnend empfinden. Natürlich muss ich die menschliche Sprache verwenden, um solche Aussagen zu machen, doch handelt es sich dabei nicht um reine Projektion.

Sentimentaler Anthropomorphismus erweist den Tieren nicht nur einen Bärendienst – er richtet oft Schaden an. Dies ist zum Beispiel häufig bei

Welpen oder jungen Kätzchen der Fall, deren „Niedlichkeit" zu einer vollständigen Verleugnung der Bedürfnisse kleiner oder junger Tiere sowie der Verantwortung des Halters führt. Im Zuge der Projektion menschlicher Eigenschaften werden die Realitäten wie Zahnwechsel, Stubenreinheit, Training usw. übersehen. Eine Spezies, die dies besonders oft trifft – besser gesagt, die dem zum „Opfer" fällt – ist das Kaninchen. Angesichts dessen, wie wenig Menschen über Hunde und Katzen wissen, wissen die meisten noch weniger über Kaninchen. Das hat zur Folge, dass die Menschen sie häufig vernachlässigen oder ins Tierheim abschieben, sobald sie die Geschlechtsreife erlangt und vom niedlichen Spielzeug zum „richtigen" Tier geworden sind. Noch gefährlicher ist es für Kaninchen, wenn sie einfach ausgesetzt werden, weil ihre Besitzer irrtümlicherweise glauben, ein Stallkaninchen sei dasselbe wie seine frei lebenden Verwandten. Das ist ein weiteres Beispiel dafür, welcher Schaden entsteht, wenn wir das Leben von Tieren nicht in ihren eigenen Begriffen verstehen. Vermenschlichende Projektion kann beträchtlichen Schaden anrichten, wenn daraus ein romantisiertes Bild entsteht, wie ein Tier „wirklich" zu sein hat; gewöhnlich eine Kombination aus „wild" und „unabhängig". Dieser Auslegung nach repräsentieren Hunde und Katzen all das, was die moderne, urbane und technologische Welt nicht ist. Im Tierheim hörte ich Menschen das oft so bekunden: „Ich wünschte, ich hätte einen Bauernhof, damit ich ihnen allen einen Platz zum Leben bieten könnte." Dies spiegelt den Glauben wider, dass Hunde nur genügend Auslauf brauchen und Katzen nach draußen gehören. Stattdessen ziehen es die meisten Hunde vor, viel Zeit mit ihrem menschlichen Sozialpartner zu verbringen – wo auch immer – und Katzen leben drinnen manchmal gesünder und länger. Die schlimmste Folge der Vorstellung vom „wilden" und „unabhängigen" Tier ist die Menge an ungewolltem Nachwuchs. Ein typisches Beispiel für diesen romantisierenden Anthropomorphismus ist das Verhalten eines Mannes, dessen unkastrierter Rüde „Stammgast" im Tierheim war, weil er des Öfteren streunend aufgegriffen und dorthin gebracht wurde. Der Mann wollte den Hund nicht kastrieren lassen, auch wenn dies seinen Wandertrieb verringert hätte. Beim bloßen Vorschlag zuckte er zusammen und sagte: „Ich würde das einem Hund *niemals* antun. Er wüsste nicht mehr, wer er ist."

Das Konzept des tierischen Kapitals ist anthropomorph, weil Tiere in vielerlei Hinsicht mit uns Menschen verglichen werden. Im Besonderen wird davon ausgegangen, dass sie einen Verstand und Gefühle haben und auf eine Weise kommunizieren, die wir oft verstehen und mit ihnen gemeinsam haben. Das Konzept setzt zudem voraus, dass Tiere ein Selbst besitzen. Das Konzept des tierischen Kapitals ist anthropo*morph*, aber es stellt den Menschen nicht in den Mittelpunkt, ist also nicht anthropo*zentrisch*. Es setzt der Ideologie der menschlichen Herrschaft über die Tiere die Möglichkeit zur Kooperation gegenüber. Dagegen würden manche wie Tester (1992) argumentieren, dass bedeutsame Beziehungen zwischen Mensch und Tier nicht möglich sind, weil Tiere dem Menschen untertan sind und nicht dazu in der Lage, ihre Vorstellung von der Beziehung auszudrücken. Die Anzeichen häufen sich jedoch, dass Tiere und Menschen lernen können, unter Bedingungen miteinander zu kommunizieren, die nicht ausschließlich vom Menschen festgelegt werden. Selbstverständlich nutzen wir das tierische Kapital nicht bei allen Tieren oder unter allen Umständen. Viele Menschen, die davor zurückschrecken, ihre Hundegefährten mit Starkzwangmethoden zu trainieren, zögern nicht, Eier von Hennen zu essen, die unter ihren Haltungsbedingungen außerordentlich zu leiden haben. Die Einstellungen zu Tieren variieren immer noch sehr stark und strotzen vor Ambivalenz (vgl. Kellert 1994; Arluke und Sanders 1996). Während einige Spezies ein komfortables Leben in menschlichen Haushalten genießen, wird der Großteil der Tiere weiter ausgebeutet und gequält, sei es als Nahrungs- oder Felllieferanten, zur Unterhaltung, im Sport oder in der Forschung.

In diesem und dem vorherigen Kapitel habe ich, wenn auch in groben Zügen, die wichtigsten Entwicklungen in der menschlichen Einstellung zu Tieren hervorgehoben. Nun möchte ich das Erörterte zusammenfassen. Frühere menschliche Gesellschaften schufen und vollzogen eine Grenze, die uns von den Tieren trennte, um unsere Herrschaft über die Natur zu rechtfertigen. Die Tiere, die uns ziemlich mangelhaft ausgestatteten Menschen dabei halfen, diese Herrschaft zu erlangen, hatten eine spezielle Stellung innerhalb des „Grenzgebietes“ inne. Im Verlauf der Geschichte der westlichen Welt wurden vielfach eifrige Debatten zum Status von Tieren geführt, deren Bedingungen die hervorstechendsten moralischen Fragen der jeweiligen Epoche widerspiegelten, darunter die Bedeutung der Rationalität, die Reichweite des Gesetzes und die Frage der Sklaverei. Als Tiere zunehmend weniger eine wirtschaftliche Notwendigkeit und die Natur zunehmend weniger eine Gefahr darstellten, wurde die Anwesenheit von Hunden und Katzen in bestimmten gesellschaftlichen Kreisen mit dem Begriff „Haustier" gerechtfertigt. Haustiere waren zunächst hauptsächlich der Oberschicht vorbehalten, deren sozialer Status sie vor der Kritik bewahrte, mit Tieren Umgang zu pflegen. Die Haustierhaltung wurde allmählich demokratisiert, obgleich Indizien darauf hindeuten, dass Tiere als Hinweis auf die Zugehörigkeit zu einer Gesellschaftsschicht dienten. Heute, da immer mehr Menschen unsere Gemeinsamkeiten mit Tieren anerkennen, bezeichnen manche ihre Beziehung zu ihnen als Kameradschaft, obwohl das Gesetz sie anders definiert. Diese Beziehung zwischen tierischem Gefährten und Halter hätte sich zu keiner anderen Zeit der Geschichte entwickeln können. Sie ist abhängig von der Darstellung des Tieres als ein Wesen, das die Fähigkeit zur Wahrnehmung, zu Emotionen und weitere Eigenschaften des Selbstseins besitzt. Sie ist außerdem von der Anhäufung und dem Austausch tierischen Kapitals abhängig, das Wissen über Fähigkeiten, den Zugang zu Ressourcen und ein begründetes Interesse am Wohlbefinden von Tieren umfasst. Dies ist abhängig von der Ansicht, dass Tiere vernunftbegabte, empfindungsfähige Interaktionspartner sind. Solange Tiere *Kapital* darstellten, konnte es kein tierisches Kapital in dem Sinne, in dem ich das Wort hier verwende, geben. Obwohl es sicherlich individuelle Beispiele von Nähe zwischen Tieren und Menschen gab, hätte es bis vor kurzem noch eine zu große Gefahr für die Grenze zwischen Mensch und Tier bedeutet, wenn man Hunde und Katzen als Gefährten und nicht als Haustiere bezeichnet hätte. So wie die Entwicklung zum Haustier nur möglich wurde, weil die Umstände einige Menschen vor dem Stigma, das aus dem Umgang mit Tieren resultierte, schützten, so war die Entwicklung zum tierischen Gefährten nur möglich, weil wir unsere Kontinuität mit den Tieren und unsere Verantwortung ihnen gegenüber erkannten.

Kapitel 4

Tiere beobachten
Flüchtige Einblicke in das Selbst

Vielleicht suchen wir nach dem Selbst immer an den falschen Orten oder in den falschen Antlitzen.

Marc Bekoff (2002, 198)

Eine der umstrittensten Schlussfolgerungen im Hinblick auf unsere Kontinuität mit anderen Spezies ist die Annahme, dass Tiere ein Selbst besitzen. Ich behaupte, dass Tiere uns dabei helfen, unsere eigene Identität zu formen, weil sie ihr eigenes Selbst in die Beziehung mit einfließen lassen. Wie die meisten Menschen wissen, die mit Tieren zusammenleben, offenbart sich das Selbstsein des Tieres im Verlauf einer langfristigen Beziehung zwischen Mensch und Tier. Es wird jedoch auch in kurzen, regelmäßigen Interaktionen sichtbar, wie denen, die ich zwischen den Tieren im Tierheim und den Menschen beobachtete, die sie dort besuchen. Diese Menschen unterscheiden sich von denen, die beabsichtigen, ein Tier zu adoptieren. Die Interaktionen der zweiten Gruppe mit den Tieren werde ich im nächsten Kapitel analysieren. Im Tierheim können sich die Kunden, unabhängig davon, ob sie ein Tier adoptieren möchten, frei durch die Räume mit den Zwingern bewegen, die Katzen und Hunde sehen und die zur Verfügung stehenden Informationen lesen. Ich wurde neugierig, warum so viele Menschen, die gar nicht vorhatten, irgendeinem Tier ein Zuhause zu geben, sich heimatlose Tiere ansehen wollten. Die Antworten führen zur Diskussion über das Selbstsein – sowohl des menschlichen als auch des nichtmenschlichen – die sich durch dieses Buch zieht.

Bevor ich zum Kern der Sache komme, möchte ich zunächst die Voraussetzung dafür schaffen, indem ich beschreibe, auf was die Menschen stoßen, wenn sie das Tierheim besuchen. Wie schon erwähnt, sind die Adoptionsbereiche öffentlich zugänglich. An einem durchschnittlichen Tag warten rund 30 Hunde und 60 Katzen auf neue Halter; die Anzahl der Katzen kann während der Wurfsaison, also in etwa von Mai bis Oktober, rasant in die Höhe schnellen. Der Hundebereich besteht aus Zwingern, verglasten „Appartements", die zwei Hunden oder einem Wurf Welpen Platz bieten, sowie einem „Spielzimmer", das mehrere Hunde gleichzeitig beherbergen kann. Im Katzenbereich gibt es Einzelzwinger für Einzelkatzen sowie mehrere „Appartements" für zwei bis fünf sozialverträgliche Katzen. In den Katzenappartements stehen Plattformen zum Schlafen und Beobachten zur Verfügung, außerdem Spielzeug und Kletterbäume. Wenn die Anzahl von Katzen die Unterbringungsmöglichkeiten übersteigt, wird das „Spielzimmer" der Hunde zum Katzenzimmer umfunktioniert.

Eine an jedem Zwinger angebrachte Karte informiert über das Geschlecht (alle Tiere sind kastriert), das Alter (bzw. eine Schätzung), die Rasse (oder eine auf Sachkenntnis beruhende Vermutung hinsichtlich der Mischung), die Umstände, unter denen das Tier ins Tierheim kam (ob als Streuner, aus einem anderen Tierheim oder vom ehemaligen Halter abgegeben) und andere wichtige Aspekte der Vorgeschichte des Tieres. Die Karte enthält auch den Namen – oder im Falle eines Streuners den *aktuellen* Namen – des Tieres. Der Umfang der über ein Tier zur Verfügung stehenden Informationen kann sehr variieren. Wenn Halter ihre Tiere abgeben, werden sie von den Mitarbeitern des Tierheims neben dem Grund für die Abgabe (zum Beispiel Umzug, Allergie etc.) auch nach allgemeinen Informationen zum Tier befragt. Im besten Fall liefern die Halter viele Details, etwa zum Lieblingsfutter, Lieblingsspielzeug und zur Lieblingsbeschäftigung, so dass sich ein potenzieller neuer Halter über die Gewohnheiten und Vorlieben des Tieres informieren kann. Viele ehemalige Halter geben jedoch kaum Details an und über Tiere, die als Streuner aufgegriffen werden, ist oftmals gar nichts bekannt. Auf den Karten ist zusätzlich Platz für handschriftliche Notizen, die freiwillige Helfer wie ich, die sich mit einem Tier vertraut machen, hinzufügen. Hier finden sich Notizen wie „Fährt gerne im Auto mit", „Spielt super Frisbee" oder „Liebt es, hinter den Ohren gekrault zu werden".

Wenn ein Besucher, der gerne ein Tier bei sich aufnehmen würde, dieses kennen lernen möchte, geht er mit der Karte zum Empfang. Der Vermittlungsberater nimmt die Karte während der Vorstellung zu Hilfe und legt sie, falls keine Adoption zustande kommt, in eine Sammelbox, um sie so bald wie möglich wieder am Zwinger anzubringen. An betriebsamen Tagen bedeutet „so bald wie möglich" jedoch nicht immer auch „sofort" und so stehen für einige Tiere in ihren Zwingern eine Zeit lang keine Informationen zur Verfügung.

„Nur zu Besuch"

Die Mehrheit der Besucher des Tierheims kommt lediglich vorbei, um die Tiere zu sehen und nicht, um sie bei sich aufzunehmen. Das heißt nicht, dass keiner der Besucher jemals ein Tier adoptiert. Es bedeutet, dass die meisten Menschen, die durch das Tierheim schlendern, zu diesem Zeitpunkt nicht vorhaben, ein Tier bei sich aufzunehmen. Wenn ich auf diese Menschen zuging, die gerade durch die Räume mit den Tieren schlenderten, und sie fragte, ob ich ihnen helfen könnte, antworteten sie: „Nein, wir sind nur zu Besuch." Sie sagten es auf dieselbe Art, wie ich meine Mutter in meiner Erinnerung sagen höre: „Nein, danke. Wir schauen uns nur um", wenn wir durch Geschäfte gingen und keine Absicht hatten, etwas zu kaufen. Demzufolge nenne ich diese Form der Interaktion „Nur zu Besuch" und die „Kunden" Besucher.

Viele der Besucher bringen ihre kleinen Kinder mit, um die Tiere zu sehen, und ihr Besuch im Tierheim ist ein geplanter Ausflug, als würden sie in den

Zoo gehen. Für viele Kinder stellt der Gang durch das Tierheim die erste Begegnung mit heimatlosen Tieren dar. Eine typische Reaktion eines Kindes, das die Hunde und Katzen in den Zwingern und anschließend mich sieht, ist zu glauben, die Tiere würden mir gehören. „Woher hast du all die Tiere?“ fragten sie. „Sie sind hier, weil sie keinen Platz zum Wohnen haben“, antwortete ich darauf. „Wir kümmern uns um sie, bis sie eine neue Familie finden.“ Dies ist für gewöhnlich der Beginn einer Reihe von „Warum“-Fragen, die allen Eltern bekannt vorkommen werden: Warum haben sie kein Zuhause? Warum können sie nicht hier bleiben? Warum können sie nicht bei uns wohnen? Warum müssen sie in Käfigen wohnen? Manche Besucher, ob nun in Begleitung von Kindern oder nicht, baten darum, bestimmte Tiere streicheln oder halten zu dürfen, und verbrachten mit ihnen Zeit außerhalb des Zwingers. Viele von ihnen hatten bereits das Haus voller Tiere. Trotzdem kamen sie vorbei, um zu schauen. Einige von ihnen waren „Stammgäste“, die so oft zu Besuch kamen, dass ich sie mit Namen kannte. Einige Besucher kamen, um nach Tieren zu sehen, die sie besonders mochten, vor allem nach denjenigen, die sich schwer zu tun schienen, ein neues Zuhause zu finden.

Wie hoch die Anzahl an Besuchern im Vergleich zu denjenigen war, die tatsächlich ein Tier adoptierten, überraschte mich sehr, als ich als Freiwillige im Tierheim zu arbeiten begann. Wie man aus Besuchern Menschen macht, die ein Tier bei sich aufnehmen, ist eine der wichtigsten Fragen, mit denen sich Tierheime beschäftigen. Zu fast jeder Zeit schlendert ein Dutzend Menschen durch die Besucherbereiche mit den Hunden und Katzen – „nur zu Besuch“. Im Vergleich dazu nehmen nur zwei Prozent der Kunden, die das Tierheim besuchen, ein Tier bei sich auf. Natürlich gibt es auch Menschen, die Tiere adoptieren. Deren Entscheidungen hierzu werde ich im nächsten Kapitel analysieren. Hier möchte ich jedoch hervorheben, dass die meisten Menschen die Tiere lediglich „besuchen“ möchten, und dass die Beliebtheit dieser Besuche und ihre Bedeutung eine eingehendere Betrachtung verdienen.

Mögliche Aspekte des Selbst

Nachdem ich das Betrachten der Tiere bereits mit einem Schaufensterbummel verglichen habe, möchte ich nun auf die Implikationen dieses Vergleiches eingehen. John Gagnon (1992) meint, dass der Schaufensterbummel einem die Möglichkeit bietet, seine Fantasie spielen zu lassen.[1] Schaufenster existieren, wie die Werbung auch, um Sehnsüchte zu wecken. Beim Anblick der ausgestellten Dinge können wir uns vorstellen wie es wäre, sie zu besitzen: *Wie wäre es, wenn ich diesen roten Pullover tragen würde? Diesen Hut? Wenn ich dieses Auto hätte? Wäre es nicht toll, wenn ich diese Schuhe auf der Party tragen könnte?* Die Waren rufen verschiedene Aspekte des Selbst wach. Dasselbe passiert, wenn wir an einem Restaurant vorbeigehen und die Gäste praktisch wie „in der Auslage" essen und trinken sehen. *Wie wäre es, dort zu sitzen und das zu essen? Schau, wie sie ihre Drinks genießen. Ich möchte das auch.* Wie bei einem Schaufensterbummel eröffnen sich auch durch das Anschauen von Tieren neue Gelegenheiten und Möglichkeiten für das Selbstsein. *Erinnerst du dich an den Cocker Spaniel, den ich mal hatte? Wie wäre es wohl, wieder einen Hund zu haben? Ich frage mich, wie es wohl wäre, diesen Hund zu haben? Diese kleinen Kätzchen? Wie wäre es wohl, wenn ich diese schwarze Katze hätte?*

Die Besucher kamen oft zu zweit oder in Gruppen und die, die nicht alleine kamen, verbrachten mehr Zeit damit, miteinander zu sprechen, als die Tiere zu betrachten – eine Beobachtung, die bereits in anderen Studien über das Verhalten von Tierheimbesuchern gemacht wurde (vgl. Wells und Hepper 2001). Dies weist auf eine andere Art und Weise hin, in der Tiere als „soziale Vermittler" dienen, wie bereits in Kapitel 1 angesprochen. Die Gespräche, die im Tierheim geführt werden, sind ein Hinweis dafür, dass hier ein beträchtliches „Anprobieren" verschiedener Formen des Selbst stattfindet, wie diese Gesprächsfetzen zeigen:

„Wenn ich so einen Hund hätte, müsste ich wieder anfangen mehr spazieren zu gehen.“
„Ich möchte niemals einen Hund mit langem Fell. Ich kann mir nicht vorstellen, die ganzen Haare aufsaugen zu müssen.“
„Als ich klein war, hatten wir eine Katze wie diese hier. Wenn ich eine eigene Wohnung habe, werde ich mir wieder eine zulegen.“
„Erinnerst du dich an unseren Toby? Hier ist ein Hund, der aussieht wie er. Ob er wohl auch gerne schwimmt?“

Besuche im Tierheim ohne die Absicht, ein Tier aufzunehmen, erfreuen sich zum Teil deswegen so großer Beliebtheit, weil sie, wie ein Schaufensterbummel oder ein Kinobesuch, die Möglichkeit einer zeitweiligen Flucht aus dem Alltag bieten und die Menschen sich von ihrer gegenwärtigen Persönlichkeit loslösen können.

Die Tatsache, dass Besucher nur verschiedene potenzielle, auf Tiere bezogene Möglichkeiten durchspielen wollten, wurde anhand der Rechtfertigungen deutlich, die sie für ihr „Nur zu Besuch“-Sein anboten: „Ich kann keines aufnehmen, aber ich musste einfach vorbeikommen“; „Mein Mann bringt mich um, wenn ich noch mehr Tiere nach Hause bringe.“ Aus sozialpsychologischer Sicht sind Rechtfertigungsversuche ein Zeichen dafür, dass sich die Personen im Voraus dessen bewusst sind, dass ihr Handeln Missbilligung hervorrufen könnte (vgl. Hewitt und Stokes 1975). Die Rechtfertigungen wehren mögliche negative Implikationen in Bezug auf das, was jemand tun oder sagen wird, ab (vgl. Hewitt 2000). Wir nutzen diese Möglichkeit, wenn wir Dinge sagen wie: „Das ist jetzt vielleicht eine dumme Frage, aber...“, oder: „Versteh’ mich nicht falsch, aber...“ Das Anbringen der Rechtfertigung zeigt, dass wir uns der Gefahr, missverstanden zu werden, bewusst sind und uns bemühen, die Dinge richtig darzulegen. Wenn also Menschen heimatlose Tiere anschauen und sagen: „Ich habe bereits drei Katzen. Ich kann es mir nicht leisten, noch mehr zu versorgen“, räumen sie damit ein, dass ihr Handeln in einem Kontext steht, in dem andere berechtigterweise die Hoffnung oder Erwartung haben, dass es zu einer Adoption kommt. Die

Besucher „rechtfertigen“ ihr Handeln, um zu verhindern, als potenzielle neue Besitzer betrachtet zu werden. Ihre Rechtfertigungen lassen darauf schließen, dass sie niemanden täuschen möchten. Indem sie ihre Rechtfertigungen im Voraus äußern, legen sie ihre Definition der Situation als die „wirkliche“ fest. Sie versichern, dass sie sich die Tiere nur anschauen, jedoch keines mit nach Hause nehmen wollen.

Die Emotionen der Besucher

Es ist ein großer Unterschied, ob man sich vorstellt, wie ein neues Paar Schuhe die Lebensperspektive verändern würde, oder ob man sich vorstellt, mit einer Katze oder einem Hund zusammenzuleben. Die Tiere im Tierheim sind, im Gegensatz zu den Schuhen, dem Pullover oder dem Hut, lebendige Wesen, die dringend ein neues Zuhause benötigen. Zwar meiden manche Leute Tierheime, weil sie es schwer finden, die im Stich gelassenen und vernachlässigten Tiere zu sehen, selbst wenn es ein Tierheim wie das Shelter ist, indem alle Tiere schließlich eine neue Familie finden. Da jedoch so viele Menschen trotz der emotionalen Auswirkungen die Tiere gerne anschauen, muss eben diese emotionale Erfahrung eine wichtige Rolle spielen. Tatsächlich könnte das „Nur anschauen“ gerade wegen der emotionalen Auswirkungen unterhaltsam sein. Besucher können zwei unterschiedliche emotionale Erfahrungen machen.

Die erste hat etwas mit dem Gefühl von Rätselhaftigkeit und doch Vertrautheit zu tun, das Tiere hervorrufen. John Berger (1980) beobachtete dies vor allem bei Menschen, die sich wilde Tiere in Gefangenschaft ansehen; doch seine Beobachtungen treffen auch auf andere Umstände zu. Berger behauptet, dass Menschen beim Anschauen von Tieren gleichzeitig den Gefühlen von Gemeinsamkeit und Verschiedenheit begegnen, die seit jeher zwischen „uns“

und „ihnen“ existiert haben und die wichtiger Bestandteil unserer Existenz sind. Einst standen die Menschen im häufigen, engen Kontakt mit Tieren; Tiere waren die ersten Symbole und lieferten metaphorische Antworten auf unsere Fragen zur Entstehung der Welt. Als unsere eigene Spezies allmählich die Welt zu beherrschen begann, drängten wir die Tiere an den Rand. Heute kennen die meisten Menschen Tiere nur als Haustiere, Zeichentrickfiguren, Stofftiere oder als Nahrungsmittel. Laut Berger besteht jedoch ein Teil der ursprünglichen, geheimnisvollen Verbindung weiter. Wir können Tiere in Gefangenschaft halten und sie dennoch nicht verstehen. Wenn wir sie betrachten, nehmen wir das uralte Gefühl von sie sind „wie wir“ und doch „nicht wie wir“ wahr und wir fühlen die Macht, die wir über diese anderen Lebewesen haben. Zoos sind nach wie vor beliebte Touristenattraktionen und ziehen mehr Besucher an als Sportveranstaltungen, weil sie, wie Berger behauptet, sentimentale Denkmäler der Überlegenheit der Menschheit sind.[2]

Obwohl vor allem wilde Tiere in Gefangenschaft „zur Schau gestellt“ werden, ist dieses Phänomen auch in Tierheimen zu beobachten. Da die Tiere ebenfalls in Käfigen „ausgestellt“ werden, sind Tierheime wie Zoos – jedoch mit einem wichtigen Unterschied: Während im Zoo wilde Tiere aus fernen und exotischen Ländern zu sehen sind, sind uns die Tiere in den Tierheimen vertraut. Es sind die Hunde und Katzen, die normalerweise mit Menschen zusammenleben und nun, im Tierheim, dennoch in Käfigen „ausgestellt“ werden. Obwohl es nicht die Tiere sind, die wir in einem Zoo sehen, stehen sie „für alle Mitglieder des Tierreichs und erlauben uns einen distanzierten, ritualisierten Kontakt mit anderen Spezies“ (Melson 2001, 29). Das Betrachten von Tieren, so Berger, hat in uns schon immer eine Reihe von Emotionen ausgelöst, darunter Verwunderung, Überlegenheit und Neid. Heimatlose Tiere einfach nur zu besuchen, bietet den Menschen eine Version dieser uralten Erfahrung.

Die zweite emotionale Erfahrung entspringt dem Bewusstsein für die Lebensumstände der Tiere. Für einige der Besucher, mit denen ich sprach, schien das emotionale Auf und Ab, das sie verspürten, zum Teil mit ein Grund für ihren Besuch zu sein. Beinahe ein Drittel aller Besucher, deren Reaktionen ich während meiner Zeit im Tierheim aufzeichnete, sagten in etwa Folgendes:

> *„Es zerreißt mich, sie zu sehen, aber ich muss einfach sehen, wer heute bei euch ist.“*
> *„Es bricht mir das Herz. Ich wünschte, ich könnte sie alle mit nach Hause nehmen.“*
> *„Ich ertrage es nicht, sie in den Käfigen zu sehen, aber ich muss trotzdem „Hallo“ sagen.“*
> *„Ich weiß nicht, warum ich das tue. Es ist so deprimierend. Ich könnte Ihre Arbeit nicht machen.“*
> *„Ich könnte niemals Ihre Arbeit machen. Ich würde sie alle mit nach Hause nehmen wollen.“*

Der Besuch heimatloser Tiere ruft ohne Frage eine komplexe Mischung an Gefühlen hervor, doch angesichts dieser Kommentare scheint diese Erfahrung mit ein Grund für den Besuch zu sein. Bei Erwachsenen wurzelt die Freude, die sie empfinden, wenn sie Tiere betrachten, sicherlich in der Kindheit. Zur Freude kommen hier jedoch dunklere Emotionen hinzu, die durch das Wissen um die Gegebenheiten der Umwelt ausgelöst werden. Die Aussagen der Besucher weisen darauf hin, dass die Tiere sie an die unverantwortliche Art und Weise gemahnen, mit der wir unsere nächsten Gefährten behandeln. Wie die letzte Aussage deutlich macht, wird zugleich jedoch ein Teil des Schuldgefühls und des Schmerzes hinsichtlich der kollektiven Vernachlässigung von dem Wissen gemildert, dass – wenigstens in einem Tierheim – jemand da ist, der sich zumindest zeitweise um diese Tiere kümmert.

Diese gemischten Gefühle führen zu einer emotionalen Distanzierung, die ich die „Ich könnte niemals“-Strategie nenne. Ich sehe darin die persönliche Form des St. Florians-Prinzips, die Menschen nutzen, um sich der Verantwortung für die Gefährdung der Umwelt zu entziehen. Mit der „Ich könnte niemals“-Strategie, entziehen sich Menschen der Verantwortung für Gefahren auf emotionaler Ebene. Zunächst erlaubt es diese Strategie den Menschen, sich anderen gegenüber moralisch überlegen zu fühlen. „Wie konnte jemand nur dieses Tier fortgeben?“ habe ich zahllose Menschen fragen hören. „Ich könnte das niemals. Welcher Mensch kann so etwas tun?“ Ein zweites „Ich könnte niemals“ folgt meist kurz darauf, dieses Mal an die Angestellten und Freiwilligen im Tierheim gerichtet: „Ich könnte niemals Ihre Arbeit machen. Es ist zu deprimierend.“ Mit dem zweiten „Ich könnte niemals“ lassen sie durchblicken, dass sie die Arbeit in einem Tierheim als zu belastend empfinden, weil sie so sensibel auf die Not der Tiere reagieren (vgl. auch Arluke und Sanders 1996, besonders Kapitel 4; Rollin und Rollin 2001). Wenn eine *sensible* Person diese Arbeit *niemals* machen könnte, müssten Mitarbeiter eines Tierheims demnach irgendwie immun gegen emotionales Elend sein. In Wahrheit ist dies eindeutig nicht der Fall. Die Mitarbeiter müssen die Balance zwischen Fürsorge und Mitgefühl, Ärger und Kummer halten (vgl. Brestrup 1997; Irvine 2002) und die Burn-out-Raten sind hoch. Das „Ich könnte niemals“-Motto zur emotionalen Distanzierung ermöglicht es, sich am Betrachten der Tiere zu erfreuen und gleichzeitig die Verantwortung dafür, dass die Tiere verlassen wurden, und für die dadurch nötig gewordene Pflege von sich zu weisen. In vielerlei Hinsicht ermöglicht es diese Strategie den Menschen auch, „mögliche Aspekte ihres Selbst“ auszuprobieren, da sie, je nach Persönlichkeit des Betroffenen, bestimmte Handlungen ausschließt.

Diese Art von Erfahrung ist bei einem Schaufensterbummel nicht zu bekommen. Schuhe und Pullover rufen üblicherweise keine emotionale Distanzierungsstrategie hervor. Obwohl ich möglicherweise mit Emotionen fertig werden muss, wenn ich ein Objekt oder eine Ware haben möchte, ist es ein Unterschied, ob ich mich davon überzeugen muss, dass ich keine neuen Schuhe brauche, oder davon, dass ich nicht zumindest zu einem Teil für die Überpopulation und Vernachlässigung von Tieren verantwortlich bin. Komplexe Emotionen wie Verwunderung, Schuld, Überlegenheit und Ehrfurcht entstehen, weil Tiere lebendige Wesen mit eigener Geschichte sowie eigenen Vorlieben und Bedürfnissen sind. „Nur auf Besuch“ zu sein beschert ein ausgeprägtes emotionales Erleben, weil die Tiere ein Selbst haben und weil die Interaktion mit ihnen unser eigenes Selbst sichtbar macht und bestätigt.

Einblicke in das Selbst von Tieren

Der typische Besucher geht an den meisten Zwingern vorbei und bleibt nur bei einigen Tieren stehen, um sie zu betrachten. Von etwa 20 Hunden wird er beispielsweise lediglich mit Dreien in Kontakt treten. Bei Katzen ist die Quote noch niedriger. Das Tierheim beherbergt üblicherweise 30 bis 50 Katzen und ein Besucher verbringt vielleicht mit einer oder zweien von ihnen etwas Zeit. Besucher, die zu zweit oder in Gruppen kommen, verbringen weniger Zeit in direkter Interaktion mit den Tieren als diejenigen, die alleine kommen (vgl. Wells und Hepper 2001). Dies zeigt, wie wenig Zeit die meisten Menschen tatsächlich den Tieren widmen, die sie angeblich besuchen kommen. Wichtiger noch ist: Es zeigt, dass Besucher vor allem kommen, um *bestimmte* Tiere zu sehen, obwohl sie sich erst darüber bewusst werden, welche Tiere das sind, wenn sie die ganze Auswahl gesehen haben. Das heißt, dass überraschend wenige Tiere überhaupt „Anwärter" auf ein potenzielles neues Zuhause sind.

Andere Studien bestätigen dies. Videoaufnahmen vom Verhalten der Besucher in einer Auffangstation für Hunde zeigen, dass diese nur an einem kleinen Teil – weniger als 30 % – der Hunde Interesse zeigen (Wells und Hepper 2001). „Etwas" an speziellen Tieren spricht spezielle Menschen an. Es kann sich dabei um eine bestimmte Rasse oder einen bestimmten Typ handeln, so spezifisch ist es jedoch nicht immer. Wie ich jedoch im nächsten Kapitel zeigen werde, fühlen sich Menschen häufig von Tieren angezogen, die ein Gegenteil dessen sind, was als „ideales" Tier in physischer Hinsicht oder vom Verhalten her für sie infrage käme. Für jeden Menschen gibt es das „richtige" Tier und umgekehrt (vgl. auch Alger und Alger 2003). Diese „Richtigkeit" wird sichtbar (oder auch nicht), wenn sich dem Besucher Elemente des Kernselbst des Tieres offenbaren, was bereits ein Licht auf die Analyse wirft, mit der sich die nächsten Kapitel beschäftigen werden.

Ich fand weitere Hinweise dafür, dass Menschen eine stillschweigende Vorliebe für bestimmte Tiere zeigten. Besucher, die bestimmte Tiere streicheln oder halten wollten, machten sehr deutlich, dass sie nur dieses eine Tier meinten. Mit anderen Worten: Sie wollten diese eine Katze auf den Arm nehmen und nicht irgendeine. So wollte beispielsweise eine Besucherin, die vor einem Zwinger mit sechs kleinen Kätzchen stand, allesamt Geschwisterchen, von denen sich drei sehr ähnlich sahen, ein ganz bestimmtes halten. Als ich das Kätzchen, von dem ich dachte, sie hätte darauf gezeigt, hochhob, rief sie: „Nein, nicht die da. Die *andere*. Die mit dem roten Halsband." Da sie nicht die Absicht hatte, ein Kätzchen zu adoptieren – sie wollte lediglich eines auf dem Arm halten – schien das keinen so großen Unterschied zu machen. Dass dieses eine Kätzchen sich für sie jedoch von den anderen unterschied, lässt darauf schließen, dass das ausgewählte Kätzchen etwas Einzigartiges an sich hatte. Die Frau konnte die Eigenschaften des von ihr gewählten Kätzchens nicht einfach auf ein anderes übertragen. Wieder behaupte ich, dass der Besucherin Bestandteile des Kernselbst des Kätzchens zugänglich wurden – greifbar und ansprechend, aus Gründen, auf die wir noch zu sprechen kommen.

Diese Beispiele lenken die Aufmerksamkeit darauf, wie Tiere Einfluss auf unsere Emotionen und unsere Fähigkeit zur Interaktion nehmen und sie herausfordern, und zwar auf eine Weise, die der Interaktion mit anderen Menschen sowohl ähnlich als auch unähnlich ist. Ich habe gesagt, dass das Betrachten von Tieren uns die Möglichkeit gibt, verschiedene Aspekte unseres Selbst „auszuprobieren". Die Anwesenheit von Tieren in unserem Leben – und sei es nur in unserer Vorstellung – ruft andere mögliche Formen des Seins hervor. Da jedes Tier eine einzigartige Geschichte und einzigartige Bedürfnisse hat, verändert uns allein schon die Vorstellung davon, unser Leben mit ihnen zu teilen. Ihre Anwesenheit würde unseren Tagesablauf beeinflussen, wenn wir uns das notwendige Füttern und Spazieren gehen, die Nickerchen, die Zuneigung und alles, was ein neuer Gefährte mit sich bringt, vorstellen. Da ihre Geschichten und ihre Bedürfnisse gerade in der Umgebung eines Tierheims so offenkundig sind, kommt es bei ihrer Betrachtung zu einer emotionalen Erfahrung, die unter anderen Umständen kaum möglich wäre. Mir fällt keine Beschäftigung ein, bei der eine solch komplexe Mixtur von Gefühlen hervorgerufen wird wie der Besuch heimatloser Tiere. Ohne jedes Wort können Tiere Menschen dazu bringen, sich schuldig zu fühlen. Darüber hinaus können sie uns aber auch ohne jedes Wort Freude, Erstaunen und unzählige andere Gefühle empfinden lassen. Zudem sind Tiere, wie auch die Menschen in unserem Leben, nicht austauschbar. Ein Kätzchen ist nicht wie das andere, weil unsere Gefühle für dieses eine Kätzchen anders sind. Ein bestimmtes Kätzchen wird sich auf uns einlassen, wird uns überraschen und wird auf eine Weise mit uns interagieren, wie es kein anderes kann.

Unsere enge Verbindung mit anderen Tieren und unsere Verpflichtung ihnen gegenüber beinhaltet, uns darüber im Klaren zu sein, dass Tiere sich ihrer selbst bewusst sind, vielleicht nicht auf dieselbe Weise wie wir Menschen, doch auf eine Art und Weise, die für sie als Tier wichtig ist (vgl. auch Bekoff 2002, vor allem Kapitel 4). Während der Interaktion im Besucherbereich eines Tierheimes können diejenigen, die „nur zu Besuch“ sind, einen flüchtigen Augenblick lang das Selbstsein der Tiere erahnen. Dies wird sogar durch die Gitter der Zwinger hindurch und trotz des eingeschränkten Kontakts wahrnehmbar. Wären Tiere lediglich ein Nebenprodukt der anthropomorphen Projektion, würden alle Katzen und Hunde das repräsentieren, was der jeweilige Mensch sucht. Das ist nicht der Fall. Wenn der Besuch im Tierheim mit einem Schaufensterbummel zu vergleichen wäre, würde er nicht solch starke Emotionen hervorrufen. Da Tiere nicht wie Autos oder Kleidung sind, erleben wir sie als Selbst in Bezug zu uns, fast so, als würden wir mit anderen Menschen interagieren. Myers (1998) spricht hier von „lebendigem

Bezugnehmen". Elemente des Selbst eines Tieres werden während der Interaktion für uns sichtbar, selbst in dem relativ eingeschränkten Kontext eines Besuches im Tierheim. Dies machen die Erfahrungen von Menschen, die ein Tier adoptieren möchten, noch deutlicher, wie ich im nächsten Kapitel darlegen möchte.

Kapitel 5

Ein Tier aus dem Tierheim: Auf der Suche nach dem passenden Gefährten

„Only Connect"
- E.M. Forster, Auf Wiedersehen in Howards End (1921, 214)

Hier die Beschreibung eines „Typs" von Adoptionswilligen, die ich meinen Aufzeichnungen entnommen habe:

> *„Als das Tierheim an diesem Tag öffnet und die ersten Kunden eintreffen, halte ich gerade eine Liste von Hunden in der Hand, die für die Internetseite fotografiert werden sollen. Unter den Kunden ist eine Frau, die schon länger nach dem richtigen Hund sucht. Vor etwa einem Jahr hat sie einen Cocker Spaniel-Mischling bei sich aufgenommen. Zu dieser Zeit hatte sie außerdem noch einen älteren Beagle; dieser ist inzwischen verstorben und nun befindet sie sich auf der Suche nach einem zweiten Hund, der ihrem Spaniel-Mischling Gesellschaft leistet. Sie hätte gerne wieder einen Beagle, der zwischen zwei und vier Jahren alt sein sollte. Aus unseren kurzen Gesprächen weiß ich, dass sie regelmäßig die Internetseite des Tierheims besucht und vorbeikommt, wenn sie dort einen Hund entdeckt hat, der sie interessiert. Sie hat bereits einige Beagle und Beagle-Mischlinge kennen gelernt, doch der richtige war nicht dabei. Heute kommt sie, weil sie gesehen hat, dass wir wieder einen Beagle bei uns haben. Ich teile ihr mit, dass der Hund gerade zu einem Spaziergang unterwegs ist und sie möchte auf ihn warten, obwohl er mit seinen acht Jahren viel älter ist, als sie eigentlich möchte. Zufälligerweise ist der nächste*

Hund auf meiner Liste ebenfalls ein Beagle, ungefähr drei Jahre alt, allerdings eine Hündin. Da es noch kein Foto von ihr auf der Internetseite gibt, weiß die Frau nicht, dass dieser Hund zur Vermittlung steht. Als ich die neue Hündin zum Fotografieren aus dem Zwinger hole, frage ich die Frau, ob sie sie gerne kennen lernen möchte. „Natürlich", antwortet sie und lächelt herzlich. Obwohl ich eigentlich größere Hunde bevorzuge, muss ich zugeben, dass die Kleine wirklich einzigartig ist. Als sich die Frau hinunterbeugt, um sie zu streicheln, beginnt die Hündin vor lauter Vergnügen mit dem gesamten Hinterteil zu wackeln und mit den Vorderpfoten zu tippeln. Sie hat strahlend braune Augen und die Frau bemerkt, wie sehr sie ihrem Hund ähnelt, der vor kurzem gestorben ist. Ich bringe die Frau und die Hündin in eines der Besprechungszimmer, damit sie sich besser kennen lernen können. Wir hocken uns zusammen auf den Boden und die Hündin lässt ihren Charme spielen. Erneut sagt die Frau, wie sehr sie doch dem Hund, der gerade gestorben ist, ähnelt. Ich schaue auf die Karte und sehe, dass sie als Streunerin aufgegriffen wurde. Ich erzähle der Frau, wo die Mitarbeiter des Veterinäramts sie gefunden haben. Wir schütteln beide den Kopf und diskutieren ein paar Minuten darüber, wie diese kleine Hündin in diesem hektischen Viertel hat überleben können. Ich erkläre ihr, dass wir nicht viel über die Hündin wissen, da sie als Streunerin zu uns gekommen ist, dass die Angestellten des Tierheims jedoch eine Beurteilung ihres Temperaments vorgenommen und eine tierärztliche Untersuchung durchgeführt hätten. Ich blättere die Papiere durch und gebe die Ergebnisse an die Frau weiter. Die Hündin hat keine erkennbaren gesundheitlichen Probleme, scheint aber etwas nervös zu sein, weshalb sie am besten in eine Familie ohne kleine Kinder kommen sollte, die sie übermäßig reizen könnten, da sie das veranlassen könnte zu zwicken. Das kommt der Frau gelegen, da ihre Enkelkinder bereits älter sind. Die Hündin war drei Tage zuvor kastriert worden und ich erkläre ihr, dass sie noch etwa eine Woche nicht nass werden dürfe und sich halbwegs ruhig verhalten müsse. Ich erwähne, dass die Hündin mit selbstauflösenden Fäden genäht wurde. Als hätte sie mich gehört, dreht sich die Hündin auf den Rücken, um ihre Naht zu zeigen – und um sich den Bauch kraulen zu lassen, was die Frau noch mehr an ihren verstorbenen Hund erinnert. Sie fragt die Hündin in leisem Singsang: „Was hast du dich da draußen rumgetrieben? Willst du mit mir nach Hause kommen?" Die Hündin dreht sich um, stellt sich auf die Hinterläufe und legt der Frau die Vorderpfoten auf die Oberschenkel. Die Frau nähert ihr Gesicht der Hündin, damit diese sie ablecken kann. Die Frau lacht und redet sanft mit dem Hund: „Möchtest du mit mir nach Hause kommen? Glaubst du, wir könnten Freunde werden?" Dabei streichelt sie die Hündin und liebkost ihre langen Ohren. Schließlich steht sie auf, sieht mich an und sagt: „Sie brauchen von ihr kein Foto zu machen. Ich denke, ich habe meinen Hund gefunden." „Wunderbar!", antworte ich und bringe die Beagle-Hündin zurück in den Zwinger, wo sie warten muss, bis die Formalitäten erledigt sind."

Im Gegensatz dazu schildert ein Mann die folgende Erfahrung:

„Ich bin gerade in diese Wohnung gezogen, in der ich einen Hund halten kann, und es ist ein paar Jahre her, dass ich einen Hund hatte. Bis vor wenigen Jahren hatte ich immer Hunde gehabt und deshalb ging ich ins Tierheim, um einen zu holen. Ich dachte an nichts Bestimmtes. Ich wollte einfach einen guten Hund. Die Rasse spielte keine Rolle. Und das Alter – nun, nicht alt, aber auch kein Welpe mehr. Ich wollte einfach nur einen netten Hund. Ich sah mir einige an und dieser hier und ich hatten einfach sofort eine Verbindung."

Zuletzt beschreibt eine Kundin, wie sie die erste Begegnung mit dem Kater, den sie zu sich nahm, erlebt hat:

> *„Ich war zusammen mit einer Freundin unterwegs zum Einkaufen. Wir sahen den Wagen des „Mobilen Tierheims" auf dem Parkplatz und ich wollte einfach nur hingehen, um eine Spende abzugeben. Ich hatte nicht vor, ein Tier zu adoptieren. Ich kehrte den Zwingern den Rücken zu, doch plötzlich musste ich einfach zu den Katzen hinübersehen. Ich meine, ich fühlte diesen Sog, dem ich mich nicht widersetzen konnte. Es war beinahe so, als hätte er mich gerufen, doch er hatte sich zusammengerollt und schlief. In dem Moment, als mein Blick auf ihn fiel, öffnete er seine Augen und zwischen uns war etwas. Ich hatte das Gefühl, als würde ich ihn kennen und er würde mich kennen. Da war dieser nicht gerade schöne, sehr alte Kater und ich wusste – wusste ganz tief drinnen und ohne den geringsten Zweifel – dass es uns bestimmt war, zusammen zu sein."*

Das erste Beispiel beschreibt eine Interaktion typisch für – wie ich sie nenne – „die Planer" unter den Kunden. Sie kommen ins Tierheim, weil sie planen, ein Tier zu adoptieren, und sie wissen genau, welche Art von Tier sie haben möchten. Meist handelt es sich um eine bestimmte Rasse, und wenn nicht, dann haben sie üblicherweise eine genaue Vorstellung von der Größe oder dem Typ des Tieres. Einige Planer haben eine ganze Liste von Eigenschaften zusammengestellt: Sie sind sich über Geschlecht, Größe, Alter und Charaktereigenschaften des Hundes oder der Katze, den oder die sie schließlich mit nach Hause nehmen werden, völlig im Klaren. Oft versuchen Planer, ein verstorbenes Haustier zu „ersetzen" und suchen daher nach einem Tier desselben Typs. Vielleicht mögen sie einfach nur Schäferhund-Mischlinge oder sie hatten immer graue weibliche Katzen zu Hause. Manche Planer haben so lange gewartet, bis sich ihre Lebenssituation in bestimmter Weise verändert hat, also bis sie zum Beispiel in ein eigenes Haus gezogen sind und nicht mehr in einer Mietwohnung lebten. Noch bevor sie die Umzugskartons im neuen Haus auspacken, fahren sie ins Tierheim, um den Hund oder die Katze zu holen, auf die sie so lange gewartet haben.

Das zweite Beispiel beschreibt die Menschen, die ich „die Unvoreingenommenen" nenne. Wie die Planer hatten sie schon früher Haustiere. Im Gegensatz zu den Planern haben sie jedoch wenige oder gar keine festen Vorstellungen vom Erscheinungsbild des Tieres. Sie hoffen einfach, etwas Passendes zu finden und sind „der Verpackung" gegenüber meist aufgeschlossen. Die dritte Gruppe gehört zu einer Untergruppe der Unvoreingenommenen, die ich „die Verzauberten" nenne. Die Anziehungskraft scheint von nahezu übersinnlicher Natur zu sein. Sie erzählen, wie sie sich auf mysteriöse Weise zu einem bestimmten Tier hingezogen fühlen. Manchmal ist es das Erscheinungsbild des Tieres, das sie anzieht, meist ist es jedoch etwas schwer Fassbares; „Da war einfach etwas..." an einem bestimmten Hund oder einer bestimmten Katze. Während die Planer mit einer Reihe von Vorstellungen hinsichtlich des Tieres, das sie adoptieren möchten, gerüstet sind und die Unvoreingenommenen einfach „etwas Passendes" finden möchten, sprechen die Verzauberten von einer unwiderstehlichen Anziehungskraft, die von den Tieren ausgeht, selbst ohne (oder im Gegensatz zur) Vorstellung von der Art Tier, die sie mögen.

Die Dimension der Anziehungskraft

Die Informationsquellen, die zukünftige Halter nutzen, um festzustellen, ob ein Tier das „Richtige" für sie ist, sind das physische Erscheinungsbild, das Verhalten und das Gefühl von einer „Verbindung". Das Abtrennen der einzelnen Aspekte voneinander, um die Entscheidung einfacher zu gestalten, wäre eine zu starke Vereinfachung. In der Realität beruht eine Adoption niemals nur auf einem dieser Aspekte. Zur besseren Übersichtlichkeit werde ich zunächst jedoch die Erfahrungen beim Zusammentreffen mit einem Tier in drei Dimensionen unterteilen.[1] Am Ende des Kapitels werde ich dann aufzeigen, dass die Situation nicht annähernd so einfach ist.

Das Erscheinungsbild

Wenn die Kunden im Tierheim von einem Zwinger zum nächsten gehen, ist die erste Information, die sie über ein Tier aufnehmen, dessen Aussehen. Wie Menschen, doch in größerem Ausmaß, sind Hunde und Katzen körperliche Wesen. Ihre Größe, ihr Körperbau und ihre Fellfarbe sind offensichtlich, doch verraten ihre Körper weitere Dinge, so zum Beispiel ihr Alter, ihr Verhalten sowie ein allgemeines Gefühl für ihren – guten oder schlechten – Gesundheitszustand. Ich fand heraus, dass viele der Vorgänge, die ablaufen, wenn wir uns zu einem anderen Menschen hingezogen fühlen, auch bei unserem ersten Zusammentreffen mit einem Tier auftreten. Obwohl jeder weiß, dass Schönheit nur oberflächlich ist, zeigen Studien immer wieder, dass die physische Attraktivität den Eindruck, den wir von einem anderen Menschen gewinnen, stark beeinflusst (vgl. Dion et al. 1972; Feingold 1990). Gutes Aussehen steht tatsächlich ganz oben auf der Liste von Eigenschaften, die den anderen anziehend wirken lassen. Menschen reagieren positiver auf attraktive Mitmenschen; sei es nun bei Verabredungen oder im Geschäftsleben. Zudem stimmen die Mitglieder einer Kultur größtenteils darin überein, was physische Attraktivität ausmacht, und wir eignen uns diese Maßstäbe bereits in frühester Kindheit an. Natürlich gehört zur Anziehungskraft mehr als die physische Erscheinung, doch das Aussehen ist meist das, was wir als Erstes beurteilen.

Genauso wie es kulturelle Maßstäbe für Attraktivität bei Menschen gibt – symmetrische Gesichtszüge, große Augen, glatte und jugendliche Haut, glänzendes Haar – gibt es diese auch in Bezug auf Tiere. Ein Faktor, der Tiere so anziehend macht, ist die *Neotenie*, die Beibehaltung jugendlicher physischer Eigenschaften und Verhaltensmerkmale bis ins Erwachsenenalter.[2] Menschen schätzen jugendliches Aussehen bei Tieren ebenso wie bei anderen Menschen. Aus diesem Grund finden vor allem Hunde- und Katzenwelpen sowie erwachsene Tiere, die sich etwas aus der Welpenzeit bewahrt haben, schnell ein neues Zuhause. Die Neotenie löst eine Reaktion aus, die James Serpell (1986, 82) als „die Reaktion auf das Kindchenschema" bezeichnet. Wir möchten Tiere auf dem Arm halten, sie knuddeln und für sie sorgen, die uns jung und verletzlich erscheinen (vgl. auch Midgley 1983; Lawrence 1986; Melson 2001). Im entwicklungsgeschichtlichen Sinn ist das jugendliche Erscheinungsbild ein Mechanismus, der von anderen Fürsorge einfordert, was die Überlebenschancen eines Individuums erhöht. Im Laufe der Geschichte wurden Hunde und Katzen, die kindlich aussahen und sich so verhielten, besser behandelt, als ihre wilder aussehenden Verwandten, was zu einer Selektion zugunsten der Neotenie führte. Im Tierheim finden die Tiere, die jünger aussehen als andere, für gewöhnlich schneller ein neues Zuhause. Wenig überraschend meine Feststellung, dass sich Kinder am häufigsten von Welpen und Kätzchen oder von erwachsenen Hunden und Katzen mit langem oder flauschigem Fell angezogen fühlen. Natürlich gibt es auch Menschen, die ältere oder sogar betagte Tiere bevorzugen. Ich gehöre auch zu ihnen. Meist hat jedoch die Jugend – oder zumindest die jugendliche Erscheinung – die Nase vorn. Weitere Merkmale, die ein Tier, vor allem einen Hund, anziehend wirken lassen, sind bestimmte Fellfarben wie Gold, Weiß oder Grau. Im Gegensatz dazu haben schwarze Hunde und Katzen oft Schwierigkeiten, ein neues Zuhause zu finden.[3] In Übereinstimmung mit vorangegangenen Studien stellte ich zudem fest, dass Tiere, die im Haus gelebt hatten (was auf eine sorgfältige Sozialisierung hindeutet), schneller vermittelt werden (vgl. Posage et al. 1998).

Die Planer und das Erscheinungsbild

Die Planer hatten eine deutlich artikulierte Vorstellung vom Aussehen ihres Hundes oder ihrer Katze. Oft hat sich diese Vorstellung über die Jahre im Zusammenleben mit einer bestimmten Rasse oder einem bestimmten Typ von Tier entwickelt. Somit diente für die Planer das Aussehen eines Tieres oftmals als Hinweis auf seine Persönlichkeit: Sie erwarteten, dass ein Tier, das einem anderen ähnlich sah, sich so benahm, wie sie es von dem anderen Tier gewohnt waren. Als zum Beispiel ein Planer-Pärchen kam, um eine Katze auszusuchen, wussten sie, dass sie eine finden mussten, die sich mit ihrem Hund vertrug. Sie hatten einst einen heiß geliebten braunen Tigerkater gehabt, der erst im Erwachsenenalter kastriert worden war. Eine der physischen Auswirkungen von Testosteron auf männliche Katzen ist die, dass es die Kieferknochen verstärkt wachsen lässt, was ihnen große, kraftvoll wirkende Gesichter verleiht. Werden sie schließlich kastriert, behalten sie dieses charakteristische Aussehen bei. Solche Kater haben meist auch eine massivere Muskulatur. Der frühere Kater des Pärchens konnte sich gegenüber dem großen, energiegeladenen Hund von Freunden behaupten. Als die Beiden sich dafür entschieden, eine Katze bei sich aufzunehmen, fiel die Wahl schließlich auf einen braunen Tigerkater mit großen grünen Augen und üppigem Fell. Bei ihm handelte es sich ebenfalls um einen spät kastrierten Kater, der in einer Lebendfalle gefangen und ins Tierheim gebracht worden war. Die Tierärzte kastrierten ihn bald nach seiner Ankunft, er hatte jedoch bereits die charakteristischen Kiefer und die entsprechende Muskulatur entwickelt. Sein Aussehen gab dem Pärchen das Gefühl, ihn aufgrund seiner Ähnlichkeit zu ihrem früheren Kater bereits zu kennen. „Wir mochten seine Augen und sein Gesicht auf Anhieb," erzählte mir die Frau, „vor allem seine großen Wangen. Sein Gesicht sagte einfach: ‚Ich bin hart, aber herzlich', so wie unser alter Kater es gewesen war. Wir wussten, er würde mit unserem Hund zurechtkommen." Sein Aussehen machte sogar sein Verhalten wett, das zunächst sehr distanziert war. Der Mann erklärte mir: „Er war etwas reserviert, als wir den Raum betraten, um ihn kennen zu lernen, aber wir mochten sein Aussehen und deshalb nahmen wir ihn mit nach Hause."

Viele Planer schienen sich ihrer Vorliebe für Tiere mit einer gewissen Farbe oder Größe nicht bewusst zu sein oder sich dafür zu schämen. Manche beteuern sogar, das Aussehen sei für sie absolut nicht von Bedeutung. Sie lieferten zum Beispiel eine ziemlich detaillierte Beschreibung von den Charaktereigenschaften, die sie sich bei einem Hund oder einer Katze wünschten. Wenn ihnen dann ein Tier gezeigt wurde, das diese Eigenschaften besaß, lehnten sie es jedoch aufgrund seines Aussehens ab. Das offenkundigste Beispiel dafür sind die Vorurteile gegenüber schwarzen Katzen, die sich weitaus schwerer tun, ein neues Zuhause zu finden als Katzen mit anderen Fellzeichnungen. Ein ganz typisches Beispiel dafür lieferte eine Frau, die eine Katze zu sich nehmen wollte und behauptete, das wichtigste Kriterium sei für sie die Persönlichkeit der Katze. Sie sagte, weder Geschlecht noch Alter würden eine Rolle spielen, die Katze müsse sich jedoch mit anderen Tieren verstehen und dürfe nicht nervös auf Kinder reagieren. Ich brachte sie zu einer Katze, die als besonders umgänglich bekannt war und die vorher mit Kindern, einem Hund und einer anderen Katze zusammengelebt hatte. „Oh, nein!" rief die Frau. „Ich könnte niemals eine schwarze Katze haben. Ich könnte einfach keine in meinem Hause haben, die ständig meinen Weg kreuzt" (vgl. auch Karsh und Turner 1988). Dieses Farbvorurteil bezieht sich auch auf Hunde, wenn auch in geringerem Maße. Während meiner Arbeit im Vermittlungsbereich habe ich Menschen oft sagen hören, schwarze Hunde würden bösartig aussehen. Ausgenommen hiervon sind natürlich Welpen, deren „Teddybär"-Anblick es den meisten Menschen sehr schwer macht, sich auch nur ein mögliches Vorhandensein eines bösen Charakterzuges vorzustellen.

Die Unvoreingenommenen und das Erscheinungsbild

Ein typisches Beispiel für das Verhalten der Unvoreingenommenen lieferte ein Pärchen, das einen Hund zu sich nahm, der schon lange im Tierheim lebte. Er wurde meist übersehen, weil er bereits älter und ein bisschen übergewichtig war und zudem etwas merkwürdig aussah. Als Produkt zufälliger Kreuzungen ließ er sich keiner bestimmten Rasse zuordnen, zudem war er an der Schnauze bereits ein wenig grau. Das Pärchen war auf der Suche nach „einem mittelgroßen, erwachsenen Hund, der Menschen mag", wie sie selbst sagten. Da sie keine Präferenzen hatten, fanden sie an diesem Tag den zu ihnen passenden Hund.

Die Unvoreingenommenen finden ein Tier, das sie mögen, oft attraktiv, während die Planer ein Tier mögen, weil es attraktiv ist. Darüber hinaus empfinden die Unvoreingenommenen ein Tier oft als attraktiv, sobald sie eine Beziehung zu ihm aufgebaut haben. Ein unvoreingenommener Mann drückte es so aus: „Ich denke, dass ich jeden Hund, den ich mag, schließlich auch als gut aussehend empfinden würde." Die Unvoreingenommenen nehmen eher Tiere mit außergewöhnlichem Aussehen zu sich, etwa Tiere mit einem schwarzen Fleck auf einem ansonsten reinweißen Fell oder mit einem blauen Auge. Sie ziehen auch eher Tiere mit „Behinderungen" wie einem fehlenden Auge oder Bein in Betracht. Manchmal kommen Behinderungen und außergewöhnliches Aussehen auch zusammen. Bevor wir geheiratet haben, verliebte sich mein Mann Marc in eine Katze, die sich gerade von einem Zusammenstoß mit einem Auto erholte, und nahm sie bei sich auf. Sie hatte eine Kopfverletzung, lief deshalb im Kreis und es war nicht auszumachen, wie gut sie mit dem einen Auge noch sehen konnte. Ich hatte sie während ihrer Rehabilitationszeit gepflegt, nachdem sie aus der Tierklinik entlassen worden war, und bevor sie sich genügend erholt hatte, um in die Vermittlung zu gehen. Glücklicherweise musste sie das nie. Marc lernte sie kennen und ihre Verletzungen spielten keine Rolle für ihn. Ganz im Gegenteil freute er sich darauf, ihre Rehabilitation mittels Anregungen durch Spiel zu unterstützen. Die Überlebenskünstlerin, die sein Herz erobert hatte, hat ein schwarz-weißes Fell mit der üblichen schwarzen „Räubermaske“, einem weißen Gesicht, einer weißen Brust und weißen Söckchen. Doch ihre Nase ist ebenfalls schwarz und weist eine perfekte Diamantenform auf. Nicht nur, dass sie Marc damit für sich einnahm, sie kam dadurch auch zu ihrem Namen *Punim*, der jiddische Ausdruck für „Gesicht“. Marc hatte sich nie vorgestellt, eine Katze zu haben, so ist es auch kein Wunder, dass er keinen Gedanken daran verschwendete, wie sie auszusehen hatte.

Auf das Aussehen kommt es an

Die potenziellen neuen Halter zeigen zwei unterschiedliche Einstellungen gegenüber dem Aussehen eines Tieres. Die Unvoreingenommenen schätzen Merkmale, die nicht prinzipiell als attraktiv im traditionellen Sinne bezeichnet werden. Es ist nicht so, dass ihnen das Aussehen vollkommen unwichtig ist, sie haben jedoch kein Bild vom „idealen“ Tier im Kopf. Für die Planer stellt das physische Erscheinungsbild im herkömmlichen Sinn von Anfang an ein wichtiges Kriterium dar. Für beide Typen ist das Aussehen jedoch zu einem gewissen Grad von Bedeutung und ich begann mich zu fragen, warum das so ist.

Eine Möglichkeit ist, dass wir die Ästhetik der Tiere (in Ermangelung eines besseren Wortes) schätzen, so wie wir Musik, Kunst oder die Natur schätzen. Ich sage hier „in Ermangelung eines besseren Wortes“, da der Begriff „ästhetische Wahrnehmung“ streng genommen nach moderner Auslegung nur bei Kunstwerken oder bei „der Schönheit“ (im traditionellen Sinne des Wortes, das sich vom griechischen Wort für „sinnliche Wahrnehmung“ ableitet) Anwendung findet. Im herkömmlichen Sprachgebrauch können überdies nur Objekte eine ästhetische Wahrnehmung hervorrufen, an denen wir kein persönliches Interesse bzw. zu denen wir keinen persönlichen

Bezug haben. So kann das Gemälde eines Hundes oder einer Katze eine ästhetische Wahrnehmung bewirken, jedoch nicht unser eigener Hund oder unsere eigene Katze. Natürlich ist es ein Unterschied, ob man ein Tier oder ein Kunstwerk betrachtet. Das Tier ist ein lebendiges, abhängiges Lebewesen. Wenn jemand das „falsche“ Kunstwerk erwirbt, wird das Bild oder die Skulptur nicht unter Vernachlässigung leiden, ein Tier hingegen schon. Aus diesen und möglicherweise weiteren Gründen mag meine Verwendung des Begriffs „ästhetische Wahrnehmung“ in Bezug auf das physische Erscheinungsbild eines Tieres weit hergeholt erscheinen, doch bin ich nicht die Einzige, die diesen Begriff über die Kunst und die Schönheit hinaus einsetzt. Einige Philosophen haben empfohlen, „unsere Sensibilität für die Möglichkeiten innerhalb unserer Auffassung von Ästhetik auszuweiten“ (Diffey 1986, 10). In ähnlicher Weise haben Psychologen dargelegt, „die ästhetische Wahrnehmung sei Teil einer größeren Familie“ konzentrierter, lohnender und umformender Wahrnehmungen (Csikszentmihalyi und Robinson 1990, 9). Ich schließe mich ihnen an, indem ich mich mit diesem Begriff auf die Freude beziehe, die das physische Erscheinungsbild eines Tieres hervorruft, und die sich in Gefühlen des Entzückens, Vergnügens und Staunens äußert. Die Frage bleibt: Warum ist das Aussehen wichtig?

Um das Vokabular der ästhetischen Wahrnehmung weiterhin anwenden zu können, helfen uns vielleicht einige Theorien, die im Zusammenhang mit der bildenden Kunst in Gebrauch sind. Diese fallen grob in drei Kategorien.[4] Die Erste hebt die „kognitive“ Dimension der ästhetischen Wahrnehmung hervor. Basierend auf der Philosophie des Idealismus, geht die kognitive Sichtweise davon aus, dass die Kunst die Idealform von den Dingen darstellt, die uns im täglichen Leben begegnen. Der ästhetische Genuss entsteht durch die Übereinstimmung zwischen „dem geistigen, perfektionistischen Modell und dem eigentlichen Objekt“ (Csikszentmihalyi und Robinson 1990, 12). Ein anderer Aspekt des kognitiven Ansatzes betont die Entwicklungsprozesse (vgl. Parsons 1987). Kleine Kinder mögen zum Beispiel realistische Darstellungen und setzen das Gute mit dem gleich, was sie mögen. Für gewöhnlich entwickeln wir erst im Erwachsenenalter die Fähigkeit, abstrakte

Kunst zu schätzen oder eine Form von Kunst zu genießen, die wir zuvor nicht als wertvoll erachtet hatten. Die zweite Gruppe von Theorien hebt die „sensorischen“ Aspekte hervor, nach denen wir aus mehreren Gründen für ästhetische Freuden empfänglich sind. Einige Auffassungen des sensorischen Ansatzes gehen aus evolutionärer Sicht davon aus, dass Menschen, die eine Vorliebe für Ordnung haben, besser an die Umwelt angepasst sind und daher eine höhere Überlebenschance besitzen (vgl. Gombrich 1960, 1979; Arnheim 1971, 1982). John Dewey (1934) legt diese Theorie anders aus und meint, dass die Anerkennung von Ordnung und Ganzheit in der Kunst ein Modell für die Ordnung und Ganzheit des Individuums und der Gesellschaft darstellen. Die dritte Kategorie von Theorien, vorgelegt von Aristoteles und Freud, kann als „reinigend“ betrachtet werden. Nach diesem Standpunkt löst Kunst starke Emotionen aus, die gewöhnlich unterdrückt oder verleugnet werden. Durch das Hervorrufen und anschließende Läutern dieser Gefühle führt die ästhetische Wahrnehmung zu einer Bewusstmachung der Harmonie. Obwohl die Katharsis psychoanalytisch plausibel ist, gibt es kaum empirische Beweise, um dies zu untermauern (vgl. Csikszentmihalyi und Robinson 1990, 15).

Die Reaktionen von Menschen, die Hunde und Katzen betrachten, enthalten zu gleichen Teilen kognitive wie sensorische Ansätze. Aus kognitiver Sicht entstammt die Freude am Betrachten eines Tieres vermutlich der Möglichkeit, ein Tier zu finden, das den Vorstellungen vom „idealen“ Hund oder von der „idealen“ Katze entspricht. Hier das Gespräch, das ich mit einer Frau führte, die daran dachte, eine Deutsche Dogge bei sich aufzunehmen:

> *„Er ist so wunderschön. Ich kann es nicht fassen. Er muss reinrassig sein, glauben Sie nicht auch?“*
> *LI: „Wir wissen es nicht. Wir wissen nichts über ihn. Er wurde ausgesetzt.“*
> *„Ich kann es nicht glauben. Ich habe noch nie eine reinrassige [Dogge] gesehen, außer auf Bildern, aber er muss reinrassig sein.*

Er ist so ein gut aussehender Hund. Ich wollte schon immer so einen."
LI: „Er ist gut aussehend."
„So sollten sie ursprünglich aussehen [Sie bezieht sich auf die unkupierten Ohren und die unkupierte Rute des Hundes]. Er ist wunderbar. Ich liebe ihn!"

Beachten Sie, dass diese Frau noch nie eine reinrassige Deutsche Dogge oder eine, die noch ihr „natürliches" Aussehen hat – also vor den kosmetischen Verstümmelungen, die der American Kennel Club vorschreibt – gesehen hatte. Sie hatte sich auf Grundlage von Bildern und Rassebüchern ein „Ideal" erschaffen, doch ihre erste Begegnung mit der „echten" Ausgabe überstieg ihre Erwartungen. Ihre aufrichtige Freude wurde durch ihre wiederholten Ausrufe („Ich kann es nicht glauben", „Ich kann es nicht fassen") und ihre lobenden Worte („wunderschön", „gut aussehend", „wunderbar") deutlich. Der Wortlaut kann ihren Tonfall, ihre Mimik und ihre völlige Versunkenheit in die Betrachtung des Hundes nicht wiedergeben. Sie war voll des Entzückens, was möglicherweise mit der kognitiven Übereinstimmung eines Ideals mit der Wirklichkeit zusammenhing.

Potenzielle neue Halter mit Kindern machten es mir möglich, Entwicklungsaspekte der kognitiven Annäherung zu beobachten. Kinder mögen vor allem Hunde und Katzen, die lebendige Abbilder ihrer Stofftiere, der Figuren in ihren Bilderbüchern oder von Tieren sind, die sie aus dem Kino oder Fernsehen kennen. Wann immer sich Kinder in den Besucherräumen befanden, hörte ich je nach Tier immer wieder in etwa Folgendes:

„Da ist ein Hund, der aussieht wie Wishbone [der Hund einer bekannten amerikanischen Fernsehsendung]."
„Er sieht aus wie Garfield."
„Diese hier ist wie die Katze aus der Werbung."

Erwachsene hingegen können (glücklicherweise) auch den dreibeinigen Hund oder die einäugige Katze wertschätzen und sich in ein Tier verlieben, das nicht „ihrem Typ“ entspricht.

Ich machte auch Beobachtungen, die eine Version von der sensorischen Perspektive unterstützen. Wie bereits erwähnt, finden Menschen bei ihren Mitmenschen und auch bei Tieren symmetrische Züge anziehend. Männer und Frauen, die als gut aussehend oder schön bezeichnet werden, haben tatsächlich oft symmetrische Gesichtszüge. Die typische Erklärung dafür ist, dass wir Symmetrie anziehend empfinden, weil sie auf eine höhere Fortpflanzungsfähigkeit hindeutet. Dabei spielt es keine Rolle, ob wir uns fortpflanzen wollen oder nicht. Gleichzeitig wirkt das Kindchenschema der Neotenie anziehend, weil es Fürsorge-Impulse auslöst. Es bedarf jedoch keiner genetischen Erklärung, um dem sensorischen Blickwinkel zuzustimmen. Eine Möglichkeit ist, dass sich die Impulse genetisch entwickelt haben, später jedoch Teil der Kultur wurden. Dies würde erklären, warum Jugendlichkeit und Symmetrie so überaus anziehend sind, selbst für diejenigen, die nicht auf der Suche nach einem „guten Fortpflanzungspartner“ sind.

Sozialpsychologische Studien zeigen, dass es beim Menschen komplexe Verbindungen zwischen Aussehen und Verhalten sowie zwischen Aussehen und erwartetem Verhalten gibt. Wir neigen dazu zu glauben, attraktive Menschen seien kompetenter und freundlicher und im Zweifel entscheiden wir häufiger zu ihren Gunsten. Die Vorteile physischer Schönheit scheinen endlos.[5] Wir haben sogar eine höhere Meinung von Personen, die sich in Gesellschaft attraktiver Menschen befinden. Dies scheint auch bei Tieren der Fall zu sein. Eine Studie an Hundehaltern zeigt beispielsweise, dass sich Frauen, die einen Hund haben, selbst als attraktiver einschätzen, als Frauen ohne Hund (Serpell 1981). Die Frauen in dieser Studie profitierten möglicherweise von einer sich selbst erfüllenden Voraussage, denn die Art, wie wir von anderen behandelt werden, beeinflusst die Art, wie wir über uns denken. Wenn ein Hund oder eine Katze der Meinung ist, wir seien wundervoll, sehen wir uns vielleicht selbst in einem besseren und attraktiveren Licht:

Um wie viel attraktiver müssen wir sein, wenn ein attraktives Tier meint, wir sind wundervoll?[6]

Zusammenfassend kann man bis hierhin sagen, dass das Äußere für alle potenziellen neuen Halter eine Rolle spielt, ganz gleich, ob sie von Anfang an nach einem attraktiven Tier suchen, wie die Planer es tun, oder ob sie lediglich nach dem „richtigen" Tier Ausschau halten und dieses Tier schließlich attraktiv finden, wie es bei den Unvoreingenommenen der Fall ist. Es gibt zwei mögliche Erklärungen dafür, weshalb das Erscheinungsbild von Bedeutung ist: eine ästhetische und eine sozialpsychologische. Erstere geht davon aus, dass sich die Freude aus kognitiven und sinnlichen Gründen an sich und in sich selbst lohnt. Wenn wir den Begriff „ästhetische Wahrnehmung" über seine konventionelle Bedeutung hinaus verwenden, so lohnt sich das Betrachten eines attraktiven Tieres ebenso wie das Betrachten eines Kunstwerks oder der Genuss von Musik. Das Kunstwerk oder das Musikstück selbst steht im Mittelpunkt der ästhetischen Wahrnehmung. Die Kunst oder die Musik bezieht sich nicht auf etwas, das außerhalb ihrer selbst steht. So steht auch das Tier im Mittelpunkt der Freude, die wir aus seiner physischen Schönheit gewinnen, weil wir den Körper des Tieres unmittelbar und uneingeschränkt wahrnehmen. Menschen können mittels Kleidung, Schmuck, Make-up, Frisur und anderen Dingen das „Rohmaterial", den Körper, manipulieren, in Szene setzen, verstecken oder verändern. Tiere können das nicht. Zudem können Menschen die Sprache einsetzen, um das, was ihre Körper vermitteln, zu verstärken oder zu widerlegen; Tiere sind dazu nicht in der Lage. Diese Unmittelbarkeit der Körperlichkeit eines Tieres zeigt, dass die Freude, die Tiere uns bereiten, allein von ihnen selbst ausgeht und nicht von einem Kleidungsstück oder sonstigem Beiwerk.

Die zweite Erklärung geht davon aus, dass zwischen der Attraktivität eines Tieres und erwünschten oder erwarteten Verhaltensweisen eine positive Wechselwirkung besteht. Dies wiederum wirft ein gutes Licht auf den potenziellen neuen Halter. Das Aussehen des Tieres zahlt sich somit in sozialpsychologischer Hinsicht aus. Wenn wir ein Tier als intelligent und kompetent erachten, leiten wir daraus insofern eine Kohärenz ab, dass die Intelligenz und die Kompetenz aus dem physischen Wesen des Tieres entspringen. So kommen also beide Antworten auf die Frage, warum Aussehen eine Rolle spielt, zu demselben Schluss. Das Aussehen ist von Bedeutung, um das Tier als kohärentes, körperliches Wesen erkennen zu können. Diese Kohärenz spielt auch im nächsten Kapitel in der Diskussion um das Selbstsein von Mensch und Tier eine wichtige Rolle.

Verhalten

Neben dem physischen Erscheinungsbild ist das Verhalten des Tieres ein wichtiger Faktor für die Entscheidung, ein Tier zu adoptieren. Wie beim Aussehen treffen auch hier viele sozialpsychologische Aspekte, die auf unsere Beziehungen zu Menschen zutreffen, in Bezug auf Tiere zu. Zum Beispiel, das bestätigen alle Studien, mögen wir Menschen, die mit uns einer Meinung sind, lieber als solche, die nicht mit uns übereinstimmen (vgl. Byrne 1969; vgl. auch Aronson 1999 für einen Überblick). Je mehr die Ansichten einer Person unseren eigenen entsprechen, desto eher neigen wir dazu, diese Person zu mögen. Wir mögen Menschen, die so denken wie wir, weil sie unsere Vorstellungen bestätigen. Um es sehr verallgemeinernd auszudrücken: Menschen, die uns helfen zu glauben, dass wir Recht haben, geben uns maximale soziale Belohnung bei minimalem Risiko. Es ist befriedigend, Recht zu haben, und wir können unsere Chancen, Recht zu haben, erhöhen, indem wir uns mit Menschen umgeben, die unsere Ansichten und unsere Denkweise teilen.

Menschen mögen Tiere, die ihre Vorstellungen vom „angemessenen" Verhalten von Hunden und Katzen bestätigen.[7] Dies entspricht den Erfahrungen in der sozialpsychologischen Forschung in Bezug auf den Zusammenhang zwischen Ähnlichkeit und Zuneigung: Wir neigen dazu, Menschen zu mögen, die wie wir denken oder sich wie wir verhalten und dasselbe gilt für Tiere. Die Argumentation sieht in etwa so aus: „Diese Katze (oder dieser Hund) verhält sich genau so, wie ich denke, dass sich Katzen (oder Hunde) verhalten sollten. Also mag ich dieses Tier." Gleichzeitig ist Verhalten auch ein Indikator für das Tier als geistiges Wesen. Das Verhalten enthüllt die Subjektivität des Tieres und vermittelt, wie das Tier wirklich ist. Dies ist vor allem wichtig, wenn das Verhalten die Zuneigung oder Beachtung für eine Person (öfter eine Kombination von beidem) ausdrückt.

Es ist jedoch schwierig, das tatsächliche Verhalten eines Tieres aufgrund dessen, wie es sich eingesperrt in fremder Umgebung zeigt, vorherzusagen. Obwohl das Verhalten in Gefangenschaft bis zu einem gewissen Grad darauf hinweist, wie ein Tier im Allgemeinen ist, liefert das Verhalten der Tiere im Tierheim nicht notwendigerweise einen Hinweis darauf, wie es sich in einem echten Zuhause verhalten würde. Viele Tiere mögen das Eingesperrtsein nicht und reagieren darauf mit Verhaltensweisen, die die Besucher als unangenehm empfinden. Hunde versuchen oft, durch Bellen und Hochspringen an den Zwingertüren Aufmerksamkeit zu erregen. Beides führt dazu, dass sich die Leute abwenden. Zusätzlich müssen sich die Hunde im Tierheim daran gewöhnen, von fremden Leuten angestarrt zu werden, was auf den Hund bedrohlich wirken kann. Wie für uns Menschen kann Augenkontakt für Hunde verschiedene Bedeutungen haben. So, wie Menschen mit einem Blick sagen können: „Wage es ja nicht!", kann Augenkontakt für einen Hund eine Herausforderung darstellen. Es muss jedoch nicht immer eine Herausforderung sein und ein hundlicher Gefährte muss willens sein, sich auf freundlichen Augenkontakt einzulassen (vgl. Derr 1997, 325). Eine der einfachsten Methoden, einen Hund dazu zu bringen, einen anzusehen, ist das Rufen seines Namens. In der Tierheim-Umgebung funktioniert das nicht immer. Da viele der Hunde als Streuner aufgegriffen werden, sind ihre Namen oftmals nicht bekannt. Wenn Menschen also zum Zwinger kommen, die Karte lesen und den Hund mit „Hallo Sparky!" begrüßen, sagt das dem Hund meist nichts, da er den Namen erst vor ein paar Tagen bekommen hat. Wenn die

Hunde nicht reagieren, denken die Menschen oft, sie hätten kein Interesse. Dies ist vor allem in Anbetracht der kurzen Zeit, die die Menschen mit den Tieren verbringen, von Bedeutung. Da man versuchen möchte, die Hunde dazu zu bringen, mit den Menschen in Kontakt zu treten, umfasst das Sozialisierungstraining der Hunde im Tierheim auch Übungen zum Augenkontakt.[8]

Manche Katzen in Gefangenschaft verstecken sich oder werden aggressiv. Um ihre potenziellen neuen Halter kennen zu lernen, holen wir die Katzen aus ihren Zwingern und bringen sie in einen Raum, wo sie vorgestellt werden. Viele Katzen verhalten sich wundervoll, reiben ihre Köpfe oder ihre Flanken an ihren potenziellen neuen Haltern, hüpfen ihnen auf den Schoß oder spielen mit dem angebotenen Spielzeug. Viele andere Katzen jedoch würden zwar wunderbare Gefährten abgeben, benötigen aber Zeit, um sich an eine neue Umgebung zu gewöhnen, wirken unnahbar oder verängstigt, erstarren oder verstecken sich. Versucht man den Kontakt zu erzwingen, wehren sich diese Katzen mit Krallen und Zähnen, was von den Menschen als „Sie mag mich nicht.", interpretiert wird, statt anzuerkennen, dass sie (die Menschen) die Grenzen der Katze überschritten haben.

Es gibt also ein kleines Risiko, wenn man einen möglichen neuen tierischen Gefährten in einem Tierheim kennen lernt. Obwohl es für gewöhnlich so ist, dass ein Hund oder eine Katze, der oder die sich im Tierheim ruhig und gelassen verhält, dieses Verhalten auch im neuen Zuhause an den Tag legen wird, ist es nicht notwendigerweise so, dass ein Tier, das sich im Tierheim von seiner schlechten Seite zeigt, dieses Verhalten auch im neuen Zuhause zeigen wird. Alger und Alger (2003, 162) führen als Beispiel eine Katze an, die in dem Tierheim, in dem sie ihre Studie durchführten, depressiv und teilnahmslos war, jedoch verspielt und aktiv wurde, sobald sie ein neues Zuhause gefunden hatte. Zudem sollte man daran denken, dass sich auch die Menschen in einem Tierheim nicht so verhalten, wie sie es Zuhause tun würden. Studien über Hunde im Tierheim stimmen darin überein, dass ihr Verhalten von dem Verhalten der Menschen, die mit ihnen interagieren, beeinflusst wird (Wells und Hepper 1999, 2001). Gleichermaßen „erscheint es logisch anzunehmen, dass das Verhalten von Besuchern in gleicher Weise durch das Verhalten der Hunde beeinflusst wird" (Wells und Hepper 2001, 16). Kurz gesagt gilt sowohl für die Tiere als auch für die Menschen, dass am Prozess des Kennenlernens zwei Parteien beteiligt sind, die beide nicht in der Lage sind zu zeigen, wie sie sich in einer anderen Umgebung verhalten werden.

Die Planer und das Verhalten

Die Planer suchten für gewöhnlich nach einem bestimmten Verhalten oder Temperament bei einem Tier. Sehr oft wollen sie einen tierischen Gefährten, dessen Verhalten dem ihren gleicht. Läufer wollten athletische Hunde, Familien mit aktiven Kindern wünschten sich aktive kleine Kätzchen. Ein Planer besuchte das Tierheim einen Monat lang einmal die Woche, bis er sich von der ruhigen Art, die ein bestimmter Hund im Zwinger zeigte, angezogen fühlte. Er erklärte die Anziehung folgendermaßen:

> *„Ich denke, ich bin ein ruhiger und zurückhaltender Mensch. Ich lese viel und verbringe viel Zeit Zuhause und ich wollte einen Hund, der intelligent und gefestigt ist. Als ich [den Hund] sah, lag er einfach entspannt in seinem Zwinger; er erschien mir intelligent und abgeklärt. Ich wusste, dass er es war, nach dem ich gesucht hatte."*

Glücklicherweise war die Ruhe des Hundes kein Zufall, denn als der Mann und ich einige Monate später noch einmal miteinander sprachen, stellte sich heraus, dass die beiden ein gutes Team abgaben.

Oft ist das Verhalten eines Tieres ausschlaggebend für die Entscheidung eines Planers, es nicht zu adoptieren. Sie lehnen die Katze ab, die nicht mit der Schnur spielt, die sie vor ihr baumeln lassen, weil sie eine verspielte Katze möchten. Ein Planer kam beispielsweise eines Tages herbeigeeilt, um einen jungen Hund kennen zu lernen, dessen Foto er auf der Internetseite gesehen hatte. Er hatte schon immer einen Hund wie diese Hündin haben wollen und hatte lange auf sie gewartet. Vom Aussehen her war sie genau sein Typ. Bei der persönlichen Begegnung gewann er jedoch einen anderen Eindruck. Als sie ihn nach enthusiastischer Welpenart zur Begrüßung ansprang, zerkratzte sie seine nackten Beine. Sie zerrte an allem, was sie zwischen die Zähne bekam: an der Leine, an den Schnürsenkeln des Mannes und am Saum seiner Hose. Sie bellte und versuchte durch den Zaun hindurch mit dem Hund im angrenzenden Auslaufbereich zu spielen. Indem sie ihm zeigte, dass sich hinter ihrem guten Aussehen ein richtiger Welpe verbarg, machte sie diesem Planer klar, wie viel Training und Einsatz sie benötigen würde. Der Mann verließ das Tierheim an diesem Tag ohne einen Hund, weil ihm klar geworden war, dass diese Hündin mehr von ihm verlangen würde, als er fähig war zu geben. In solchen Fällen ist das Verhalten eines Tieres ein guter Augenöffner für Menschen, die wenig Ahnung davon haben, was Tierhaltung wirklich bedeutet.

Die Unvoreingenommenen und das Verhalten

Für die Unvoreingenommenen war das Verhalten im Allgemeinen von größerer Bedeutung als das Aussehen. Sie kamen in der Regel, um den „passenden“ Hund oder die „passende“ Katze zu finden, was meist von ihrer jeweiligen Situation abhängig war. So wird eine unvoreingenommene Familie, die nach einem Hund sucht, der gerne mit Kindern spielt, beispielsweise von einem anderen Tier angezogen werden, als das unvoreingenommene ältere Paar, das einen Schoßhund sucht. Ein Pärchen, das eine „liebe“, verspielte Katze zu sich nehmen möchte, wird sich ebenfalls für andere Katzen interessieren, als eine alleinstehende Frau, die unter „lieb“ eine ruhige, erwachsene Katze versteht.

Menschen, die jener Untergruppe der Unvoreingenommenen angehören, die ich die Verzauberten nenne, sehen vielfach über problematisches Verhalten hinweg oder akzeptieren es einfach. Dies kann zwar dazu führen, dass einige von ihnen Tiere mit nach Hause nehmen, mit denen sie nicht wirklich umgehen können, es kann aber auch bedeuten, dass diese Menschen dazu bereit sind, an Verhaltensproblemen zu arbeiten, um weiterhin mit dem Tier zusammenleben zu können, in das sie sich verliebt haben. Dadurch gewinnen sie wertvolles tierisches Kapital. Ich gehöre beispielsweise zu den Verzauberten. Nachdem ich mein ganzes Erwachsenenleben lang mit Katzen zusammengelebt hatte, verliebte ich mich im Mai 1999 in einen Hund. Ich hatte nicht vorgehabt, einen Hund zu mir zu nehmen, was auch ein Grund dafür war, warum ich nicht gezögert hatte, mich als Freiwillige für die Arbeit mit Hunden zu melden. Zu meiner Überraschung nahm ich nicht einfach nur einen Hund bei mir auf, sondern einen, dessen Verhalten nach allem, was man hörte, eine Herausforderung darstellte. Zu sagen, Skipper war nervös, wäre eine Untertreibung. Die meisten Menschen, die mich kennen, würden mich als ruhige Person bezeichnen. Der Hund, in den ich mich verliebte und den ich mit nach Hause nahm, rannte in seinem Zwinger im Kreis, sprang Leute an, zwickte sie und war, wie ich ihn liebevoll beschrieb, ein „Dummerchen". Ich sollte zudem erwähnen, dass er nicht stubenrein war. Sein Verhalten hätte nicht weiter vom Ideal entfernt sein können. Obwohl er und ich bereits große Trainingsfortschritte gemacht haben, zeigt er noch immer zahlreiche Verhaltensweisen, die Toleranz und Geduld erfordern. Trotzdem sind wir unzertrennliche Gefährten; er liegt neben meinem Stuhl, während ich schreibe. Dasselbe Phänomen habe ich auch bei anderen neuen Haltern beobachtet. Eine Frau beschrieb diese Art der Anziehung zu ihrer Katze mit besonders treffenden Worten:

> *„Sie ist eine Eule; ich bin eine Lerche. Sie ist athletisch und ständig in Bewegung, ich bin ein Bewegungsmuffel. Sie ist schlank und elegant und ich bin ein Brocken. Wir sind in jeder Hinsicht so verschieden, es verblüfft mich, dass mich diese Kreatur liebt. Es ist einfach überwältigend."*

Eine andere Frau beschrieb das erste Treffen mit ihrem Hund auf ähnliche Weise:

> *„Als ich ihn im Tierheim sah, gingen wir hinaus in den Auslaufbereich und er – ich weiß nicht – er ließ sich auf alles ein und war so aufmerksam. Er schnüffelte überall herum und dann hörte er etwas und schaute und ich konnte bemerken, dass er mit seinem ganzen Körper schaute und lauschte. Wäre er ein Mensch, würden andere Menschen von seinem Lebenshunger oder etwas in der Art sprechen. Ich bin so – ich weiß auch nicht – manchmal achte ich einfach nicht auf die Dinge um mich herum und als ich ihn [den Hund] sah, wusste ich, dass wir gut zueinander passen würden. Ich warf einen Tennisball für ihn und er ging völlig darin auf. Der Tennisball und ich waren die einzigen Dinge auf der Welt für ihn. Ich wollte wirklich in seiner Nähe sein.“*

So verlockend es wäre, mit den Achseln zu zucken und zu sagen: „Gegensätze ziehen sich an“, habe ich doch versucht herauszufinden, was hinter dieser schlichten Weisheit steckt. Warum genau ziehen sich Gegensätze an? Es widerspricht meiner oben gemachten Behauptung, dass wir üblicherweise Menschen – und Tiere – mögen, die sind wie wir. So schön es ist, von jemandem gemocht zu werden, der uns ähnelt, ist es noch schöner, von jemandem gemocht zu werden, der nicht ist wie wir (vgl. Aronson 1999, 392). Wenn uns jemand, von dem wir uns unterscheiden, trotzdem mag, bedeutet das, er oder sie sieht in uns etwas Besonderes, etwas, das trotz unserer Unterschiede wertvoll ist. Vielleicht trifft dasselbe auch auf Menschen und Tiere zu. Obwohl ich viele sanfte und ruhige Tiere gemocht habe, fühlte ich mich zutiefst und auf eigentümliche Weise geschmeichelt, dass ein verrückter Hund mich zu mögen schien. Von anderen Verzauberten hörte ich Ähnliches. Ein Mann fasste die Anziehung zu seiner Katze beispielsweise so zusammen:

> *„Wir sind ein seltsames Paar; ich wusste es von Anfang an, aber aus irgendeinem Grund mag sie mich. Wie könnte ich dem widerstehen?“*

Seine Erläuterung macht auf einen weiteren wichtigen Aspekt der Anziehungskraft von Tieren aufmerksam: Wir mögen Tiere, die uns mögen, so wie wir Menschen mögen, die uns mögen. Da Verhalten Zuneigung demonstrieren kann, möchte ich mich nun der Erörterung der Emotionen zuwenden, die eine Rolle spielen, wenn ein Tier adoptiert wird.

Die „Verbindung“

Letztlich ist weder das Verhalten noch das Erscheinungsbild der wichtigste Aspekt in unseren Beziehungen zu tierischen Gefährten. Alle potenziellen neuen Halter sprachen davon, eine „Verbindung“ zu dem Tier zu spüren. Für Planer gehörte diese zu einer Reihe weiterer Aspekte; sie hätten sich niemals Hals über Kopf in ein Tier verliebt, das nicht „richtig“ für sie war, doch sobald sie einen Hund oder eine Katze gefunden hatten, der oder die ihren Kriterien entsprach, sprachen auch sie von einer „Verbindung“ zu dem Tier. Die Verzauberten hingegen fühlten diese „Verbindung“ von Anfang an. Ich setze den Begriff „Verbindung“ aus zwei Gründen in Anführungszeichen. Erstens um hervorzuheben, dass es sich hierbei um den Begriff handelt, den die Menschen, mit denen ich gesprochen habe, selbst gewählt hatten, und nicht um meine eigene Interpretation ihrer Wahrnehmung. So viele Menschen hatten dieses Wort benutzt, dass es für mich zu den „harten“ Daten der Studie zählte. Anders gesagt: Wenn Menschen behaupteten, eine „Verbindung“ zu spüren, glaubte ich ihnen. Mein Ziel war es nicht herauszufinden, ob sie „wirklich“ mit dem Tier verbunden waren, sondern wie sie diese Wahrnehmung empfanden und was sie für sie bedeutete. Weil Gefühle subjektiv sind, sehen Menschen im Allgemeinen die Erläuterungen anderer Menschen hinsichtlich ihrer Gefühle als wahr an. Wenn ich sage, dass ich jemanden liebe oder dass ich glücklich, verärgert oder verletzt bin, haben andere Menschen keine Möglichkeit, meine Gefühle zu überprüfen. Wie

Aussagen über andere subjektive Wahrnehmungen, zum Beispiel Schmerz, müssen Aussagen über Gefühle geachtet werden. Sie müssen nicht überprüft werden, noch können wir erwarten, jemals einen Weg zu finden, dies zu tun. Jürgen Gerhards (1989, 749) beschrieb Emotion als

> *„das moderne a priori. Es ist das Prinzip, das niemals fehlschlägt, wenn alle anderen Prinzipien fehlschlagen. Emotionen können Anspruch auf Authentizität erheben, da jeder Akteur persönlich bezeugen kann, sie zu haben, ohne dass andere dazu in der Lage wären, dies zu widerlegen."*

Demzufolge kann ich nicht wissen, ob die Gefühle, die jemand beschreibt, im objektiven Sinne „wahr" sind. Wichtig ist, dass sie in dem Moment für die Person wahr sind, die vorgibt, sie zu fühlen (vgl. Plummer 1983, 105; Irvine 1999).

Ich setze den Begriff auch deshalb in Anführungszeichen, um hervorzuheben, wie sein einheitlicher Gebrauch durch alle Typen von Menschen das Vorhandensein eines emotionalen Wortschatzes in Bezug auf die Interaktion mit Tieren beweist. Der „emotionale Wortschatz" ist die Sprache, mit der Gefühle beschrieben werden. Er ist Teil der größeren „emotionalen Kultur", die die Normen („Gefühlsregeln" – „feeling rules" und „Ausdrucksregeln" – „expression rules" genannt) beinhaltet, die angemessene und wünschenswerte Gefühle (und deren Ausdruck) in gewissen Situationen festlegen (vgl. Goffman 1959; Hochschild 1975, 1983; Gordon 1981; und Stearns 1989a, 1989b, 1994). Der zeitgenössische emotionale Wortschatz beinhaltet eher traditionelle und eindeutige Worte wie „Liebe" und „Ärger", aber auch neuere Bezeichnungen wie „ausgeflippt", „gestresst" und „durch den Wind". Entwickeln sich in einer Kultur neue Gefühle, tauchen neue Vokabeln auf, diese zu beschreiben. „Gewalt im Straßenverkehr" und „Verkehrsrowdy" sind Beispiele hierfür. Die Vorstellung von einer „Verbundenheit" mit Tieren ist gleichermaßen Abbild einer bestimmten Zeit und emotionalen Kultur. Wie in Kapitel 2 bereits dargelegt, waren enge emotionale Verbindungen zu Tieren in der westlichen Geschichte lange Zeit nicht erwünscht. Tatsächlich bezahlten Menschen solche Gefühle vielfach mit ihrem Leben. Eine „Verbundenheit“ zu Tieren galt bis vor relativ kurzer Zeit in soziologischer und psychologischer Hinsicht als merkwürdig.

Die Signalfunktion der Gefühle

Wenn potenzielle neue Halter sagen, sie hätten gewusst, das richtige Tier gefunden zu haben, weil sie eine „Verbundenheit“ gespürt hatten, beziehen sie sich auf die Fähigkeit von Gefühlen, als Signal zu dienen. Unter der Signalfunktion, die erstmals bei Freud Erwähnung fand, versteht man die Art und Weise, wie Emotionen unsere Vorstellung von der Welt um uns herum formen, so wie ein Knoten im Magen Nervosität signalisiert (vgl. auch Hochschild 1983). Wir sind jedoch nur nervös oder glücklich oder verärgert im Zusammenhang mit Interaktion. Der Gedanke, rohe, uninterpretierte Gefühle ohne sozialen Kontext zu empfinden, macht keinen Sinn. Emotionen fungieren als Signale im Zusammenhang mit den Erwartungen, die wir in bestimmten Situationen hegen. Das Signal ist „ein Nebeneinander von dem, was wir sehen und dem, was wir erwarten zu sehen.“ (Hochschild 1983, 221) So sind wir beispielsweise angespannt, bevor wir einen Vortrag halten, oder glücklich, wenn wir mit unseren Liebsten zusammen sind, weil wir das in diesen Situationen erwarten. Emotionen helfen, Situationen als angespannt oder angenehm zu definieren, es spielen jedoch noch andere Aspekte eine Rolle.

Für die potenziellen neuen Halter hatte die Erwartung, die dem emotionalen Signal einen Sinn verleiht, etwas mit der Möglichkeit zu tun, eine „Verbindung“ zu einem Tier zu bekommen. Schließlich kamen sie mit der Hoffnung ins Tierheim, einen Hund oder eine Katze mit nach Hause nehmen zu können; vermutlich ein Tier, zu dem sie eine „Verbindung“ haben konnten. Bestimmte Tiere vermittelten dieses Potenzial, in dem sie zeigten, dass sie die Person mochten. Das ist der Grund, weshalb ein Tier mit allen richtigen Eigenschaften manchmal für den potenziellen neuen Halter nicht „richtig" war: Das Tier hätte kaum weniger Interesse an ihm zeigen können. Folglich war der ausschlaggebende Faktor für die Entscheidung, ob die Menschen ein Tier bei sich aufnahmen, der, dass sie das Gefühl hatten, das Tier mochte sie. Die Zuneigung signalisierte eine „Verbundenheit" – oder zumindest die Möglichkeit dazu – die die Partnerschaft besiegelte.

Wie vermitteln Tiere Zuneigung? Sie setzen ihren Körper ein. Hunde und Katzen können sehr deutlich ausdrücken, ob sie mit uns zusammen sein möchten. Katzen reiben ihre Flanken oder ihren Kopf an uns, vor allem zur Begrüßung. Damit senden sie eine Botschaft ihrer Zuneigung; Schnurren signalisiert die Freude über die Anwesenheit des anderen. Hunde bleiben nahe beim Menschen, wedeln mit der Rute und zeigen entspannte Gesichtszüge und Ohren. Tiere zeigen zudem ihr Interesse, wenn nicht sogar ihre Zuneigung, durch Aufmerksamkeit. Dies kommt oft durch physische Nähe und Körperkontakt zum Ausdruck. Menschen, die die Stelle finden, an der ein Hund oder eine Katze am liebsten gekrault oder gestreichelt wird, sind von der Reaktion oft geschmeichelt. Das Erlebnis „den Punkt zu treffen", kann bedeuten, dass die Person das Tier auf irgendeine Art und Weise „kennt".

Die Planer und die Verbundenheit

Die Planer wollten zusätzlich zu den anderen Eigenschaften, nach denen sie bei einem tierischen Gefährten Ausschau hielten, auch eine „Verbundenheit" spüren. Die anderen Eigenschaften genügten nicht als Zeichen dafür, dass es sich um den „richtigen" Hund oder die „richtige" Katze handelte. Ein Planer beschreibt die erste Begegnung mit seinem Hund folgendermaßen:

„An diesem Tag gab es zwei Hunde, für die ich mich interessierte, beides Labrador Retriever und beide sahen gut aus; also, Sie wissen schon, zumindest theoretisch. Ich hatte vorher schon ein paar Labbies und ich liebe diese Rasse. Großartige Familienhunde. Ich lernte beide Hunde kennen und sie waren beide wunderbar und ich vermute, ich hätte den Ersten genommen. Er war ein bisschen jünger und sah besser aus, aber es gab keine Verbindung zwischen uns. Wir gingen gemeinsam ins Freie und er ignorierte mich mehr oder weniger. Zuerst dachte ich, na ja, er ist ein netter Hund, ich muss ihm nur etwas Zeit geben. Doch dann traf ich den anderen Hund und es war sofort eine Verbindung da."

In gewissem Sinne erinnert mich die Beziehung zwischen manchen Planern und ihren tierischen Gefährten an eine arrangierte Ehe. Sie stellten Anforderungen an die Kompatibilität, die keine „Liebe auf den ersten Blick" mit einschloss. Tatsächlich waren die Planer der Ansicht, dass die Liebe auf den ersten Blick keine gute Basis für eine gute Passung ist. Sie erwarteten zwar, etwas für das Tier zu empfinden (eine „Verbindung"), doch dieses Gefühl allein reichte nicht aus. Eine Planerin beschreibt beispielsweise eine „Verbindung" zu einer Katze, die trotzdem nicht die richtige für sie war:

„Ich besuchte regelmäßig die Internetseite und ich kam viele Male ins Tierheim, wenn ihr eine Siamkatze hattet, da ich so eine wollte. Im Laufe der Zeit lernte ich einige kennen. Ich erinnere mich an eine, sie war so niedlich. Ich hatte wirklich das Gefühl, wir hätten eine Verbindung zueinander. Sie war jedoch zu alt und hatte langes Haar. Schließlich lernte ich eine [andere Katze] kennen, und die war es. Sie sah so aus, wie ich es mir vorgestellt hatte. Sie war im richtigen Alter, sie hatte die richtige Größe. Auch zwischen uns gab es eine Verbindung. Gleich von Anfang an. Es war einfach etwas da."

Die Zurückhaltung der Planer, Gefühle als Basis für die Adoption eines Tieres zuzulassen, offenbart etwas Wichtiges über die emotionale Kultur der amerikanischen Mittelklasse. Insbesondere zeigt sie eine Ambivalenz hinsichtlich der Verlässlichkeit von Gefühlen als Ratgeber. Bevor ich jedoch darauf eingehe, möchte ich zunächst noch zum Vergleich die Bedeutung der „Verbindung" für die Unvoreingenommenen darlegen.

Die Unvoreingenommenen und die Verbundenheit

Die Unvoreingenommenen legten mehr Gewicht auf die „Verbindung" und ihre Signalfunktion als die Planer. Wie die Planer deuteten sie das Potenzial einer „Verbindung" anhand der Bereitschaft des Tieres zur Kontaktaufnahme. Eine Kundin suchte nach dem Tod ihres Mannes nach einer Katze, die ihr Gesellschaft leisten sollte. Sie schaute in alle Katzenzimmer und sagte, sie hätte jede der Katzen nehmen können; sie entschied sich jedoch für die Katze, die ihre winzige Pfote durch das Gitter streckte, als wollte sie sich vorstellen. Sowohl unter Hunden als auch Katzen ist die Bereitschaft, mit Menschen Kontakt aufzunehmen, ein wichtiger Weg, um „Ich mag dich" zu vermitteln.

Da die Unvoreingenommenen ohne eine bestimmte Vorstellung bezüglich des Aussehens ihres neuen Tieres ins Tierheim kommen, ist die „Verbindung" wichtig. Oft sind die Gefühle stark und klar. Eines meiner liebsten Beispiele ist Marc Bekoffs Schilderung seiner Gefühle, als er seinen Hund Jethro das erste Mal sah und mit nach Hause nahm. Bekoff ist ein Pionier auf dem Gebiet der Erforschung des kognitiven und emotionalen Lebens von Tieren. Seine Geschichte über das unverkennbare Band zu einem Hund aus dem Tierheim widersetzt sich allen wissenschaftlichen Methoden:

„Ich ging einfach in die Humane Society und fühlte die unmittelbare Verbundenheit. Es war, als würde mein Körper wie von einem Magneten in die hinterste Ecke des Raumes gezogen, wo ich diesen Hund fand, der zu mir hoch starrte. Ich kann es nicht erklären, doch es war ein warmes, wundervolles Gefühl, das mich völlig gefangen nahm, ein Gefühl, das ich über 25 Meter und über all die Zwinger hinweg spürte. Ich wusste, ich hatte einen Gefährten gefunden, noch bevor ich ihn sah. Ich bin ein erfahrener Wissenschaftler. Ich sollte solche universellen Verbindungen nicht spüren – sie bringen mir Ärger mit meinen Kollegen ein. Ich spüre sie dennoch.“ (zit. nach Schoen 2001, 172)

Wie Bekoff beschreiben auch andere, wie etwas in ihnen „ausgelöst“ wurde oder wie sie eine „Anziehungskraft“ verspürten, die von einem bestimmten Tier ausging. Sie führen dies ebenfalls üblicherweise auf ihre Bestimmung zurück, mit einem Tier zusammen zu sein; auf das unmittelbare Wissen, dass dies ihr Hund oder ihre Katze ist.

In manchen Fällen vermittelt das Gefühl einer „Verbundenheit“ nicht nur „Ich mag dich“, sondern auch „Ich bin wie du“ und demonstriert so das Bindeglied zwischen Ähnlichkeit und Zuneigung. Die Frau des dritten Beispiels zu Beginn dieses Kapitels fühlte sich beispielsweise zweifellos zu einem Kater hingezogen, der, nach allem, was man hörte, nicht sehr attraktiv war. Er war ein Streuner gewesen. Wir wussten wenig über ihn, nur, dass er durch die Freundlichkeit eines Mannes ins Tierheim gekommen war, der sich um das Wohlergehen des Katers, der vor seinem Laden herumlungerte, sorgte. Wir kannten sein Alter nicht, aber er war kein Jungspund mehr, vermutlich war er bereits an die 15 Jahre alt. Bevor er ins Tierheim kam, war er in Kämpfe mit anderen Katzen verwickelt gewesen und die Tierärzte mussten ihm einen Abszess ausräumen sowie eine klaffende Wunde an seinem Kopf nähen. Dazu hatte man ihn rasieren müssen, wobei die Narben früherer Kämpfe, die er über all die Jahre ausgefochten hatte, zum Vorschein gekommen waren. Der Kater hatte sich auf einer Pflegestelle erholt und sein

Fell begann bereits wieder nachzuwachsen, doch sah er immer noch aus wie der alte Kämpe der Straße, der er ja war. Zudem hatte er nur noch wenige Zähne. Trotzdem fand er an diesem Tag ein neues Zuhause. Die Frau, die eine „Verbundenheit" mit ihm spürte, hatte nach einer erlittenen Kopfverletzung erst wieder lernen müssen zu sprechen und andere Dinge zu tun, die die meisten von uns als selbstverständlich nehmen. Zwei Operationen hatten Narben an ihrem Kopf hinterlassen. Für sie war es, als wäre sie an jenem Tag auf einen Seelenverwandten gestoßen. Für sie und für viele andere bedeutete dieses Gefühl in Bezug auf Tiere: „Ich bin es! Nimm mich! Es ist uns bestimmt, zusammen zu sein." Auch Alger und Alger (2003, 159) stellten fest, dass der häufigste Grund, weshalb sich Menschen für eine bestimmte Katze entscheiden, ihr Glaube ist, die Katze hätte sie ausgesucht.

Die Ambivalenz in der emotionalen Kultur

Die Planer und die Unvoreingenommenen veranschaulichen gemischte Botschaften, die von der emotionalen Kultur vermittelt werden. In vielen Bereichen unseres Lebens verlassen wir uns auf unsere Gefühle, die uns mitteilen, was „wirklich" in uns vorgeht. Wir glauben, dass unsere Gefühle unsere wahren Wünsche und Absichten offenbaren. Wie Hochschild (1983, 190) es so gut ausdrückt, „legen wir als Teil einer Kultur einen noch nie da gewesenen Wert auf spontane, ‚angeborene' Gefühle." Dieses Paradigma wird auch als „organisches" Emotionsmodell bezeichnet, das vor allem auf der Arbeit Darwins, Freuds und James' beruht.[9] Dabei werden Gefühle mit Instinkt gleichgesetzt, der zu Handlungen führt, die in Einklang stehen mit dem vermeintlichen „wahren" Selbst. Der „organischen" Perspektive zufolge existieren Gefühle sowohl unabhängig von den „Gefühlsregeln", die sich auf die Situation beziehen, und der Selbstbeobachtungsgabe des Menschen, der die Gefühle erfährt. Daraus folgt, dass Gefühle als ungemein verlässlicher Wegweiser in der Interaktion fungieren. Wenn Gefühle das „wahre" Selbst erkennen lassen, ist diese Wahrnehmung, wenn sie nicht durch eine offenkundige „Kontamination" von außen beeinträchtigt wird, unbestreitbar gewaltig.

Neben dem Respekt gegenüber „angeborenen" Emotionen existiert jedoch auch der Argwohn. Wir mögen akzeptieren, Gefühle als vom Instinkt geleitet anzuerkennen, gleichzeitig bezeichnen wir jedoch einige von ihnen als gefährlich, besonders, wenn sie intensiv sind, denn sie gefährden die Rationalität. Die meisten Menschen würden beispielsweise ein Gefühl wie Ärger als gefährlich bezeichnen und die Meinung vertreten, ein solches Gefühl dürfe niemals als Grundlage einer Handlung dienen. Das Beste, was man tun kann, wenn man Ärger verspürt, ist es, mit ihm „umzugehen", um ein Wort aus dem derzeitigen emotionalen Wortschatz zu gebrauchen. Auch Schuldgefühle führen laut vieler Menschen nicht zu vernünftigem Verhalten, da sie sowohl der Grund für, als auch die Konsequenz aus einer psychologischen Schädigung sein können (vgl. Irvine 1999). Es stellt sich also die Frage, welche Gefühle unter welchen Umständen Anzeichen des „wahren" Selbst sind. Historiker haben dieses Thema analysiert, indem sie dem Aufkeimen und Abflauen bestimmter Gefühle in der emotionalen Kultur Nordamerikas nachspürten. Im Laufe des 20. Jahrhunderts entwickelte die amerikanische Mittelschicht einen moderaten emotionalen Stil, der eine „einheitlich kühle und kontrollierte Persönlichkeit" (Stearns 1994, 263) kennzeichnet.[10] Es besteht eine klare, jedoch unausgesprochene Präferenz dazu, zur Schau zu stellen, dass man alles unter Kontrolle hat. Verschiedene Studien haben ähnliche Verschiebungen hin zur emotionalen Beschränkung und Bestrafung intensiver Gefühle in zahlreichen anderen westlichen Industriestaaten dokumentiert (vgl. de Swaan 1981; Gerhards 1989; Wouters 1991), die Vereinigten Staaten haben jedoch eine Vorreiterrolle (vgl. Sommers 1984).[11] Kurz gesagt: Diese auf Vorsicht bedachte emotionale Kultur dämpft unseren Drang, einzig und allein oder hauptsächlich aufgrund unserer Gefühle zu handeln.

Um wieder auf die Untersuchung der potenziellen neuen Tierhalter zurückzukommen: Die Planer waren auf der Suche nach einem bestimmten Typ Tier und die „Verbindung“ besiegelte den Bund. Die „Verbindung“ war wichtig, jedoch nur im Zusammenspiel mit anderen Eigenschaften des Tieres. Mit anderen Worten: Die „Verbindung“ war wichtig, reichte jedoch nicht aus, um eine perfekte Wahl zu treffen. Im Gegensatz dazu hatten die Unvoreingenommenen keinen bestimmten Typ von Tier im Sinn. Die emotionale Erfahrung entstand also ohne bestimmte Erwartungen; sie war reine, unverfälschte, „aus dem Herzen kommende“ Intuition.

Verbundenheit und Motiv

Die Erfahrung, sich dazu bestimmt zu fühlen, ein ganz bestimmtes Tier zu adoptieren, hat eine sehr bedeutende Funktion. Es ist für mich wie das Bekenntnis zu einem Motiv, in dem Sinne, wie es von May Weber (1986 [1922]) definiert und später von C. Wright Mills vertieft wurde. Ein Motiv bezieht sich auf „einen Bedeutungskomplex, der dem Akteur selbst oder dem Beobachter einen angemessenen Grund für seine Handlungsweise liefert.“ (Mills 1940, 906) Motive geben Antworten auf „Wie?“- und „Warum?“-Fragen, sie sind jedoch keine Bezeichnungen oder Begründungen für unser Handeln. Sie dienen auch als Weg, um andere und uns selbst dahingehend zu beeinflussen, unsere Handlungsweise in einem besonderen Licht zu sehen. Wir denken uns Motive aus für den Fall, dass unser Handeln in Frage gestellt wird. Zum Beispiel: „Warum hast du *diesen* Hund adoptiert?“ oder: „Ich wusste gar nicht, dass du Siamkatzen magst.“, „Warum hast du dich gerade für *den* entschieden?“ Angesichts solcher Fragen oder ihrer bloßen Erwartung ist „Ich war dafür bestimmt“ ein unanfechtbares Motiv. Zudem ist es mit dem „organischen“ Emotionsmodell vereinbar. Ein Planer wird beispielsweise kaum über die Eigenschaften hinaus, die das Tier für ihn zur perfekten Wahl machten, von einer magnetischen Anziehungskraft sprechen. Ein Unvoreingenommener muss jedoch eine Erklärung für seine relativ willkürliche Wahl finden. Wenn ich außerdem glaube, dass ein Tier auf eine Art und Weise dafür „bestimmt" ist, mit mir zu leben, folgt daraus auch die vielversprechende Folgerung, dass diese Beziehung von Dauer und von besonderer Bedeutung für mich sein wird. Im besten Fall wird dieses Gefühl der Beziehung durch die schweren Zeiten helfen, die jede Beziehung mit sich bringt. Mein Glaube daran, dass Skipper und ich füreinander bestimmt sind, hat mich beispielsweise viele seiner Verhaltensweisen akzeptieren lassen, die ein anderer nicht akzeptiert hätte. Meine Motive haben sich im Laufe der Zeit geändert, was Mills Behauptung stützt, dass es sich bei Motiven eher um Strategien denn um buchstäbliche Beweggründe handelt. Anfänglich hätte ich meine Zuneigung zu Skipper mit den Worten: „Es war vorherbestimmt, dass ich sein Frauchen werde" erklärt. Drei Jahre später, mitten in der Arbeit an diesem Buch, ertappe ich mich nun dabei, dass ich sage, wir sind zusammengekommen, weil ich einen Lehrer brauchte. Hätte ich einen anderen Hund aufgenommen, hätte ich niemals so viel über das Verhalten von Hunden oder über mein eigenes Verhalten in der Beziehung zu einem Hund gelernt.

Letzten Endes streben alle potenziellen neuen Halter nach einer „Verbindung" zu einem Tier, auch wenn sie dabei unterschiedlich vorgehen. Unabhängig davon, ob sie nach einem bestimmten Typ von Tier suchten oder ob sie sich überraschend verliebten, der gemeinsame Nenner war stets das Gefühl, dass sie und das Tier „füreinander bestimmt" waren. Es wäre einfach, dieses Gefühl als vermenschlichende Projektion abzutun, aber damit würde man dieser Wahrnehmung Unrecht tun. Denn wenn das Gefühl einer „Verbindung" zu einem Tier allein durch Vermenschlichung zustande käme, könnten Menschen beinahe alles in ein Tier hineinprojizieren.

Alle künftigen Halter versuchen herauszufinden, wie der Hund oder die Katze ist. Mit anderen Worten: Sie versuchen, eine Art Vorschau auf das Selbstgefühl des Tieres zu erhaschen. Die Suche nach einem Hund oder einer

Katze als Gefährten ist der nach einem menschlichen Freund sehr ähnlich (obwohl es zugegebenermaßen leichter ist, Kontakt mit einem Hund oder einer Katze aufzunehmen). Die meisten von uns kennen Menschen, die uns sofort vertraut schienen. Man fühlt, dass man „man selbst“ sein kann. Genauer gesagt: Man fühlt, dass man so *viel* „man selbst“ sein kann, wie es einem möglich ist. Man projiziert nicht nur – und wenn doch, dann ist die Beziehung nicht von Dauer oder verläuft nicht problemlos. Natürlich entsteht dieses Gefühl vor allem, wenn man Gemeinsamkeiten hat, doch das ist es nicht allein. Wenn dem so wäre, hätten die meisten von uns wahrscheinlich weit mehr Freunde. Es hängt von einer Passung des Selbst der Beteiligten ab und deutet auf eine solche Passung hin. Dies trifft auch auf Tiere zu. Das folgende Kapitel beschäftigt sich damit, wie sich das Selbst eines Tieres dem Menschen offenbaren kann.

Kapitel 6

Gedanken zum Selbst
Meads Kurzsichtigkeit

Wie sind Tiere wirklich? Wie sehr können wir unserer gedankenlosen Wahrnehmung von ihren Ängsten, ihrer Treue und Klugheit vertrauen? Inwieweit sollten wir dem Impuls folgen, eine strikte Trennlinie zwischen ihnen und uns zu errichten? Das ist also die Frage. Wie sollen wir entscheiden?

Stephen R. L. Clark (1982, 2)

Die Beobachtungen, die ich im Vermittlungsbereich des Tierheimes machte, sind wahrscheinlich für viele Leser nachvollziehbar, die sich mit den potenziellen neuen Haltern identifizieren können, die eine Verbindung zu den Tieren fühlen, oder aber mit den Besuchern, die Freude daran haben, die Tiere anzuschauen und mit ihnen zu interagieren. Doch so vertraut uns diese Beobachtungen erscheinen mögen, sie allein liefern uns keine Theorie zum Verständnis unserer Beziehung zu Tieren. Die Theorie ergibt sich bei der Suche nach dem Motiv, das der Freude und dem Interesse an der Interaktion zwischen Mensch und Tier zugrunde liegt. Ich behaupte, dieses Motiv ist in dem Gefühl für das Selbst begründet. Tiere bekräftigen und bereichern dieses Gefühl in uns. Damit dies möglich ist, müssen Tiere ebenfalls ein Selbst besitzen. Mit anderen Worten: Tiere tragen also dazu bei, die menschliche Identität zu gestalten, indem sie als Selbst in Bezug zu uns und mit uns interagieren.

Lassen Sie mich einige Beispiele zusammenfassen, um meinen Standpunkt zu erläutern. Die Interaktion, die Besucher und potenzielle neue Halter mit den Tieren hatten, war nicht darauf beschränkt, sie anzuschauen; die Menschen sprachen mit den Tieren und über sie. Unabhängig davon, ob die Absicht bestand, ein Tier aufzunehmen oder nicht, wollte jeder die Namen der Tiere und ihre Geschichten erfahren und sie, wann immer möglich, halten, berühren und mit ihnen außerhalb des Zwingers spielen. Ich habe erwähnt, dass einige Besucher sogar regelmäßig vorbeikamen und eine Beziehung zu Langzeit-Insassen des Tierheims aufbauten. Menschen, die selbst kein Tier halten konnten, kamen trotzdem zu Besuch ins Tierheim; was die Vermutung nahe legt, dass die Interaktion mit Tieren so unerlässlich werden kann, dass ein Leben ohne sie unvorstellbar wird. Darüber hinaus wollten Menschen, die die Internetseiten des Tierheims durchstöbert hatten, Tiere kennen lernen, von denen sie lediglich winzige Vorschaubilder gesehen hatten. Mit anderen Worten: Die Menschen wollten nicht einfach nur wissen, dass diese Tiere existierten, sie verspürten auch den Drang, direkt mit ihnen zu interagieren. Die Verhaltensstruktur der Menschen während der Interaktion in den Vermittlungsbereichen deutet darauf hin, dass sie Tiere in die Gruppe von Lebewesen einbezogen, mit denen es möglich ist, eine Beziehung einzugehen.

Den Besuchern und potenziellen Haltern war es wichtig, die Vorgeschichten der Tiere zu erfahren und, im Fall der Adoption, ihren Bedürfnissen gerecht zu werden. Die Sorge um das Wohlergehen der Tiere offenbarte sich auch in den Aussagen der Menschen: „Sie tun mir so leid.“, und „Ich wünschte, ich könnte sie alle mit nach Hause nehmen.“ Die Menschen drückten für gewöhnlich ihr Interesse an der Freiheit der Tiere aus, indem sie zum Beispiel sagten: „Ich hasse es, sie in Käfigen zu sehen.“ Darüber hinaus waren die Menschen aufrichtig besorgt, wenn die Tiere einen verängstigten Eindruck machten oder sich offensichtlich von einer Operation oder einer Verletzung erholten. Die Rüden im Tierheim müssen beispielsweise nach ihrer Kastration einen Trichter tragen, der sie davon abhalten soll, an ihren Nähten zu lecken und zu knabbern. Sie tragen ihn nur für ein paar Tage nach der Operation, doch die Menschen fragen durchweg, was denn dem „armen Hund“ mit dem weißen Trichter um den Hals passiert ist. Bei den Katzen geschieht dies, wenn sie als Streuner oder völlig vernachlässigt mit derart verfilztem Fell ins Tierheim kommen, dass sie geschoren werden müssen, und manchmal lediglich am Kopf, an den Pfoten und am Schwanz ein wenig Fell übrig ist. Die Angestellten und Freiwilligen des Tierheims sind es gewohnt, auf die Fragen zu den „armen Kätzchen" zu antworten, oft machen wir deshalb Vermerke auf den Karten an den Zwingern zur „schlechten Frisur" des Tieres. Auf diese Weise zeigten Besucher wie potenzielle neue Halter gleichermaßen ihr Interesse an den Bedürfnissen und dem Wohlergehen der Tiere.

Die Interaktionen in den Vermittlungsbereichen offenbarten außerdem, dass Menschen, die bereits Haustiere gehabt hatten (manche von ihnen bereits ihr Leben lang), weniger für das „Kindchenschema" anfällig waren und mit einer größeren Bandbreite an Tieren interagierten. Anders gesagt: Das tierische Kapital machte sich hier bezahlt. Zudem, wie bereits erwähnt, erleichterten die Tiere die sozialen Kontakte der Menschen untereinander; sie waren Auslöser für Gespräche unter den Besuchern und begünstigten damit, die Fähigkeiten zur Interaktion auch in Beziehung zu anderen Menschen einzusetzen. Beziehungen zu Tieren können somit tatsächlich unsere Fähigkeiten zur Interaktion fördern.

Insgesamt offenbarten die Strukturen der Interaktion in den Vermittlungsbereichen drei Hauptbestandteile: die Suche nach einer Beziehung zu anderen Lebewesen (Tieren), den Ausdruck des Interesses am Wohlergehen von Tieren sowie das sich Einlassen auf eine zunehmend komplexere Interaktion. Das Motiv, das diesen Komponenten zugrunde liegt, ist das Selbst. Genauer: Es sind Verhaltensweisen und Handlungen, die Ziele des Selbst offenbaren (vgl. Myers 1998). Die Vorstellung, dass das Selbst Ziele hat, unterstreicht die Tatsache, dass ein Selbst zu „haben" oder zu „sein" es uns erlaubt – oder sogar von uns verlangt – Dinge zu tun. Eines der Dinge, das uns das Selbst ermöglicht zu tun, ist es, „weiter zu sein" (Winnicott 1958). In diesem Sinne ist eines der wichtigsten Ziele des Selbst die Kontinuität. Wenn das Selbst nicht überlebt, wenn es keine Kontinuität besitzt und einfach verschwindet, dann gibt es darüber nichts mehr zu diskutieren. Wenn wir also annehmen, dass wir vieles, was wir tun, aus dem Grund tun, um

„weiter zu sein", dann können wir das Ziel der Kontinuität auf vielen verschiedenen Wegen erreichen. Einer davon besteht darin, Beziehungen einzugehen. Von Mead und anderen Forschern wissen wir, dass sich das Selbst durch Beziehungen entwickelt. Zugegeben: Hat sich das Selbst entwickelt, kann es auch ohne Beziehungen existieren, so dass auch eine Person in Isolation weiterhin ihr Selbst wahrnimmt. Beziehungen ermöglichen es uns jedoch, eine gemeinsame Geschichte zu entwickeln, die gleichzeitig die Geschichte des eigenen Selbst ist (vgl. Irvine 1999). Dementsprechend gewährleistet die Sorge um das Wohlergehen anderer, die sich im Interesse an ihren Bedürfnissen ausdrückt, die Kontinuität, die die Beziehungen bieten, von denen das Selbst abhängt. Myers (1998, 50) erklärt, „das Vorhandensein eines Selbst prognostiziert Interesse an anderen, die wesentlich sind."

Wenn Beziehungen für das Selbst unentbehrlich sind, dann ist es ebenso wichtig, die Fähigkeiten zu stärken, die es möglich machen, Beziehungen einzugehen. Schließlich erfordert die Aufrechterhaltung einer Beziehung Fähigkeiten zur Interaktion, die in erster Linie Beziehungen pflegen. Ein Merkmal einer guten Beziehung ist, dass die Vervollkommnung der Fähigkeiten zur Interaktion uns später in anderen Beziehungen hilft (vgl. Csikszentmihalyi 1990). Eine Beziehung lediglich auf einem gewissen Status quo zu halten, ist besser als nichts, doch immer noch nicht genug. Die Qualität der Interaktion ist ebenfalls ausschlaggebend. Wie Mihály Csikszentmihalyi (1997, 43) es ausdrückt: „Sogar eine träge, oberflächliche Unterhaltung in der Kneipe um die Ecke kann Depressionen vorbeugen. Für eine echte Entwicklung ist es jedoch notwendig, Menschen zu finden, deren Meinungen interessant sind und mit denen die Konversation anregend ist." Gute Beziehungen entstehen, wenn beide Parteien in die Interaktion investieren, wenn sie verbindliche Gespräche führen, wenn sie Fragen stellen und Interesse an ihrem Gegenüber haben. Gute Beziehungen erweitern unsere Fähigkeiten zur Interaktion, da sie von uns fordern, die Dinge aus einer neuen Perspektive zu betrachten und offen für Überraschungen zu sein. Sie bieten „neue Informationen – Nichtübereinstimmung, nicht erfüllte Erwartungen, Herausforderungen – im Kontext eines vertrauten Andersseins." (Myers

1998, 78) Der Lohn dafür ist üblicherweise sofort spürbar. Beide Parteien gehen aus der Interaktion mit einer Vorstellung darüber hervor, wo sie in der Beziehung stehen, und mit dem Gefühl, dass diese Beziehungen die Investitionen in sie wert sind. Diese Beschreibung wird der Erfahrung jedoch nicht wirklich gerecht, denn im Zusammenhang mit guten Beziehungen gibt es vieles, das außerhalb der sprachlichen Ausdrucksfähigkeit und sogar außerhalb der Wahrnehmung liegt. Denken Sie an den Moment, als es bei Ihnen das letzte Mal wirklich „Klick“ gemacht hat. Versuchen Sie nun, die Gründe, weshalb sie diese Person mochten, in Worte zu fassen. Obwohl es wahrscheinlich Elemente der Interaktion gibt, die Sie leicht beschreiben können, existiert vieles auf der reinen Gefühlsebene. Bei manchen Beziehungen macht es „Klick“, weil sie unsere Fähigkeiten zur Interaktion gerade genug herausfordern und dadurch unsere Fähigkeit, Beziehungen zu *haben*, verstärken. Wie bei körperlicher Betätigung auch, bauen wir dabei „Muskeln“ auf, die uns für weitere Herausforderungen wappnen. Schließlich wird die Übung an sich zur Belohnung. Dieser Vorgang von Herausforderung und Belohnung während der Interaktion findet in guten Beziehungen sowohl mit Menschen als auch mit Tieren statt.

Die Interaktionsstruktur zwischen Menschen und Tieren (die Suche nach Beziehungen zu Tieren, das Interesse am Wohlergehen von Tieren und das sich Einlassen auf immer komplexer werdende Interaktionen) zeigte, dass Tiere für das Ich-Bewusstsein von Bedeutung sind. Nun stellt sich jedoch die Frage, *auf welche Weise* sie von Bedeutung sind. Und wodurch unterscheiden sich die Tiere von anderen Dingen, die ebenfalls Einfluss auf unseren Sinn vom Selbst haben? Der Schlüssel liegt in der subjektiven Präsenz der anderen. Wir müssen glauben, dass die Interaktion einen Ursprung hat, und wir müssen die anderen als Wesen wahrnehmen, die, wie wir selbst, über einen Verstand, einen Glauben und über Wünsche verfügen. Dies liefert uns nicht nur die Bestätigung für das Selbstempfinden anderer, es bestätigt auch unser eigenes. Wie nehmen wir die subjektive Präsenz anderer wahr? Bei Menschen können wir uns auf Selbstzeugnisse stützen. Diese sagen jedoch mehr über deren Maßstäbe aus, als über irgendetwas anderes. Die Antworten geben Aufschluss darüber, was Menschen unter einer guten, wünschenswerten und akzeptablen Darstellung der eigenen Persönlichkeit verstehen. Sie liefern eine Beschreibung der Persönlichkeit, die durch das Bewusstsein verändert und von der Sprache geformt wurde. Sie offenbaren ein Selbst, im Bewusstsein gefiltert und durch Sprache geformt. Sie weisen darauf hin, wie Menschen über das Selbst sprechen und denken. Ein noch stärkerer Widerspruch ist, dass wir uns, sogar bei anderen Menschen, hinsichtlich der Informationen zum Ich-Bewusstsein nicht in erster Linie und auch nicht ausschließlich einfach auf die Sprache verlassen. Goffman (1959) schrieb, dass nur ein Teil des Selbst durch „gegebene Eindrücke" vermittelt wird; andere Teile kommen durch die „ausgestrahlten Eindrücke" zum Vorschein. Die Vorstellung, dass Sprache für die Subjektivität unerlässlich ist, ist in der Erforschung des Selbst nichtsdestotrotz tief verwurzelt.

George, darf ich vorstellen: Washoe, Koko und Alex

George Herbert Mead (1962 [1934]) ist in hohem Maße verantwortlich für die gewichtige Rolle, die die Sprache in der Sozialpsychologie einnimmt. Sprache stellte die „offizielle" Trennlinie zwischen Menschen und Nichtmenschen dar, da sie es uns unter anderem ermöglicht, die Symbole für das Selbst, wie unseren Namen und die Namen anderer Dinge, zu verstehen und auszudrücken. Sie erlaubt es uns, über uns selbst zu sprechen, ein Bild von uns selbst zu entwerfen, uns zu erinnern, und wir sprechen sogar davon, uns selbst einen Fußtritt zu verpassen oder uns selbst auf die Schulter zu klopfen. Obwohl uns, wie wir sehen werden, in der Tat die Fähigkeit zu sprechen in die Lage versetzt, Dinge zu tun, die andere Spezies nicht tun können, verlieh

Mead (wie auch andere Forscher nach ihm) „der Sprache eine Bedeutung, der sie nicht gerecht werden kann“ (Myers 1998, 121; vgl. auch Hanson 1986).

Mead entwickelte eine Version der rationalistischen Tradition weiter, die von Aristoteles begründet und von Descartes weiterverfolgt wurde; Descartes' Zitat: „Ich denke, also bin ich“, verlangt nach der Fähigkeit, über das Denken zu sprechen.[1] Myers (1998, 39) meint dazu: „Mead ersetzte die laut Aristoteles und Descartes für die Andersartigkeit der Menschen verantwortlichen Eigenschaften – „Seele“ und „Verstand“ – durch eine säkularisierte Version: das Sprachverhalten.“ Obwohl Mead den Tieren ihre eigene soziale Ordnung zugestand, behauptete er, ihre Interaktion fände in Form einer „Kommunikation durch Gesten“ statt. Der Begriff bezieht sich auf primitive, instinktgesteuerte Handlungen, zum Beispiel wenn ein Hund einen anderen Hund anknurrt oder eine Katze einen Gegner anfaucht. Mead betrachtete diese „Kommunikation durch Gesten“ als belanglos, da es angeblich nur eine mögliche Reaktion auf das Knurren gibt. Meads Ansicht nach sendet ein Hund, der knurrt, oder eine Katze, die faucht, einfach einen Reiz aus, der bei allen anderen Hunden und Katzen eine „Rückzugsreaktion“ auslöst. John Hewitt (2000, 9) meint dazu: „Kein Tier ‚entscheidet' oder ‚macht sich Gedanken' darüber, auf eine bestimmte Art zu handeln.“ Dieser Ansicht nach mag das Verhalten von Tieren zielorientiert sein, so dass es danach strebt, Futter zu finden, sich fortzupflanzen oder das Revier zu verteidigen, dem Verhalten fehlen dann jedoch der Vorsatz und die Mehrfachbedeutung, die das menschliche Handeln charakterisieren.[2]

Im Gegensatz dazu verwenden Menschen stimmliche „Gesten“, die wir „Sprache“ nennen. Mead bezeichnet Sprache als „signifikante Symbole“: *signifikant* deshalb, weil sie angeblich bei Sender wie Empfänger eine gemeinsame Definition einer Situation hervorruft. Dadurch ermöglicht es die Sprache den Menschen, die Folgen ihrer Handlungen vorauszusehen, Alternativen in Betracht zu ziehen und ihre Handlungen mit anderen abzustimmen. Das häufig verwendete Beispiel in diesem Zusammenhang ist, wenn jemand „Feuer!“ ruft. Laut Mead löst dieses Wort nicht nur einen

Fluchtreflex aus, wie er es dem Knurren von Hunden unterstellt. Stattdessen erzeugt das Wort ein Bild von der Situation und der eigenen Position in ihr, was es dem Individuum erlaubt, verschiedene mögliche Handlungspläne zu entwerfen – oder sich dafür zu entscheiden, abzuwarten und zu sehen, wie die anderen reagieren. Mittels dieser Prozesse von Imagination und Kontrollreaktionen wird das Selbst als ein Objekt konstituiert.

Nach Meads Ansatz erlaubt es uns die gesprochene Sprache also, ein Selbst zu entwickeln, indem wir uns selbst als Objekte sehen und indem wir Situationen Bedeutung verleihen. Mead war darüber hinaus der Ansicht, dass die Sprachfähigkeit sowohl Ursache als auch Wirkung des menschlichen Verstandes war. Wir werden mit der Fähigkeit zur Sprache geboren, und während wir lernen, sie zu nutzen, stellen wir uns verschiedene Perspektiven und mögliche Handlungspläne vor. Außerdem: Dadurch, dass wir uns Situationen vorstellen, unser Verhalten kontrollieren und unsere Handlungen mit anderen abstimmen, haben wir an der Gesellschaft Anteil und erschaffen sie neu – daher der Titel von Meads Hauptwerk *Geist, Identität und Gesellschaft aus der Sicht des Sozialbehaviorismus* (1934 [2005]). Da Tieren die Fähigkeit fehlt, signifikante Symbole zu verwenden, erklärt Mead sie als unfähig, ein sinnvolles Sozialverhalten zu entwickeln. Wie Mead es ausdrückt: „Das Tier hat keinen Verstand, kein Denkvermögen und somit hat [das Verhalten der Tiere] keine wichtige oder sich seiner selbst bewusste Bedeutung." (zit. nach Strauss 1964, 168). Jegliches Anzeichen von Verstand, das wir Menschen Tieren zuschreiben, ist laut Mead bloße vermenschlichende Projektion.

Die Fallstricke dieser Betrachtungsweise sind zahlreich. Erstens: Durch die Einordnung der gesprochenen Sprache als „signifikant" und alles andere als „lediglich" instinktgesteuert, begeht Mead (und folglich die Sozialpsychologie) denselben Fehler, wie zuvor Descartes. Mead schafft dadurch zwei Bewusstseinszustände: einen für diejenigen, die darüber sprechen können und einen anderen, niedrigeren für diejenigen, die das nicht können. Sowohl Mead als auch Descartes hatten Gründe für diese Ansicht, doch wie immer diese Gründe aussahen, es fehlte ihnen an der empirischen Grundlage.

Bewusst oder nicht setzten beide auf eine ideologische Behauptung, die die Überlegenheit des Menschen bewahrte. Descartes' Ansichten rechtfertigten die Ausbeutung von Tieren, die zu seiner Zeit vorherrschte, und Meads Vorstellungen verhalfen einer unsicheren Sozialwissenschaft dazu, ihre menschlichen Forschungsobjekte von „bloßen" Tieren zu unterscheiden, die zwar ein Verhalten, aber keine bedeutungsvolle Interaktion zeigen konnten. So bequem es auch war, die gesprochene Sprache als Trennlinie zu benutzen, repräsentierte dieses Vorgehen einen definitorischen Schachzug ohne empirischen Hintergrund (vgl. Allen und Bekoff 1997).

Zum Zweiten haben seit Mead umfangreiche Studien die Behauptung widerlegt, dass gesprochene Sprache eine rein menschliche Begabung ist. Zahlreiche Spezies haben gelernt, mit Hilfe von Symbolen, Computertastaturen und Gebärdensprache zu kommunizieren. Washoe, der erste Schimpanse, der die amerikanische Gebärdensprache erlernte, verfügte über einen 140 Gesten umfassenden aktiven Wortschatz und kannte doppelt so viele, aus zwei Gesten bestehende Zeichenkombinationen. Koko, eine Flachland-Gorilladame, die von der Psychologin Penny Patterson aufgezogen wurde, beherrscht mehr als 600 Zeichen. Kritiker sagen, es sei eine Sache, die Namen von Dingen zu lernen und eine völlig andere, die Bedeutung von Sprache zu verstehen und sie anzuwenden, um sie selbst neu zu definieren. Koko und andere Primaten haben jedoch gezeigt, dass sie die Gebärdensprache verstehen und in anderen Zusammenhängen anwenden als bei den Basisübungen, in denen sie Objekte, die ihnen von ihren Menschen gezeigt wurden, benennen mussten. In dem Buch *The Education of Koko* (Patterson und Linden 1981) wird ein Vorgang beschrieben, der von Barbara Hiller beobachtet worden war, die jahrelang mit Koko gearbeitet hatte. Eines Tages sah Hiller Koko mit einigen weißen Handtüchern spielen und dabei die Gebärde für die Farbe Rot machen. Beim Anblick der weißen Handtücher korrigierte Hiller Koko, die daraufhin das Zeichen für „Rot" nur noch größer beschrieb, was in der Gebärdensprache die Bedeutung eines Wortes unterstreichen soll. Hiller korrigierte Koko wieder, die daraufhin mit noch ausladenderer Gebärde „Rot" signalisierte. Hiller korrigierte Koko erneut, die die Gebärde nochmals und mit noch mehr Nachdruck wiederholte – und schließlich einen roten Fussel von dem weißen Handtuch zupfte, so dass Hiller ihn sehen konnte.

Die Fähigkeit zur Verwendung von Symbolen ist im Falle von Primaten nicht wirklich überraschend, die eine „Grenz-Spezies" zwischen Mensch und Tier darstellen. Doch auch andere Arten haben sich als fähig erwiesen, die lange Zeit als Zeichen menschlicher Überlegenheit geltenden Hilfsmittel anzuwenden. Pepperbergs (1991) Langzeitforschung mit Alex, einem 22-jährigen afrikanischen Graupapagei zeigt, dass Vögel Sprache anwenden können. Alex hat bewiesen, dass er viel mehr kann, als Objekte zu benennen, eine Übung, die er im Rahmen von Pepperbergs Forschung endlos oft hatte wiederholen müssen. Alex hat sich als fähig erwiesen, Regeln zu brechen, was wiederum darauf hindeutet, dass er die Regeln nicht nur kennt, sondern auch die abstrakte und komplexe Bedeutung eines Regelverstoßes erfassen kann. Ein Streich, den Alex beispielsweise spielte, um seinem Ärger über die sich ständig wiederholenden Übungen Ausdruck zu verleihen, war es, so oft Objekte falsch zu benennen, dass es ganz klar wurde, dass er das absichtlich tat. Darüber hinaus gab er jedes Mal eine andere falsche Antwort, so dass die verärgerten Forscher schließlich aufgaben. Dies könnte natürlich auch auf die statistische Wahrscheinlichkeit statt auf Widerstand zurückzuführen sein, die Chancen auf so viele falsche Antworten hintereinander sind jedoch extrem gering (vgl. Linden 1999, 40).

Drittens: Die Hervorhebung der gesprochenen Sprache drängt die Bedeutung anderer Kommunikationsformen in den Hintergrund. Obwohl wir Tiere – und auch stumme Menschen – nicht bitten können, uns etwas über sich zu erzählen, gewinnen wir durch andere Verhaltensweisen Information in Hülle und Fülle, so zum Beispiel aus dem Handlungsrahmen, wie schon erwähnt. Wissenschaftler haben dies bereits bei geistig Behinderten (z. B. Pollner und McDonald-Wikler 1985; Bogdan und Taylor 1989), bei Alzheimerpatienten (z. B. Gubrium 1986) und Säuglingen (zum Beispiel Brazelton 1984; Stern 1985) erkannt. Im Rahmen ihrer Studien untersuchten sie, wie die für die Pflege zuständigen Personen den Verstand und das Selbst derjenigen artikulieren, die keine Möglichkeit dazu haben, sich selbst auszudrücken. Sie zeigen, wie andere „buchstäblich den Verstand und das Selbst derer, die nicht sprechen können, weitervermitteln", aufbauend auf ein sich langsam abzeichnendes Gefühl für die innere Haltung (bei Säuglingen oder geistig Zurückgebliebenen) oder sich auf eine bestehende Identität stützend (im Falle von Alzheimerpatienten) (Hollstein und Gubrium 2000, 152). Selbst bei Menschen, die sich ausdrücken können, verstehen wir, was ein bestimmter Blick, ein Anspannen der Schultern, ein Zwinkern oder ein Seufzen bedeuten kann. Viele von uns haben früh gelernt, den Unterschied zu erkennen: Ich bin sicher nicht die Einzige, die eine Mutter gehabt hat, die mir erklärte, dass nicht das, was ich gesagt hatte, sondern die Art, wie ich es gesagt hatte, mich in Schwierigkeiten gebracht hatte. Wenn Mead Recht gehabt hätte, hätten viele von uns so frech zu unseren Eltern sein können, wie wir nur wollten, denn sie hätten trotzdem verstanden, was wir eigentlich meinten. Wie Myers (1998, 121) jedoch feststellt, meinte Mead,

> *„dass es allein die Verständlichkeit des gesprochenen Wortes ist, die einer Person die Möglichkeit gibt, sich mit den Empfindungen der anderen zu identifizieren oder Zugang zu ihnen zu haben. Es gibt hier jedoch ein Problem, denn wir hören unsere eigenen Worte nicht, wie andere sie hören – aus Gründen der Anatomie, Physik und verschiedener Blickwinkel hinsichtlich der Bedeutung. Worte müssen interpretiert werden, sie funktionieren nicht automatisch... mithilfe von Worten können wir uns selbst ausdrücken oder Eigenschaften unseres Selbst zusammenfassen – wenn jedoch eine Persönlichkeit auf diese Weise greifbar wird, dann geschieht es in anderer Weise als durch bloße Hörbarkeit, dass die Sprache die Selbstreflexion greifbar macht."*

Die Überbetonung der Sprache führt eindeutig dazu, dass ein großer Teil der Interaktion als Quelle von Informationen, die zur Entwicklung des Selbst beitragen, verloren geht. Zudem beschränken sich so die signifikanten

Interaktionspartner auf andere Menschen. Wenn wir zumindest teilweise anerkennen können, dass auch Einflüsse über die gesprochene Sprache hinaus von Bedeutung sind, dann können Tiere an der Gestaltung des menschlichen Selbst teilhaben. Dies lässt jedoch die zwei Fragen unbeantwortet, die ich bereits weiter oben aufgeworfen habe. Auf die Frage, wie Tiere an der Gestaltung des Selbst teilhaben, gehe ich in den folgenden Kapiteln ein. Die zweite Frage, inwieweit sich Tiere von den anderen Dingen, die zur Erschaffung des Selbst beitragen, unterscheiden, möchte ich hier aufgreifen.

Zahlreiche andere Dinge können zur Bildung des Selbst beitragen – und tun es auch. Kunst, Musik, Hobbys, die Natur und Bücher tragen zur Entwicklung des menschlichen Selbst bei. Ich behaupte, dass sich die Interaktion mit lebendigen Wesen davon unterscheidet. Die Forschung bestätigt, dass dies in der Tat der Fall ist. Der Verhaltensforscher James Watson veranschaulichte in einem berühmten Experiment mit einem elf Monate alten Jungen, in der Fachliteratur als „Little Albert“ bekannt, die Konditionierung von Kindern. Watson kombinierte ein lautes Geräusch mit dem Anblick einer lebendigen Ratte und konditionierte das Kind auf diese Weise, vor der Ratte Angst zu haben. Der Verhaltensforschung zufolge sollte es keinen Unterschied machen, ob das verwendete Objekt lebt oder nicht; wichtig war, dass die Reaktion darauf konditioniert werden konnte. Die Psychologin Elsie Bregman zeigte später jedoch, dass diese Annahme fehlerhaft war. Sie wiederholte Watsons Experiment, verwendete jedoch Holzklötze und Lumpen, und stellte fest, dass die ursprüngliche Angst mit der Zeit nachließ, was nicht der Fall war, wenn eine Ratte sie hervorgerufen hatte. Kleinkinder können demnach zwischen lebenden und leblosen Dingen unterscheiden.[3] Die Schlussfolgerung, die sich daraus ziehen lässt, ist, dass Tiere eine Möglichkeit zur Interaktion bieten, die der Interaktion mit anderen Menschen ähnlich ist (obwohl sie gleichzeitig auch sehr unterschiedlich ist). Sie bieten also etwas, was Holzklötze und Lumpen nicht bieten können. Im Verlauf meiner eigenen Studien habe ich dies bei Kindern selbst feststellen können. Im „Mobilen Tierheim“ gibt es eine aus Plastik gegossene, hohle, etwa einen Meter hohe Statue eines Hundes und einer Katze, die als Sammeldose für Geldspenden dient. Kleine Kinder sind – zunächst – von der Spardose fasziniert. Sie berühren die Nase oder die Ohren des Hundes und „miauen" die Katze an. Manchmal trägt der Hund ein Halstuch oder ein Halsband und die Kinder versuchen, diese Dinge herunterzunehmen oder sie zu verrücken. Sie streicheln die beiden Tiere und stecken ihre Finger in den Schlitz am Kopf des Hundes, in den das Geld geworfen wird. Schließlich macht sich jedoch ihre Präferenz für die lebendigen bzw. „richtigen" Tiere gegenüber der leblosen Tierfigur bemerkbar. Obwohl sie oft einige Minuten damit verbringen, die Plastiktiere zu untersuchen und mit ihnen zu reden, verbringen sie mit den richtigen Tieren so viel Zeit, wie Mama und Papa es erlauben.

Der Unterschied zwischen der Bedeutung, die Tiere für das menschliche Selbst haben, und der Bedeutung von leblosen Objekten hängt mit der subjektiven Präsenz zusammen. Interaktion braucht einen Ursprung und wir müssen erkennen können, dass der andere wie wir selbst über einen Verstand, Absichten und Wünsche verfügt. Dies liefert nicht nur die Bestätigung für das Selbst des anderen, sondern auch für unser eigenes. Wie nehmen wir die subjektive Präsenz eines anderen wahr? In Bezug auf andere Menschen können wir uns auf Eigenbeschreibungen verlassen, da wir eine gemeinsame Sprache teilen; wie bereits erwähnt, sagen diese Eigenbeschreibungen jedoch mehr über die Normen aus, die ihnen zugrunde liegen, als über etwas anderes. Wenn ich Sie zum Beispiel bitte, sich selbst zu beschreiben, werden Sie eine Beschreibung ihres Selbst abgeben, die durch das Bewusstsein verändert und durch Sprache geformt wurde. Auch wenn das an sich interessant ist, handelt es sich hier um bereits „überarbeitete" Informationen. Es zeigt, wie Menschen über ihr Selbst sprechen und denken. Es drückt nichts über subjektives Erleben aus. So können wir selbst bei anderen Menschen Subjektivität nicht direkt wahrnehmen. Wir haben keinen direkten Zugang dazu. Wir nehmen sie *indirekt* während der Interaktion wahr. Im nächsten Kapitel werden wir sehen, dass dies auch für die Interaktion mit Tieren gilt.

Kapitel 7

Das Selbst versus die anderen: Das Kernselbst

Tiere sind solch liebenswerte Freunde. Sie stellen keine Fragen, sie äußern keine Kritik.

George Eliot, Scenes Of A Clerical Life (1880, 138)

Wir wissen um das Selbst der Tiere auf die gleiche Weise, wie wir um das Selbst eines anderen Menschen wissen. Dabei finden zwei Vorgänge gleichzeitig statt. Zunächst wird die Subjektivität der Tiere für uns sichtbar, weil im Verlauf der Interaktion die Elemente eines Kernselbst sichtbar werden. Tiere haben – wie Menschen – von Geburt an das Vermögen zu einem Kernselbst. Dieses Vermögen erlaubt die Interaktion und den Aufbau von Beziehungen und ist wiederum von diesen beiden Dingen abhängig. Interaktion und Beziehungen verdeutlichen und erfassen im Gegenzug weitere Einsichten in das Selbst. Das Vermögen zur Entwicklung eines Kernselbst ist nicht von Sprache abhängig. Bei Menschen treten die Kerneigenschaften in den ersten Lebensmonaten zu Tage (vgl. Stern 1985). Im Verlauf der menschlichen Entwicklung kommt der Erwerb der Sprache hinzu, die den Kerneigenschaften verbale Dimensionen verleiht, doch das Kernselbst existiert bereits vor der Ausdrucksfähigkeit. Somit kann davon ausgegangen werden, dass auch Tiere darüber verfügen, die denselben Aufbau von Gehirn, Nervensystem, Muskulatur und Gedächtnis aufweisen, der die Bildung eines Kernselbst beim Menschen ermöglicht. Das Selbst ist somit ein Produkt sowohl der Natur als auch der Förderung. Der soziale – oder der auf Förderung beruhende – Teil dieses Gleichgewichts ist das traditionelle Terrain der Soziologie, es existiert jedoch auch der gut dokumentierte „Natur"-Aspekt, der sich mit den neurobiologischen Verbindungen zwischen physiologischen Eigenschaften und Selbstsein beschäftigt (vgl. Damasio 1999).

Ein weiterer Vorgang, der uns das Wissen um das Selbst von Tieren ermöglicht, ist die Bestätigung der Wahrnehmung unserer eigenen Subjektivität während der Interaktion. Die Interaktion mit anderen – gleich, ob Mensch oder Tier – bestätigt unser Gefühl davon, wer wir sind und auch, dass wir sind. In Kapitel 6 habe ich das Selbst als Ziele verfolgend geschildert. Ich habe außerdem behauptet, dass das Streben nach Beziehungen, das Einlassen auf zunehmend komplexere Interaktionen sowie der Ausdruck von Sorge um das Wohlergehen anderer darauf schließen lassen, dass es eines der Ziele des Selbst ist, uns zu ermöglichen, „weiter zu sein". Eine Möglichkeit der Interpretation hierfür ist, dass das Selbst über eine funktionale Seite verfügt, die es uns erlaubt, Dinge zu tun. Das Selbstsein macht es jedoch auch möglich, zu fühlen und zu wissen. Wir können das Selbst also nicht nur als System von Zielen, sondern auch als System von Wahrnehmungen bezeichnen. Die zwei Sinne des Selbst koexistieren und informieren einander. Säuglinge gewinnen die grundlegenden Erfahrungen des Selbst durch die Interaktion mit anderen. Diese Interaktion ermöglicht es uns, entscheidende Unterschiede zwischen unserem eigenen Selbst und dem Selbst anderer vorzunehmen. Diese Unterscheidung ermöglicht und erfordert wiederum weitere Interaktion und Beziehungen.

Die Vorstellung vom Selbst als einem System von Wahrnehmungen geht auf William James' Versuche zurück, Zugang zum subjektiven Gefühl für das Selbst, also dem „Ich", zu bekommen. James unterschied zwischen vier Merkmalen des „Ich", die es uns bewusst machen. Andere Wissenschaftler haben diesen Ansatz weiterentwickelt, um unter anderem die Subjektivität von Säuglingen zu erforschen (vgl. Stern 1985, Myers 1998). Die Interaktionsstruktur zwischen Säuglingen und ihren Bezugspersonen zeigt diese grundlegenden Merkmale bereits in den ersten Lebensmonaten. Da Säuglinge ihr Selbst und andere nicht beschreiben können, sind diese Merkmale der Subjektivität ein guter Ausgangspunkt für die Erforschung des Selbst von Tieren. Die vier Merkmale sind:

1. Ein Sinn für Handlungen, das heißt, über das Wissen zu verfügen, der Urheber der eigenen Handlungen und Bewegungen und nicht der anderer zu sein.
2. Ein Sinn für Kohärenz, das heißt, sich selbst als ein physisches Ganzes zu verstehen, von dem das Handeln ausgeht.
3. Ein Sinn für Affektivität, das heißt, ein Gefühlsraster zu besitzen, das mit anderen Wahrnehmungen des Selbst verknüpft ist.
4. Ein Sinn für die persönliche Geschichte (oder Kontinuität), das heißt, bis zu einem gewissen Grad dieselbe Person zu bleiben, selbst wenn man sich verändert.

Zusammengenommen bilden diese Merkmale insofern ein „Kern"-Selbst, da sie für ein normales Funktionieren der Psyche notwendig sind (vgl. Stern 1985, 71). Diese vier Eigenschaften liegen nicht nur unseren eigenen subjektiven Wahrnehmungen zu Grunde; sie dienen auch als Grundlage zur Unterscheidung subjektiv anderer. Fehlt eines der Merkmale, kommt es zu Psychosen und anderen Erkrankungen. Natürlich gibt es weitere Eigenschaften des Selbst, von denen viele das Beherrschen der Sprache erfordern; es ist jedoch vernünftig, gerade diese vier Merkmale als wesentlich anzusehen. Im Folgenden möchte ich nacheinander auf sie eingehen.

Handlung

Der Begriff „Handlung" findet in der Soziologie auf viele verschiedene Arten Anwendung, deshalb möchte ich zunächst festlegen, wie ich ihn gebrauche.[1] Ich beziehe mich auf die Fähigkeit zu selbstbestimmtem Handeln. Die Handlung besteht aus mehreren Faktoren, dazu gehört neben der Fähigkeit, eigene Handlungen zu initiieren, auch die Fähigkeit, eine gewisse Kontrolle über die eigenen Handlungen zu besitzen (ob ich mich hinsetze, weil ich mich dafür entscheide, oder ob mich jemand in einen Sessel stößt, sind zwei vollkommen unterschiedliche Dinge) sowie ein gewisses Bewusstsein für die gefühlten Folgen der Handlung (mein Vorhaben mich hinzusetzen zieht die gefühlte Konsequenz des Sitzens nach sich). Die Art der Handlung, auf die ich mich hier beziehe, impliziert insofern ein Maß an Bewusstsein, als dass das handelnde Individuum Sehnsüchte und Wünsche hat und Absichten verfolgt und sich dessen bewusst ist. Mit anderen Worten sind es nicht einfach die Sehnsüchte und Wünsche, die ein Element des Selbst darstellen, sondern das Bewusstsein, sie zu haben.[2]

Die Handlung offenbart sich in einer Willenskraft aufgrund einer Verbindung zwischen Körper und Gehirn, dem sogenannten „Antriebsplan". Kurz gesagt: Diese mentale Registrierung tritt auf, bevor unsere Muskeln spontane Bewegungen ausführen können, die über den Reflexen angesiedelt sind.[3] Jedes Mal, wenn wir nach einem Stift greifen oder eine Seite umblättern, ist ein „Antriebsplan" an dieser Handlung beteiligt. Der „Antriebsplan" läuft unbewusst ab, wird uns aber schnell bewusst, wenn er fehlschlägt. Wenn wir uns hinsetzen möchten, uns jedoch nicht richtig positionieren und hinfallen, oder wenn wir uns an der Augenbraue kratzen möchten und uns dabei selbst ins Auge pieken, wissen wir, dass etwas schief gelaufen ist. Die Existenz des „Antriebsplans" begünstigt den Willen. Dies wiederum erzeugt das Empfinden, dass wir unsere Handlungen selbst bestimmen, wobei wir glücklicherweise meist nicht in solchen Begriffen denken müssen. Da unsere und die Körper von Tieren ähnlich arbeiten, können wir annehmen, dass auch Tiere das Empfinden haben, „Herr" ihrer Handlungen zu sein. Wenn Sie jemals einen Hund oder eine Katze gesehen haben, der oder die zu einem Sprung ansetzte und fiel oder auf einem rutschigen Boden den Halt verlor, dann haben Sie auch gesehen, wie sich das Tier einen kurzen Moment lang davon „erholen" musste, und vielleicht sogar die Verlegenheit, die es zu empfinden schien, ähnlich dem, was wir fühlen, wenn wir uns neben den Sessel setzen oder uns selbst ins Auge pieken.

Vieles deutet auf das Vorhandensein eines Sinns für die Handlungsfähigkeit bei Kindern in den ersten Lebensmonaten hin (vgl. Stern 1985). Zum Beispiel tritt in diesem frühen Stadium das Greifen nach Objekten oder das Führen der Hand zum Mund auf. Mit etwa vier Monaten lernen Säuglinge, visuelle Informationen umzusetzen, um ihre Finger um Gegenstände unterschiedlicher Größe zu schließen. Da die Handlungsfähigkeit nicht von der Fähigkeit zu sprechen abhängt, ist sie auch bei anderen Arten möglich. Lassen Sie mich einige Beispiele anführen, wie dies bei Hunden und Katzen offenkundig wird.

Überzeugende Beweise für die Handlungsfähigkeit von Tieren findet man im Bereich des Hundetrainings, selbst auf dem niedrigsten Level. Das Wichtigste, das Trainer den Hunden beibringen, ist Selbstkontrolle – und sie verwenden auch genau diesen Begriff (vgl. auch Sanders 1999, 138). Dies setzt voraus, dass der Hund einen Sinn dafür haben muss, dass er eine Handlung einleiten kann, denn um sich selbst kontrollieren zu können, muss man über einen Willen bzw. Willenskraft verfügen. Wie bei den Menschen entsteht die Handlungsfähigkeit auch bei Tieren im Laufe ihrer Entwicklung. Sehr junge Welpen können genauso wenig lernen, „sitz" zu machen, wie Säuglinge lernen können, selbstständig zu laufen oder zu essen. Die Fähigkeit hierzu ist nichtsdestotrotz vorhanden und zum Training gehört, die Handlungsfähigkeit des Hundes so zu formen, dass er mit dem Menschen leben kann. Hunde müssen lernen, dem Impuls zu widerstehen, das Erste zu tun, das ihnen in den Kopf kommt, da dies meist Dinge sind, die Menschen nicht mögen, so wie das Anspringen oder Bellen.

Im Tierheim werden sehr viel Zeit und Mühe in die Sozialisierung der Hunde investiert. Bei zahlreichen Gelegenheiten habe ich mit den Angestellten daran gearbeitet, einen schlecht sozialisierten Hund leichter vermittelbar zu machen. In einem Fall arbeiteten wir mit einem Mischlingswelpen, der mit seinem lustigen Aussehen – ein Stehohr und ein Kippohr – die Herzen zum Schmelzen brachte. Sein Verhalten ließ jedoch die meisten Leute zweimal darüber nachdenken, ob sie ihn wirklich adoptieren sollten, denn wann immer jemand in den Vermittlungsbereich kam, sprang er an der Zwingertür hoch und bellte wie wahnsinnig. Unser Ziel war es, uns die Handlungsfähigkeit des Hundes zunutze zu machen und sein Verhalten so zu formen, dass er für diejenigen, die auf der Suche nach einem Hund waren, anziehender wurde. Der Schlüssel lag in der Veränderung seines Verständnisses dafür, wofür er belohnt wurde. Auf diese Weise sein Verständnis zu verändern, unterstreicht seine nonverbale Fähigkeit, sich selbst von anderen zu unterscheiden.

Ein Hund, der an den Zwingergittern hochspringt und wie verrückt bellt, erhält dafür zwei Arten der Belohnung. In dem Maße, wie das Verhalten selbstgesteuert ist (zum Abbau von Energie) ist es stetig selbstbelohnend. In dem Maße, wie das Verhalten jedoch auf andere gerichtet ist, in dem Versuch, ihre Aufmerksamkeit zu erregen, unterliegt es einer intermittierenden Belohnung. Solange die Belohnung durch Aufmerksamkeit von anderen abhängt, ist sie unvorhersehbar. Viele Menschen meiden solche Hunde – wie es auch bei dem eben beschriebenen der Fall war. Die Fähigkeit, zwischen verschiedenen Bestätigungen zu unterscheiden, hilft uns, zwischen uns selbst und anderen zu unterscheiden. Gleichermaßen erlaubt uns die Handlungsfähigkeit, zwischen uns selbst und anderen zu unterscheiden. Wenn ich zum Beispiel nach hinten greife, um eine juckende Stelle am Rücken zu kratzen, hat die Handlung des Kratzens gefühlte Konsequenzen. Die wichtigste ist die Befreiung vom Juckreiz, doch eine andere Konsequenz besteht in dem Gefühl, das ich in den Fingern habe, die das Kratzen übernehmen. Sie spüren die Haut an der Stelle, an der es juckt, und ich weiß, dass ich mich selbst kratze. Wenn ich hingegen meinen Mann frage, ob er mich kratzen würde, befreit mich das zwar ebenfalls vom Juckreiz, doch ich fühle nicht, dass ich mich kratze. Wenn ich mich selbst kratze, ist es zudem wahrscheinlicher, dass ich genau die Stelle finde, an der es juckt. Wenn mir mein Mann den Rücken kratzt, gehen wir mit Sicherheit erst einmal durch einige Runden „Rauf. Runter. Jetzt ein bisschen nach rechts. Mehr nach links.“ und am Ende muss ich mich wahrscheinlich doch noch selbst kratzen. Kurz gesagt: Wenn eine Handlung selbstgesteuert und auf einen selbst gerichtet ist, wie das Kratzen meines eigenen juckenden Rückens, dann hat dies eine konstante und hohe Bestätigung zur Folge. Von anderen initiierte Handlungen, die auf einen selbst gerichtet sind, sind weniger vorhersehbar bestätigend. Die unterschiedlichen Bestätigungsschemata helfen uns, uns selbst von anderen zu unterscheiden.

Ausgehend davon, dass wir die Fähigkeit, zwischen verschiedenen Bestätigungsschemata zu unterscheiden, bereits im Alter von drei Monaten entwickeln, ist es wahrscheinlich, dass hoch sozialisierte Tiere diese Fähigkeit ebenfalls entwickeln und dadurch ebenso zwischen sich und anderen unterscheiden können. Um auf das Beispiel mit dem Hund zurückzukommen: Die Angestellten und ich mussten ihm diesen Unterschied bewusst machen und ihm zeigen, wie er die Wahrscheinlichkeit, von anderen belohnt zu werden, erhöhen konnte. Um dies zu erreichen, brachten wir ihn einige Tage lang außerhalb des Vermittlungsbereiches unter, um den Fußgängerstrom vor seinem Zwinger zu verringern. Wir setzten regelmäßige Auslaufzeiten an, um sein Bedürfnis zu springen zu vermindern. Am wichtigsten war jedoch, die Bestätigung seines falschen Verhaltens zu beenden. Wir beachteten ihn nur, wenn er ruhig war und alle vier Pfoten am Boden hatte. Wenn er bellte oder hochsprang, entfernten wir uns von seinem Zwinger. Da er einiges an aufgestauter Energie während des Auslaufs abgebaut hatte, erlangte die Belohnung durch Aufmerksamkeit bald eine höhere Priorität. Da die Belohnung von anderen abhing, lernte er darüber hinaus, sich selbst zu kontrollieren, um sie zu bekommen.

Natürlich wurde der Hund durch diese kurzen Übungen zur Verhaltensänderung nicht zu einem Inbegriff an Gehorsamkeit. Er begann jedoch Anzeichen dafür zu zeigen, dass er sich selbst kontrollieren konnte, was oft das Einzige ist, was ein potenzieller neuer Halter sehen will. Eines Tages sprach ich mit einer Angestellten über unsere Arbeit mit dem Hund und sie brachte es auf den Punkt: „Wir müssen ihn so weit bringen, dass er den Menschen zeigen kann, dass er es wert ist." Mir kam der Gedanke, dass unser ausdrückliches Ziel zwar gewesen war, ihm zu helfen, die grundlegenden Hunde-Manieren zu lernen, dass unser größeres, obschon unausgesprochenes

Ziel jedoch war, es ihm zu ermöglichen, den Leuten zu zeigen, dass er – abgesehen von seinem Problemverhalten – mehr zu bieten hatte. Wir mussten ihm also helfen, die Kontrolle über sein eigenes Verhalten zu entwickeln, so dass er den Leuten zeigen konnte, dass er ein Selbst besaß bzw. war.

Explizites Training kommt bei Katzen weniger häufig vor als bei Hunden, indirektes Training hingegen häufig.[4] Jeder, dessen Katze auf das Geräusch des Dosenöffners hin angelaufen kommt, weiß das, wenn sich auch die Frage stellt, wer hier wen trainiert. Wie Alger und Alger (2003, 21) betonen, erfordert das Leben mit einer Katze gewöhnlich weniger Regeln als das Leben mit einem Hund, weshalb Training weniger wichtig ist. Die Interaktion zwischen einer Katze und ihrem Halter ist in höherem Maße sozial als die zielorientierte Interaktion zwischen einem Hund und seinem Halter. Deshalb nennen Katzenhalter häufig andere Beispiele für die Handlungsfähigkeit von Katzen. Ein von Katzenhaltern häufig genanntes Beispiel hat mit Augenkontakt zu tun. „Er sieht mich einfach plötzlich an.“, erzählte mir ein Mann. „Ich weiß nicht, warum. Aber er sieht herüber, als wollte er sich einfach mal melden.“ Für einige Menschen war es der Blick einer Katze, der die Entscheidung zur Adoption besiegelte. Etliche sagten: „Ich mochte sie (oder ihn), weil sie (er) mich ansah.“ (vgl. auch Alger und Alger 2003, 161) Eine Katze, die auf sie zukommt, ist ebenfalls ein Beweis für Handlungsfähigkeit. „Wenn ich dasitze und fernsehe“, erzählte mir ein Halter einmal, „kommt er zu mir, egal wo er gerade war. Er stolziert einfach herüber und setzt sich zu mir. Und wenn ich ihm dabei zusehe, wie er herüberkommt, dann ist klar, dass er weiß, was er gerade tut.“

Berührungen sind ein weiterer Beweis für die Handlungsfähigkeit von Katzen. Ein Halter erzählte mir beispielsweise folgende Geschichte:

> *„Ich hatte mich aufs Sofa gelegt, um ein Nickerchen zu machen, mein Kopf lag auf einem Kissen und mein Arm lag in etwa so [der Ellbogen gebeugt, so dass die Hand hinter dem Kopf liegt]. Sie saß am Fenster und beobachtete Vögel, nehme ich an, aber*

sobald ich mich hingelegt hatte, kam sie herüber. Sie stolzierte über die Rückenlehne der Couch und legte sich auf den Rand des Kissens in der Nähe meines Kopfes nieder. Dann streckte sie ihre Pfote aus und legte sie auf meinen Arm, legte sie einfach darauf und bewegte sie nicht, fuhr auch nicht ihre Krallen aus oder so. Sie schien mich einfach berühren, Kontakt mit mir aufnehmen zu wollen. So blieben wir eine ganze Weile liegen."

Katzenhalter erzählten auch oft, wie ihre Katzen durch Kopf- oder Flankenreiben Kontakt aufnahmen, dem Äquivalent zu menschlicher Berührung (vgl. auch Mertens 1991). Dieses Verhalten ist ein Begrüßungsritual unter Katzen, oftmals gefolgt von einer Inspektion der Habseligkeiten der Person. Ein Katzenhalter beschrieb Folgendes:

„Wenn ich nach Hause komme, sitzt sie normalerweise neben dem Stuhl, egal ob ich mit dem Auto fort war und durch die Garage hereinkomme oder zu Fuß unterwegs war und durch die Vordertüre komme. Sie stupst mich mit dem Kopf an, windet sich um meine Beine und wenn ich Taschen bei mir habe, geht sie hin, um sie zu inspizieren. Wenn ich meine Sachen hinstelle, schnuppert und schnuppert sie und steckt ihre Nase in alles, egal, was ich bei mir habe. Manchmal reibt sie sich daran oder rollt sich darauf herum. Ich glaube sie meint: „Das ist meins, alles meins!", aber egal, was es bedeutet, es ist ganz klar, dass sie kommt, weil sie mich und alles, was ich mitgebracht habe, sehen möchte."

Katzen drängen sich Menschen häufig bei allen möglichen Aktivitäten auf, um ihre Wünsche und Vorhaben deutlich zu machen. Meine Katze Pusskin stupst immer mit der Pfote an meinen Arm, wenn ich am Computer arbeite. Unser Kater Leo sieht meinem Mann beim Rasieren zu. Außerdem beaufsichtigt er die Essenszubereitungen. Beim Streichen des Badezimmers war er so nah dabei, dass sein Fell wochenlang mit Farbe besprenkelt war. Man kann sich so sehr auf seine Anwesenheit verlassen, dass einer seiner Spitznamen „das Helferlein“ ist. Jeder, der mit Katzen zusammenlebt, kennt es, dass sie sich zum Beispiel auf den Lesestoff setzen, um ins Zentrum der Aufmerksamkeit zu gelangen. Alger und Alger (2003, 68 70) berichten zum Beispiel, wie Katzen im Tierheim die freiwilligen Helfer bei ihrer Arbeit stören, um Aufmerksamkeit zu erregen oder ihre Vorlieben kundzutun.

Diese Beweise für die Handlungsfähigkeit von Tieren helfen bei der Erklärung, weshalb unsere Wahrnehmung von Tieren als subjektive Wesen nicht nur ein Resultat vermenschlichender Sentimentalität ist. Unsere Interaktionen mit Tieren variieren je nach Tier, was darauf hindeutet, dass Tiere unsere Reaktionen auf sie auf eine Weise beeinflussen, die über unsere Projektion hinausgeht. Wenn wir uns bei jedem Hund oder bei jeder Katze gleich verhielten, würde diese Kontinuität darauf hindeuten, dass wir alle Tiere auf dieselbe Weise wahrnehmen. Da unterschiedliche Tiere jedoch unterschiedliche Reaktionen hervorrufen, wird die subjektive Unmittelbarkeit von Tieren sichtbar. Die Handlungsfähigkeit gehört zu den Faktoren, die für diese subjektive Unmittelbarkeit verantwortlich sind.

Kohärenz

Während sich Handlungsfähigkeit auf Kontrolle über die eigenen Handlungen und Absichten bezieht, bezieht sich die „Kohärenz“ auf die Ganzheit des Individuums, zu der die Handlungsfähigkeit gehört. Die Kohärenz bietet der Handlungsfähigkeit sozusagen den Lebensraum. Während die Handlungsfähigkeit dazu beiträgt, das eigene Selbst von dem anderer zu unterscheiden, ist die Kohärenz für das Gefühl dafür verantwortlich, dass das Selbst ein individuelles, abgegrenztes, physisches Wesen ist. Laut Jerome Bruner und David Kalmar (1998, 311) bescheinigen wir Kohärenz, wenn „wir von jemandem sagen, er hätte ‚seine sieben Sinne beisammen’ oder wenn wir

von uns sagen, dass ein bestimmter Wunsch, ein Teil unserer Selbst' ist."
Viele Kennzeichen der Kohärenz sind unabhängig von der Sprache, womit sie auch bei Tieren beobachtet werden können.

Ein Aspekt, der ein individuelles, eigenständiges Wesen, ob Mensch oder Tier, kennzeichnet, ist die Kohärenz der Gestalt. Die Säuglingsforschung bestätigt, dass diese bereits mit zwei bis drei Monaten fähig sind, andere zu erkennen. Auch Tiere können verschiedenartige andere Lebewesen erkennen. Studien zum Thema konzeptionelles Lernen zeigen beispielsweise, dass Tauben Bilder von Eisfischern, die zu den Raubvögeln gehören, von Bildern anderer Vögel unterscheiden können (Roberts und Mazmanian 1988). Obwohl ich nicht versucht habe, meinen Katzen Bilder zu zeigen, weiß ich, dass sie mich von anderen Menschen unterscheiden können. Während alle Katzen herbeikommen, um mich zu begrüßen, wenn ich nach Hause komme, gehen sie für gewöhnlich nicht auf Fremde zu. Auch die Freiwilligen im Tierheim, die über Wochen oder sogar Monate regelmäßig mit bestimmten Tieren arbeiten, stellen fest, dass die Katzen und Hunde sie erkennen. Ein solches Beispiel erlebte ich während meiner Zeit in der Tierklinik, als ich regelmäßig Kontakt zu einem Hund hatte, der mehrere Operationen und Tests hinter sich hatte. Oft hielt ich ihn, während der Pfleger oder der Tierarzt Blut abnahm, und ich saß bei ihm, als er nach seiner ersten Operation aufwachte. Nachdem er sich erholt hatte und in den Vermittlungsbereich umgezogen war, gingen andere Freiwillige öfter mit ihm spazieren als ich. Dennoch wedelte er jedes Mal, wenn er mich sah, blickte in meine Richtung und wollte zu mir kommen. Sein Blickfeld war teilweise durch eine Halskrause eingeschränkt (die er tragen musste, damit er nicht an den Nähten knabbern konnte) und eines Tages kam ich vom anderen Ende eines Ganges von hinten auf ihn zu, während er neben einer anderen Freiwilligen stand, die sich gerade mit einer dritten Person unterhielt. Beim Näherkommen ging ich an einem angrenzenden Gang vorbei und begrüßte jemanden, der dort stand. Als ich das tat, begann der Hund sofort, mit dem Schwanz zu wedeln und drehte sich schnell um, als ob er sicher gehen wollte, ob es tatsächlich ich war. Er hatte also meine Stimme erkannt, obwohl er von anderen Pflegern umgeben gewesen war. Hunde und Katzen können auch die „richtige" Form des menschlichen Körpers erkennen. So fürchten sie sich oftmals vor einer Person im Regenmantel oder mit Motorradhelm. Als Skipper im Tierheim war, schnappte er einmal nach einem Arbeiter, der vermutete, dass der Grund dafür die großen grünen Gummihandschuhe gewesen waren, die er (der Arbeiter) während des Saubermachens trug. Die Handschuhe müssen fremd gewirkt haben – sie standen nicht in Zusammenhang mit der üblichen menschlichen Gestalt.

Es gibt hinreichende Beweise dafür, dass Katzen fähig sind, Kohärenz zu erkennen. Sie erkennen bestimmte andere Katzen, was es ihnen ermöglicht, Freundschaften zu schließen und Hierarchien aufzubauen. Einer meiner Kater konnte bestimmte Fellmuster voneinander unterscheiden. Er hatte eine Vorliebe für Schildpattkatzen, also Katzen mit schwarz-orange gesprenkeltem Fell. Auch Alger und Alger (2003, 100) berichten von sich teilweise überlappenden Freundschaftsmustern bei Katzen im Tierheim, die auf die Fähigkeit hinweisen, andere zu erkennen. Die Kohärenz hat zu dem kulturellen Brauch geführt, Tieren Namen zu geben, wodurch „die Besonderheit des Tieres unterstrichen wird – das Gefühl der Einzigartigkeit zwischen subjektivem Selbst und anderen" (Myers 1998, 71; vgl. auch Phillips 1994; Masson und McCarthy 1995). Zu den Dingen, die Menschen tun, wenn sie ein Tier adoptieren, gehört es, ihm einen (neuen) Namen zu geben. Auch wenn sich einige der neuen Halter bereits einen Namen überlegt haben, lassen sich die meisten von ihnen mit der Auswahl Zeit, was die Wichtigkeit davon unterstreicht, dass der Name zu dem Tier passen sollte. Wie ein Halter in einem Interview erklärte: „Ich musste sie erst kennen lernen, um ihr den richtigen Namen geben zu können. Ich musste herausfinden, wie sie ist und das dauerte ein paar Tage." Die Änderung eines Namens zeigt, wie sehr die Identität eines Tieres durch Interaktion zum Vorschein kommt. Ein Hund, der von seinem früheren Besitzer „Rowdy" genannt worden war, bekam beispielsweise in seinem neuen Zuhause den Namen „Sadie", was auf zwei vollkommen verschiedene Auffassungen bezüglich des Verhaltens des Hundes hinweist. Viele der Katzen, die ich bei mir Zuhause in Pflege nehme, bekommen neue Namen, wenn sie schließlich ein neues Zuhause finden. Wenn ich, wie gewöhnlich, die neuen Halter anrufe, um nachzufragen, wie sich die Katzen in der neuen Familie eingelebt haben, freue ich mich immer, die neuen Namen der Katzen zu erfahren – sie spiegeln ihr neues Leben wider.

Eine Studie, die in einem dramatischeren Kontext durchgeführt wurde, bestätigt den Zusammenhang zwischen Kohärenz und Namensgebung. Mary Phillips (1994, 121) führte eine Studie über den Umgang von Wissenschaftlern mit Versuchstieren durch und stimmt der Behauptung zu, dass die Namensgebung dem Tier Individualität verleiht. Sie erklärt:

> *[...] „wenn dem Tier ein Name gegeben und es mit diesem Namen angesprochen und über es gesprochen wird, erschaffen wir wechselwirkend die Geschichte eines Individuums mit unverwechselbaren Eigenschaften, eingebettet in ein bestimmtes historisches Umfeld, und wir verleihen dieser Geschichte eine kohärente Bedeutung."*

Eigennamen, so Phillips, sind „mit dem sozialen Hervortreten der Persönlichkeit verbunden, die eine für dieses Individuum einzigartige Matrix von Vorstellungen und Verhaltensweisen erzeugt" (Phillips 1994, 123). Ein Hauptgrund dafür, weshalb Wissenschaftler den Versuchstieren keine Namen geben, ist der, dass sie die Tiere als Teile im Gegensatz zu einem ganzen, zusammenhängenden Wesen sehen. Sie sind beispielsweise die Quelle von Zellen oder Gewebe oder sind „Gefäße" für Antworten und Reaktionen. Somit spiegelt sogar der Umstand, dass keine Namen vergeben werden, eine kulturelle Anerkennung der Beziehung zwischen Namen und Kohärenz wider.[5]

Hunde und Katzen lassen durch die Handlung des Versteckens gleichermaßen ihre Fähigkeit zur Kohärenz erkennen, da diese einen Sinn für das Selbst als individuelle, physische Einheit erfordert, die vor anderen verborgen wird (vgl. Allen und Bekoff 1997; Sanders 1999). Laut Sanders (1999, 137) ist der Akt des Versteckens ein Hinweis auf die Existenz eines „Bewusstseins dafür, dass das ‚verkörperte Selbst' in Gefahr ist und dass das Verstecken angebracht ist." Zugegeben, die „Gefahr" während eines Versteckspiels ist nicht bedrohlich, der zugrunde liegende Mechanismus ist jedoch derselbe. Katzen, deren Entwicklung sie zu hoch spezialisierten Raubtieren hat werden lassen, verlassen sich bei der Jagd auf ihre Fähigkeit, sich zu verbergen. Diese Mechanismen sind mit der Domestikation nicht verschwunden. Wie ein Katzenhalter erklärt:

> *„Jeder, der bereits mit Katzen zusammengelebt hat, kennt das: Sie verstecken sich, sie beobachten, sie greifen an. Sie haben auch sehr genaue Vorstellungen davon, wann es für sie in Ordnung ist, gesehen zu werden, und jeder Katzenliebhaber weiß, dass sie Plätze brauchen, wo sie sich verstecken können."*

Damit stehen auch die Aussagen vieler Katzenhalter im Einklang, dass ihre Tiere sich verstecken, wenn es wieder einmal Zeit ist, zum Tierarzt zu gehen. Meist laufen die Katzen beim Anblick des Transportkorbes davon, doch manchmal ist der Zusammenhang nicht so offensichtlich; die Katzen scheinen es irgendwie zu „wissen"(vgl. auch Alger und Alger 2003).[6] Wichtiger noch: In solchen Fällen suchen sich Katzen oft Plätze aus, die nicht zu ihren üblichen Verstecken gehören, an denen ihre Halter zuerst nachsehen würden.

Ein weiteres Kennzeichen der Kohärenz wird als Einheit des Ortes bezeichnet. Erlauben Sie mir, wieder einmal Skipper als Beispiel anzuführen. Er zeigt ein extremes Verhalten bei UPS-Lieferwägen. Ich sage „extremes Verhalten", weil ich mir nach wie vor nicht sicher bin, ob es sich um Angst oder um Abneigung handelt. Er erkennt einen UPS-Wagen sowohl am Geräusch als auch am Aussehen. Ich wollte versuchen, ihn zu desensibilisieren und besuchte mit ihm das örtliche UPS-Lager in der Hoffnung, ihn dafür belohnen zu können, wenn er sich ruhig verhält. Er erkannte die großen, braunen Wägen sogar, als sie geparkt waren. Was die Einheit des Ortes betrifft sieht es jedoch so aus: Wenn er einen UPS-Wagen hört, sieht er sich nach dem großen, braunen Wagen um, von dem das Geräusch ausgeht. Wenn wir gerade spazieren gehen und er einen UPS-Wagen hört, der sich hinter der nächsten Kurve befindet, und ein Auto oder ein anderer Lastwagen an uns vorbeifährt, verwechselt er das andere Fahrzeug nicht mit dem Verursacher des charakteristischen Geräusches. Er sieht sich um. Er weiß, dass er bald auftaucht. Was ich damit sagen will: Er versteht, dass der Wagen und das Geräusch eine Einheit bilden. Ich will damit sagen, dass er den Lastwagen und das Geräusch als zusammengehörende Einheit versteht. Das Geräusch muss von dem Lastwagen kommen und er wird es keinem anderen Ausgangspunkt zuordnen. Obwohl dies möglicherweise sehr einfach klingt, trägt dies dennoch dazu bei, das Selbst und andere zu spezifizieren. Im Zusammenhang mit anderen Eigenschaften des Selbst verhilft die Einheit des Ortes somit, das Selbst zu definieren und vom Selbst der anderen zu unterscheiden.

Affektivität

Die dritte Komponente des Kernselbst, die die Subjektivität von Tieren für uns zugänglich macht, ist ihre Fähigkeit, Gefühle zu empfinden. Tierhalter sprechen von zwei unterschiedlichen Weisen, die Gefühle ihrer Hunde und Katzen zu lesen. Diese entsprechen zwei analytischen Dimensionen von Gefühlen.

Die erste Dimension umfasst die so genannten „kategorischen Affekte“. Wenn wir an Emotionen denken, kommen uns vor allem einzelne Kategorien von Gefühlen in den Sinn wie Traurigkeit, Fröhlichkeit, Angst, Zorn, Abscheu, Überraschung, Interesse, Scham und Kombinationen dieser Gefühle. Wie Darwin (1872 [1965]) gezeigt hat, werden bestimmte Gesichtsausdrücke mit diesen grundlegenden emotionalen Empfindungen in Verbindung gebracht.

In Darwins System steigert die Fähigkeit, die vermittelten Botschaften des emotionalen Ausdrucks zu erkennen, die Überlebenschancen einer Spezies.[7] Dies ergibt einen unmittelbaren Sinn. Erkennt ein Tier oder ein Mensch Ärger bei einem anderen, führt das dazu, sich von ihm fernzuhalten.

Alle Tierhalter, die ich interviewt habe, konnten eine Reihe von Emotionen aufzählen, die ihre Tiere ausdrückten. Freude, Angst, Überraschung und Eifersucht wurden am häufigsten genannt. Traurigkeit und Trauer wurden ebenfalls genannt. Solche Trauer habe ich bei einer meiner Katzen gesehen, als eine andere starb. Die beiden Katzen, eine Katze und ein Kater, hatten gemeinsam geschlafen, gefressen, miteinander gespielt und sich gegenseitig geputzt. Sie waren enge Freunde geworden. Als der Kater eingeschläfert werden musste, durchlebte seine Gefährtin eine ausgeprägte Trauerphase. Ihre Traurigkeit begann tatsächlich bereits bevor ihr Freund starb, als er sich immer mehr in sich zurückzog und immer weniger Interesse zeigte. Als der Kater schließlich gegangen war, suchte sie an seinen Lieblingsplätzen nach ihm und fraß einige Tage nichts mehr. Sie wurde nicht mehr wirklich „sie selbst", bis wir in ein neues Haus umzogen.

Natürlich ist es möglich, dass das Verhalten, das ich als Trauer einer Katze beschreibe, nicht dasselbe ist, wie die Trauer eines Menschen; das ist jedoch irrelevant. Was ich sicher weiß ist, dass sich die Katze nach dem Tod ihres Freundes anders verhielt, als wenn sie sich in der Sonne räkelt (einen Zustand, den ich als Glücklichsein oder Zufriedenheit bezeichnen würde) oder wenn sie meine Sachen durchstöbert, wenn ich am Abend nach Hause komme (einen Zustand, den ich als Neugierde bezeichnen würde). Auch Alger und Alger (2003) beschreiben sichtbare Freude, Zuneigung, Frustration, Reizbarkeit, Depression, Mitgefühl und Eifersucht bei Katzen im Tierheim.

Neben den grundsätzlichen Gemütsbewegungen gibt es eine zweite Dimension von Gefühlen, die nicht in diese konventionellen Gefühlsmuster passt. Die so genannten „Vitalitätsaffekte" bezeichnen eher Gefühlsrichtungen als spezifische und konkrete Gefühle. Sie sind zum Großteil für den Rhythmus verantwortlich, der dem Verhalten von Menschen und Tieren zu Grunde liegt. Laut Bruner und Kalmar (1998, 311) „signalisieren sie das ‚Gefühl' des Lebens – die Gemütslage, das Tempo, den Elan, die Mattigkeit usw." Bei Menschen entstehen die Vitalitätsaffekte bereits in der frühesten Kindheit. Noch bevor ein Kleinkind zu sprechen lernt, „erkennt es die [für jedes Gefühl] charakteristische Art und Weise, in der Dinge passieren und setzt diese voraus." (Stern 1985, 89). Neugierde fühlt sich anders an als beispielsweise Angst.

Lange bevor ich den Begriff „Vitalitätsaffekte" zum ersten Mal hörte, *wusste* ich von ihnen. Die meisten von uns tun es seit frühester Kindheit. Als meine Nichte Amanda, heute ein Teenager, noch sehr klein war, unterhielt ich sie immer damit, dass ich mit dem Zeige- und Mittelfinger die „Beine" einer lustigen kleinen Figur darstellte, deren Körper von meiner Hand gebildet wurde. Ich konnte diese Figur dazu bringen, ihren Arm hinaufzuwandern und sie zu kitzeln, mehr Spaß hatten wir aber beide daran, wenn ich Cancan oder Charleston tanzte, einen Spagat hinlegte oder mit den Hacken schlug. Diese kleine „Person" – die alles zu haben schien, was das Menschsein ausmacht – konnte vor Angst zittern, sich verstecken, munter spazieren gehen oder auch am Boden kriechen, als müsste sie ohne Wasser die Wüste durchqueren. Ähnliches passiert auch in einer Szene eines Chaplin-Films, in der die Hauptfigur, gelangweilt von den Tischgesprächen, zwei Brötchen mit Gabeln aufspießt. Die beiden Brötchen werden zu den Füßen einer ähnlichen Figur, die tanzt und die Gäste unterhält. Diese Dinge funktionieren, weil wir die Vitalitätsaffekte verstehen können.[8] Wir können die Bewegungen einer gesichtslosen Hand deuten und wissen, wann sie sich putzmunter, niedergedrückt oder fröhlich „fühlt". Dies hat nicht im geringsten etwas mit dem Gesichtsausdruck zu tun, da es ja kein Gesicht gibt, das etwas ausdrücken könnte. Dies ist vor allem im Vergleich mit Tieren wichtig. Da Tiere nicht die Möglichkeit haben, ihren Gesichtsausdruck auf ähnlich dramatische Weise zu verändern wie wir Menschen, lässt ihr Gesichtsausdruck keine zuverlässigen Rückschlüsse auf ihre Gefühle zu. Jeffrey Mousaieff Masson und Susan McCarthy (1995) weisen beispielsweise darauf hin, dass Delfine immer zu lächeln scheinen, was jedoch auf die Konturen ihres Kiefers und nicht auf ihren Gemütszustand zurückzuführen ist. Delfine „lächeln" immer, auch wenn sie aggressiv sind oder trauern. Oft erscheint es auch so, als würden Hunde lächeln. Die Vitalitätsaffekte liefern uns jedoch weit mehr Informationen, als es die Gesichtsmimik vermag.

Während unserer Interaktion mit Tieren „lesen" wir die Vitalitätsaffekte und beschreiben so bestimmte Individuen als „süß", „ausgelassen", „ernst", „sanft", „aufgedreht", usw. Dies sind allgemeine Eigenschaften individueller Tiere, eher Teil des Kernselbst als Ausdruck von bestimmten Gefühlen. Wenn wir ein Tier (oder einen Menschen) beschreiben, beziehen wir uns zum Teil stark auf diese Vitalitätsaffekte. Wenn wir also jemanden als „glücklich" beschreiben, beziehen wir uns größtenteils auf den Vitalitätsaffekt und nicht auf ein einzelnes, isoliert auftretendes Gefühl. Ich fand heraus, dass das auch auf Tiere zutrifft. Es ist ein wichtiger Weg, wie das Kernselbst von Hunden oder Katzen für ihre menschlichen Gefährten zugänglich werden kann. Eine Halterin, die ihren Hund als „süß" beschrieb, nutzte dieses Wort beispielsweise als einen Oberbegriff für seine allgemein ruhige Art und seine Tendenz zur Unterwürfigkeit. Ein Pärchen, das seinen Kater als „Persönlichkeit" bezeichnete, meinte damit sein Selbstvertrauen und seine Neugierde; die Kombination dieser beiden Eigenschaften brachten ihn immer wieder an Orte und in Situationen, die eine „bravere" Katze nie gesehen oder erlebt hätte.

Die persönliche Geschichte

Die persönliche Geschichte – oder die Kontinuität – verwandelt Interaktionen in Beziehungen. Stern (1985, 90) erklärt, dass „das Gefühl eines Kernselbst vergänglich wäre, gäbe es keine Kontinuität der Wahrnehmung.“ Kontinuität wird möglich durch Erinnerung. Ereignisse, Dinge, andere Lebewesen und Gefühle erlangen durch sie an Bedeutung und werden im Kontext der Beziehungen in der Erinnerung konserviert. Es gibt viele Formen der Erinnerung und einige funktionieren bereits sehr früh.[9] Die Form der Erinnerung, die die Entwicklung einer persönlichen Geschichte ermöglicht, setzt vor dem Erlernen von Sprache ein und verschiedene Anzeichen hierfür sind bei Tieren wahrnehmbar.

Die persönliche Geschichte steht mit den anderen Dimensionen des Kernselbst in Zusammenhang. So schließt zum Beispiel die Kohärenz ein perzeptuelles Gedächtnis in der Form oder der Stimme eines anderen Menschen oder eines Tieres mit ein. Die Affektivität codiert Erinnerungen an Dinge, die Gefühle hervorgerufen haben. So wie meine Nichte beispielsweise jedes Mal kicherte, wenn die kleine Fingerfigur wieder auftauchte, freuen sich Hund oder Katze über den Anblick eines bevorzugten, jedoch lange vermissten Spielzeugs. Auch Handlung setzt Erinnerung voraus, da die Antriebspläne, die an den spontanen Muskelbewegungen beteiligt sind, hier angesiedelt sind.

Jeder, der schon einmal einen Hund oder eine Katze zum Tierarzt brachte, weiß, dass sich Tiere an Orte erinnern. Ein normalerweise freundlicher Hund wird zum Beispiel in einer Tierarztpraxis vor Anspannung ganz starr. Um ihn gefahrlos untersuchen zu können, muss Skipper einen Maulkorb tragen. Leo, der Kater, der zu Hause sehr anschmiegsam ist, faucht und zerkratzt die Hände des Tierarztes. Es brauchte zwei Personen, um ihn zu halten, damit eine dritte Person ohne Risiko seine Verletzung neu verbinden konnte.

Andere Tierhalter liefern ebenfalls anschauliche Beispiele:

> *„Wenn mein Hund und ich die Hundeschule betreten, scheint er zu verstehen, was wir dort wollen. Ich meine, er zeigt einfach seine besten Manieren. Er bleibt nahe bei mir und hält mit mir Augenkontakt, als ob er herausfinden wolle, was ich von ihm erwarte. Er weiß, dass wir nicht zum Spielen dort sind. Es gab Zeiten, wo uns die Trainer erlaubten, die Hunde miteinander spielen zu lassen und [der Hund], der normalerweise sehr verspielt ist, brauchte einige Zeit, um sich soweit zu entspannen, dass er mit den anderen Hunden in dieser Umgebung spielen konnte."*

Skeptiker werden sagen, dass hier etwas anderes vor sich geht. Ich habe zum Beispiel Leute sagen hören: „Oh, der riecht einfach die Angst", womit die Reaktion des Tieres auf den Tierarzt als instinktgesteuert abgetan wird. Doch selbst wenn hier lediglich Instinkt am Werk ist, was ich bezweifle, zeugt die Fähigkeit, bestimmte Gefühle regelmäßig in einer bestimmten Umgebung erkennen zu lassen, nichtsdestotrotz von einem Sinn für Kontinuität.

Eine Tierhalterin warf eine faszinierende Frage auf: Wenn ein Tier in manchen Situationen „anders" scheint, wenn also der „liebe Leo" beim Tierarzt zum Schrecken wird, ist das Tier dann noch dasselbe, das wir von zu Hause kennen? Können wir im Rahmen dieser Erörterung wirklich behaupten, dass das Tier einen Sinn für Kontinuität besitzt? Nachdem ich einige Zeit darüber nachgedacht habe, kann ich die Frage mit „Ja" beantworten. Das Tier verhält sich im gleichen Kontext immer gleich: zum Beispiel entspannt und verspielt zu Hause, aber verängstigt und defensiv beim Tierarzt. Wenn das Tier nur bei einigen Besuchen beim Tierarzt verängstigt wäre, könnte man sagen, dass es kaum einen Sinn für die Kontinuität hat, auf die ich mich hier beziehe. Da Leo jedoch immer verängstigt und defensiv reagiert, wenn er beim Tierarzt ist, entwickelte er ein Verhaltensmuster, das der Tierarzt und ich als „typisch für ihn" empfinden. Der naheliegende Einwand bezieht sich darauf, was geschieht, wenn ein Tier gegenüber Objekten und Situationen unempfindlich wird, vor denen es sich ursprünglich gefürchtet hat, so wie wir lernen können, uns nicht vor Spritzen oder dem Zahnarzt zu fürchten. Doch sogar hier wird Kontinuität offenkundig. Sie ermöglicht dem Selbst, „weiter zu sein", erlaubt aber auch Veränderungen, wenn neue Fähigkeiten entstehen und neue Gelegenheiten auftreten.

Tierhalter bestätigten, dass ihre Hunde sich außer an die Tierarztpraxis auch an Lieblingsplätze wie zum Beispiel Wanderwege erinnern. Eine Hundehalterin erzählte mir, wie sie nach einem Jahr wieder einmal auf einem bestimmten Weg gingen:

> *„Wir hatten einige Zeit woanders gewohnt und als wir zurückkehrten, ging ich mit ihr einen Weg, den wir früher häufig gegangen waren. Wenn wir dort gewesen waren, sprang sie immer aus dem Auto, schnüffelte und schnüffelte und schnüffelte überall herum, rannte dann aber schließlich zu diesem einen Strauch. Für mich sah er aus wie Dutzende andere Sträucher, die es dort gab, aber es war offensichtlich ihr Lieblingsstrauch. Und als wir schließlich das erste Mal, nachdem wir wieder zurückgezogen waren, zu diesem Weg kamen, tat sie dasselbe wie früher: Sie sprang aus dem Auto, schnüffelte ein wenig herum und lief dann zu diesem einen Strauch."*

Man könnte dies einfach mit den Worten abtun, dass der Strauch auf viele Hunde einladend wirkte und es ihre Gerüche waren, die diesen bestimmten Hund anzogen. War dies der Fall oder erinnerte sich der Hund tatsächlich an den Strauch? Ich fragte die Hundehalterin nach ihrer Meinung:

> *„Ich denke, wenn es für sie wie ein vollkommen unbekannter Ort gewesen wäre, hätte sie länger gebraucht, um alles zu untersuchen, aber sie konnte sich an ihren Lieblingsstrauch erinnern. Ich denke, wenn sie sich nicht an den Platz hätte erinnern können, dann hätte sie überall herumgeschnüffelt. Doch es war nicht so, als hätte*

sie sich ihren Weg zu diesem Strauch erschnüffelt. Nein. Sie sah ihn und lief ziemlich schnell hin. Sie erinnerte sich an den Strauch.“

Auch andere haben Belege für die Fähigkeit von Hunden, sich an Orte zu erinnern, zusammengetragen (vgl. Lerman 1996; Sanders 1999). Shapiro (1990, 1997) stellt sogar die Behauptung auf, dass sich das Leben von Hunden eher am Ort als an der Zeit orientiert, wie es bei uns Menschen der Fall ist. Doch Orte sind auch für Katzen extrem wichtig (vgl. Leyhausen 1979; Tabor 1983). Alger und Alger nennen zahlreiche Beispiele dafür, wie Katzen ihre ausgeprägten Vorlieben für bestimmte Schlaf- und Fressplätze deutlich machen. Dies gilt auch für jede meiner eigenen Katzen. Wir wissen immer, wo jede Einzelne von ihnen während eines Nickerchens oder beim Fressen zu finden ist.

Situationen, in denen Tiere das Vermögen zur Kontinuität des Selbst zeigen, geben den Tierhaltern das Gefühl, dass das jeweilige Tier eine konkrete persönliche Geschichte hat. Diese Geschichte gibt den Haltern wiederum „das Gefühl, *dasselbe* Selbst im Verhältnis zu *demselben* anderen zu sein“ (Myers 1998, 73; Hervorhebungen im Original). Tiere haben keine Vorstellungen von heute, morgen und nächster Woche, doch sie erinnern sich an Dinge, die ihnen in der Vergangenheit geschehen sind. Sie haben keinen Bedarf an jener Art von Kontinuität, die dem menschlichen Leben einen Sinn verleiht. Die Ziele der Tiere sind unmittelbar und haben eine konkrete Form. Dementsprechend verleiht ihnen ihr Erinnerungsvermögen einen anderen Sinn für Kontinuität, doch der Unterschied liegt eher in der Ausprägung denn in der Art.

Die Zusammensetzung der Subjektivität

Die Subjektivität der Tiere wird zugänglich, da Beziehungen die Möglichkeit eröffnen, Handlungsfähigkeit, Kohärenz, Affektivität und Geschichte darzustellen. Durch die Erinnerung kann aus diesen vier Eigenschaften eine ordnende subjektive Perspektive entstehen. Wenn die Subjektivität der Tiere schließlich im Zuge der Interaktion für den Menschen sichtbar wird, bestätigt sie den subjektiven, menschlichen anderen. Um zu zeigen, was dabei vor sich geht, möchte ich mich auf das Buch *Interaktionsrituale* (1967, 91) beziehen, in dem Goffman das Selbst als „ein geheiligtes Objekt" beschreibt. Um dies auf die Interaktion zwischen Mensch und Tier zu übertragen, sind einige Folgerungen nötig und angesichts einiger meiner Folgerungen würde sich Goffman möglicherweise im Grab umdrehen; haben Sie dennoch Geduld mit mir, während ich die Grundlagen erkläre.

Laut Goffman ist das „geheiligte Objekt" des Selbst „ein Produkt sorgfältiger gemeinschaftlicher, ritueller Arbeit", die sich in kleinen, alltäglichen Situationen der Achtung und des Benehmens manifestiert. Goffman zeigt, dass sich diese Handlungen gegenseitig ergänzen und überschneiden. Als Beispiel führt er eine Situation an, in der einem Gast ein Stuhl angeboten wird. Die Art, wie ich diesen Akt der Achtung ausführe, sagt gleichzeitig etwas über mein Benehmen aus. Ich kann die Handlung würdevoll, unbeholfen, widerwillig, ruhig oder mit viel Aufhebens ausführen. Demzufolge geben sowohl dieser Akt der Achtung, als auch mein Benehmen, das durch diesen Akt sichtbar wird, dem Gast die Möglichkeit, sich selbst als Person mit gutem Benehmen und Achtung gegenüber anderen zu präsentieren. Der Gast kann beispielsweise gutes Benehmen zeigen und meine Unbeholfenheit ignorieren und den angebotenen Stuhl als Zeichen der Achtung ausschlagen und sich vielleicht auf den Boden setzen, wie es die Familienmitglieder tun. Als Reaktion darauf kann ich wiederum handeln und so weiter; die Beteiligten halten sich also „in einer zeremoniellen Kette an den Händen" (Goffman

1967, 90). Das geht meist unbemerkt vonstatten. Durch die regelmäßige Ausführung dieser „zeremoniellen Arbeit bestätigen wir den geheiligten Wert des anderen."

Desweiteren behauptet Goffman, dass Interaktionen und Umfelder verschiedene Möglichkeiten für das Zeremoniell des Selbst eröffnen. Manchmal verläuft das Zeremoniell gut, manchmal schlecht. Wir haben alle bereits Situationen erlebt, in denen wir einfach nichts richtig machen können und sagten: „Heute bin ich einfach nicht ich selbst", oder das Gefühl hatten: „Das bin nicht ich." Goffman beschreibt den Austausch von Achtung und Benehmen als „geheiligtes Spiel" und meint:

> *„Wenn das Individuum das [Spiel des Selbst] spielen soll, dann muss das Umfeld passend sein... Achtung und Benehmen müssen institutionalisiert werden, so dass das Individuum ein entwicklungsfähiges, geheiligtes Selbst abbilden kann und die Möglichkeit hat, auf angemessener, ritueller Basis im Spiel zu bleiben." (Goffman 1967, 91)*

Auch Tiere haben Anteil an diesem Spiel. Ich empfinde die Konzepte der „Achtung" und des „Benehmens" in diesem Zusammenhang jedoch unpassend. Deshalb möchte ich Goffmans Theorie dem Rahmen, den ich in diesem Kapitel erstellt habe, anpassen.

Die Interaktion zwischen Tieren und Haltern zeigt, wie beide das subjektive Selbst des anderen wahrnehmen. Sowohl die Tierhalter als auch die Tiere gehen eine Interaktion mit dem notwendigen Vermögen ein, um auf die Muster der Handlungsfähigkeit, Kohärenz, Geschichte und Affektivität zu reagieren. Zudem legen verschiedene Menschen und verschiedene Tiere in den jeweiligen Kontexten unterschiedliche Muster an den Tag. Dies ermöglicht Menschen und Tieren im anderen ein subjektives Selbst zu erkennen. Erinnern Sie sich bitte, wie ich in Kapitel 5 aufgezeigt habe, dass für jemanden auf der Suche nach einem tierischen Gefährten nicht jedes Tier geeignet ist. Der Grund dafür ist, dass wir auf die unterschiedlichen subjektiven Selbst der einzelnen Tiere auch unterschiedlich reagieren. Diese unterschiedlichen Reaktionen machen es unwahrscheinlich, dass Menschen willkürlich vermenschlichende Eigenschaften auf Tiere projizieren. Obwohl das sicherlich manchmal vorkommt, können bestimmte Eigenschaften einfach nicht auf bestimmte Tiere projiziert werden. Sie wären dann nicht „sie selbst".

In einer überarbeiteten Version von Goffmans „geheiligtem Spiel", weisen Tiere Subjektivität auf verschiedene Art und Weise auf, wie in diesem Kapitel umrissen. Subjektivität führt zu einer unbewussten „Kette des Zeremoniells", in der sich die Wahrnehmung des Menschen und des Tieres wechselwirkend an folgende Linie hält: „Wenn er (oder sie) so ist, dann kann ich so sein." Wenn eine Beziehung funktioniert, dann weil die Handlungsfähigkeit, die Kohärenz, die persönliche Geschichte und die Affektivität des Tieres ein geeignetes „Spielfeld" schaffen, auf dem der Tierhalter ein Selbst ausleben kann – und umgekehrt. Die Übereinstimmung ist niemals vollkommen, so wie sie es auch zwischen Menschen nie sein kann.[10] Im günstigsten Fall ist die unvollkommene Übereinstimmung optimal – sie ist gerade groß genug, um die subjektive Erfahrung des Tierhalters und des Tieres zu bereichern. In Kapitel 5 habe ich darauf hingewiesen, dass das Selbst gedeiht, wenn unsere Fähigkeiten zur Interaktion gefordert werden. Myers meint dazu: „Das genau ist es, was Tiere uns als Interaktionspartner bieten: neue Informationen – Nichtübereinstimmung, unerfüllte Erwartungen, Herausforderungen – im Kontext eines vertrauten Andersseins... Als *Interaktionspartner* repräsentieren Tiere sowohl wichtige Übereinstimmungen mit dem, sowie wichtige Abweichungen vom menschlichen Muster" (Myers 1998, 78-79, Hervorhebung im Original).

Tiere sind zugleich wie wir und doch nicht wie wir. Wie wir selbst können sie Handlungen initiieren. Sie haben eine Vorstellung davon, wie ihre Welt und die anderen Lebewesen in ihr aussehen sollten. Sie haben Gefühle, sie sind keine kartesianischen Maschinen. Sie haben ihre eigene Geschichte, und obwohl sie nicht von ihr berichten können wie wir Menschen, macht es ihnen diese Unfähigkeit zumindest unmöglich, unklare Botschaften auszusenden. Dies macht die Tiere zu erfrischenden Gefährten – beständig und doch voller Überraschungen. Eine Tierhalterin beschrieb diese Freude sehr gut, als sie sagte: „Ich lebe wirklich gerne mit anderen Lebewesen zusammen, deren Art und Weise des Seins in dieser Welt sich so sehr von meinem eigenen unterscheidet."

Ziel dieses Kapitels war es, zu zeigen, dass Tiere sehr wohl ein Selbst besitzen. Das Gefühl, dass Tiere uns etwas zu bieten haben, mit dem wir eine „Verbindung" eingehen können, ist nicht nur das Ergebnis sentimentaler Projektion. Die Handlungsfähigkeit, die Kohärenz, die persönliche Geschichte und die Affektivität des Tieres verschmelzen miteinander und das Erinnerungsvermögen unterstützt die Einordnung. In ihrer Kombination verleihen sie dem Tier eine organisierte, subjektive Perspektive bzw. ein Kernselbst. Die Wahrnehmungen des Kernselbst machen gleichzeitig das Erkennen eines anderen Kernselbst möglich.

Die Interaktion mit Tieren eröffnet viele Möglichkeiten, Hinweise auf diese Merkmale zu gewinnen. Wenn wir an das Selbst als an ein System von Erfahrungen mit den Merkmalen der Handlungsfähigkeit, Kohärenz, Affektivität und Kontinuität denken, dann wird unsere Interaktion mit Tieren unsere Wahrnehmung von diesen Merkmalen reflektieren. Wenn ich beispielsweise am Computer arbeite und Pusskin sich auf die Hinterbeine stellt, hinauflangt und mich am Arm berührt, dann weiß ich, dass sie Aufmerksamkeit möchte – manchmal, aber nicht immer, in Form von Futter. Dies vermittelt mir, dass Pusskin Wünsche und Absichten hat. Wenn ich sie ignoriere, wird sie so lange weitermachen, bis ich ihr Aufmerksamkeit schenke. Manchmal wechselt sie ihre Position, um besser an mich heranzukommen oder sie springt sogar auf den Tisch, um mir den Blick auf den Bildschirm zu versperren. Dies zeigt mir, dass sie sich ihrer Wünsche bewusst ist und sie verfolgen wird, bis sie erfüllt sind. Indem sie ihre Handlungsfähigkeit in der Interaktion mit mir beweist, bestätigt Pusskin meine Wahrnehmung von mir selbst als handlungsfähiges Wesen.

Wenn unsere Katze Punim den Raum betritt, während Pusskin versucht, meine Aufmerksamkeit zu erlangen, wird alles so weiter gehen wie zuvor. Wenn jedoch Leo hereinkommt, hört Pusskin auf, starrt ihn an, nimmt eine defensive Körperhaltung ein und faucht, wenn er zu nahe kommt. Leo versucht Pusskin immer wieder zu tyrannisieren, während Punim und Pusskin zwar nicht gerade Freunde, doch zumindest einander freundlich gesinnte Bewohner desselben Hauses sind. Pusskin kann Punim von Leo unterscheiden und ihr Verhalten dementsprechend anpassen. Wenn ich Pusskin beobachten würde, ohne zu sehen, welche andere Katze den Raum betritt, würde mir ihre Körpersprache verraten, ob es sich um Leo oder Punim handelt. Ihre Fähigkeit, die Kohärenz der Form zu erkennen, bestätigt meine Wahrnehmung.

Wenn ich mit einem meiner Hunde oder mit einem aus dem Tierheim ein Apportierspiel spiele, erkenne ich die Freude und den Enthusiasmus des Hundes. Dieses Erkennen bestätigt meine eigenen emotionalen Wahrnehmungen. Obwohl ich nicht annähernd die gleiche Freude und den gleichen Enthusiasmus während des Spiels verspüre, wie die meisten Hunde es tun, teile ich dennoch ihre Freude mit ihnen. Das Erkennen der Affektivität des Hundes liefert die Bestätigung für meine eigene Wahrnehmung. Und wenn ich, während ich dies hier schreibe, kurz aufblicke und sehe, dass zwei unserer Katzen auf ihren Lieblingsplätzen am Fenster in meinem Büro ein Nickerchen halten, bestätigt diese Kontinuität meine Wahrnehmung davon, eine Beziehung zu ihnen zu haben.

Die Wahrnehmung des Selbst als Erfahrung erfüllt die Ziele des Selbst, die wir in der Interaktion in den Vermittlungsbereichen des Tierheims gesehen haben. Erinnern Sie sich zum Beispiel daran, dass das Selbst Beziehungen zu anderen benötigt. Beziehungen postulieren die Kontinuität von anderen sowie die Entfaltung der Fähigkeiten zur Interaktion, was wiederum einen bestimmten Grad an Herausforderung und Komplexität in der Beziehung postuliert. Da Tiere ein subjektives Selbst haben (bzw. sind), können sie die für die Kontinuität des Selbst notwendigen Herausforderungen bieten. Natürlich ist die Komplexität der Interaktion mit einem Tier nicht mit der mit anderen Menschen zu vergleichen, sie unterscheidet sich jedoch nur in der Ausprägung und nicht in ihrer Art.

Die Vorstellung vom Selbst als Erfahrung zeigt, wie individuell sich die Wahrnehmung des Selbst und der anderen bei Tieren gestaltet. Es zeigt auch, wie die Wahrnehmung des Selbst eines Tieres in der Interaktion mit uns sichtbar wird. Dies ist jedoch ein genauso unvollständiges Bild vom Selbst in Bezug auf Tiere, wie es das für den Menschen wäre. Mensch und Tier können auch Gedanken, Absichten und Gefühle miteinander teilen. Das Ergebnis ist die Wahrnehmung des eigenen Selbst mit dem des anderen im Gegensatz zum Selbst im Unterschied zum anderen. Die beiderseitige Erschaffung des Selbst mit dem anderen oder das Erleben des „wir“ ist Thema des nächsten Kapitels.

Kapitel 8 

Das Selbst mit dem Anderen: Intersubjektivität

Es gibt eine bestimmte Art, wie Dinge für ein Tier aussehen, wie sie schmecken, riechen, sich anfühlen oder sich anhören, von der wir keine Ahnung haben werden, solange wir darauf beharren, dass die einzigen Dinge, die es lohnt, zu kennen, unsere eigenen gesellschaftlichen Konstrukte der Welt sind.

Barbara Noske (1997, 160)

Die Frau saß an ihrem Küchentisch und hatte eine frische Tasse Kaffee vor sich stehen. Sie nahm ihr Telefon und rief ihre Krankenversicherung an, um ein Problem in Bezug auf eine Rechnung zu klären. Diese Aufgabe hatte sich bereits so lange hingezogen, dass sie inzwischen gefühlsmäßig zu einem Acht-Stunden-Job mutiert war und noch dazu zu einem, der in einer Sackgasse zu enden versprach. Jedes Mal, wenn sie von einem weiteren „Kundendienstmitarbeiter" in die Warteschleife gelegt oder wieder in eine andere Abteilung verbunden wurde, wuchs ihre Frustration ein weiteres Stück. Jede neue Stimme verlangte nach einer erneuten Erläuterung der ganzen Geschichte, ein erneutes Aufzählen sämtlicher Daten und Versicherungsnummern. Nachdem sie scheinbar stundenlang der nervtötenden Warteschleifenmusik gelauscht hatte, sprach sie schließlich mit einem Mann, von dem sie hoffte, er könne ihr helfen. Dies stellte sich allerdings als Irrtum heraus. Nachdem sie ihm gegenüber ihre Beschwerde, die sie schon bei Dutzenden von anderen Leuten vorgebracht hatte, wiederholt hatte, wurde ihre Stimme vor Ärger immer lauter. Als schließlich auch er sie wieder in die Warteschleife legte, riss ihr der Geduldsfaden und sie knallte den Hörer auf die Gabel.

Der Kater, der die ganze Szene von seinem Platz am anderen Ende des Küchentisches beobachtet hatte, stand auf und ging zu ihr. Er lehnte sich an sie und beschnupperte ihren Mund und ihre Nase. Dann legte er ihr eine Pfote auf den Arm. Sie sah ihn an, plötzlich von ihrem Ärger abgelenkt, und ließ ihre Hand vom Kopf bis zum Schwanz über seinen Rücken gleiten. Er reckte das Hinterteil in die Höhe, um sich gegen ihre Hand zu drücken. Nach einigen Streicheleinheiten schnupperte er erneut an ihrem Gesicht und kehrte beruhigt an seinen Platz zurück.

Ich fragte Tierhalter nach Situationen, in denen sie das Gefühl gehabt hatten, ihre Tiere würden ihre Gefühle verstehen oder mit ihnen teilen. Die Frau, die mir die obige Geschichte erzählte, glaubte, dass ihr Kater, der an ihre für gewöhnlich geduldige und ruhige Art gewöhnt war, besorgt gewesen war, weil sie so ärgerlich reagiert hatte. Als sie ihn schließlich durch ihr Streicheln beruhigt hatte, entspannte er sich wieder. Die meisten Tierhalter hatten Geschichten dieser Art erlebt. Ein Mann erzählte mir beispielsweise, dass er an Sonntagnachmittagen immer ein Nickerchen hält und sich dazu auf der Couch ausstreckt, während es sich sein Hund in seinem in der Nähe stehenden Korb bequem macht. Wenn sie durch ein lautes Geräusch geweckt werden, sieht der Hund nervös zwischen dem Mann und dem Fenster hin und her. „Wenn ich liegen bleibe, bleibt er auch liegen", sagte der Mann. „Aber wenn ich aufstehe, steht er mit mir auf." Der Hund sieht ihn an, meinte der Mann, „um zu sehen, ob alles in Ordnung ist." Auch Myers (1998) fand im Rahmen seiner Studien zur Interaktion zwischen Kindern und Tieren in einem Kindergarten heraus, „dass Kinder die Vitalitätsaffekte der Tiere spiegeln, wie zum Beispiel die Begeisterung des Hundes, die Trägheit der Frettchen oder die Ruhe der Schlange.[1] Gleichermaßen begannen die Kinder unruhig zu werden, wenn ein Meerschweinchen, das sie gerade fütterten, unruhig war" (Myers 1998, 90).

Solche Beispiele zeigen Tiere als dazu fähig, die Intentionen, Gefühle und andere mentale Zustände mit ihren menschlichen Gefährten gemein zu haben. Trotz des Fehlens einer gemeinsamen Sprache sehen wir die tierischen

Anderen als zu gemeinsamer Interaktion fähig. Die Frau im ersten Beispiel wusste, dass der Kater eine Rückversicherung brauchte, vielleicht fürchtete, sie wäre ärgerlich auf ihn. Der Mann, dessen Hund zu ihm hinsah, wenn er aus dem Schlaf aufgeschreckt wurde, hatte verstanden, dass der Hund in ihm eine verlässliche Orientierungshilfe für seinen eigenen Gefühlszustand sah. Für Menschen, die eng mit Tieren zusammenleben, ist diese Form des Wissens für die gegenseitige Erschaffung des Selbst sehr wichtig. Durch die Interpretation der Sichtweise von anderen – Mensch oder Tier – entwickeln wir eine Wahrnehmung unseres Selbst in Bezug auf andere. Das Kernselbst von Tieren, das sich durch Handlungsfähigkeit, Affektivität, Kohärenz und Geschichte ausdrückt, erhält eine weitere Dimension, wenn die Interaktion das Vermögen, Gedanken und Gefühle mit uns zu teilen, zum Vorschein bringt. Auch wenn wir Menschen unsere Interpretation von diesem Vermögen in Worte fassen, ist diese Erfahrung selbst nicht von Sprache abhängig.

Am Anfang dieses Kapitels steht eine Untersuchung der drei Indikatoren der intersubjektiven Zusammenhänge. Dazu zählen gemeinsame Intentionen, ein gemeinsamer Mittelpunkt der Aufmerksamkeit und gemeinsame Gefühlszustände. Im zweiten Teil des Kapitels komme ich auf die Frage zurück, die bereits in Kapitel 1 aufgeworfen wurde, nämlich warum Menschen ihr Leben mit Tieren teilen. Es wird erörtert, wie die Erfahrung der Intersubjektivität mit Tieren unsere Identität formt. Im Besonderen behaupte ich, dass uns Tiere, weil sie ein Selbst besitzen und wir fähig sind, eine Intersubjektivität mit ihnen zu erreichen, dabei helfen, Situationen zu definieren und Rollen zu spielen. Tiere bereichern außerdem unser Selbst durch die Freude, die sich aus der Interaktion mit ihnen ergibt, besonders durch die Herausforderungen, die diese Interaktionen darstellen.

Gemeinsame Intentionen

Einige der besten Beispiele für gemeinsame Intentionen ergeben sich während des Spiels zwischen Menschen und ihren tierischen Gefährten. Insbesondere bei Verhaltensweisen, die im jeweilig anderen Zusammenhang wie zum Beispiel bei der Paarung, beim Kampf oder bei der Jagd eine dramatisch andere Bedeutung annehmen, ist das Vermitteln der Intention von essentieller Bedeutung.[2]

Aus meinen in Interviews gesammelten Informationen geht hervor, dass ein wichtiger Grund für das Zusammenleben mit einem Hund für den Menschen in der Rechtfertigung zum Spiel liegt. Alle Hundehalter, die ich beobachtet oder interviewt habe, spielten regelmäßig und lebhaft soziale und objektbezogene Spiele mit ihrem Hund, zum Beispiel Renn- oder Zottelspiele.[3] Natürlich hängt dies auch vom Alter des Hundes ab, doch selbst die Hundesenioren erfreuten sich ab und an am Herumtollen. Ich stellte fest, dass die Mehrheit der Hundebesitzer mit ihren Hunden regelmäßig einen Hundepark oder Auslaufgebiete besuchte, damit die Hunde mit anderen Hunden spielen konnten. Viele dieser Hundehalter waren Stammgäste, die jeden oder fast jeden Tag früh am Morgen, in der Mittagspause oder nach der Arbeit dorthin kamen. Auch an den Wochenenden trafen sich regelmäßig Gruppen zum Spielen.

Hunde und ihre Hundehalter sind jedoch nicht die Einzigen, die Spaß haben. Von allen Katzenhaltern, die ich für diese Studie beobachtet oder interviewt habe, spielte in etwa ein Drittel regelmäßig mit ihren erwachsenen Katzen – auch hier abhängig vom Alter, denn alle Halter, die ein junges Kätzchen hatten, spielten regelmäßig mit ihm.[4] Einige Katzenhalter berichteten, dass sich die Katzen selbst beschäftigten (was mit ein Grund für die Beliebtheit von Katzen sein dürfte) und in Haushalten mit mehreren Katzen miteinander spielten. Das Spielen ist für Hunde und Katzen während eines Großteils ihrer Lebensspanne eindeutig von großer Bedeutung und zählt zu den häufigsten Formen der Interaktion zwischen Mensch und Tier.

Wie bereits erwähnt, beinhaltet das Spiel Verhaltensweisen, die in anderem Kontext eine andere Bedeutung haben. Für Hunde und Katzen gehören das Knurren, Angreifen, aneinander Hochsteigen, Fauchen, Beißen und Kratzen zum Spiel. Das macht es unmöglich, Spiel anhand von Verhaltensweisen zu definieren. Tiere können jedoch zwischen einem tatsächlichen Kampf und einem gespielten Kampf unterscheiden. Irgendetwas unterscheidet also diese beiden Umstände. Aber was?

Eine Definition für Spiel wäre hilfreich, doch eine Definition, die das Spiel am Verhalten festmacht, liefert keine Erklärung. Eine andere Möglichkeit ist es, herauszufinden, welchen Zweck das Spiel erfüllt. In der Literatur zum Thema Spiel finden sich häufig Definitionen, in denen Spielhandlungen einen Zweck haben (vgl. Burghardt 1998); wie zum Beispiel die Ausbildung von Fähigkeiten, die später in der Jagd oder in anderen Verhaltensweisen des erwachsenen Tieres benötigt werden. Spiel muss jedoch nicht zwangsläufig einen Zweck haben, sei es zu diesem Zeitpunkt oder im späteren Leben. Wie Bekoff und Allen (1998) betonen, sind funktionale Definitionen aufgrund der zeitlichen Verzögerung zwischen dem im Spiel gezeigten Verhalten und dem daraus folgenden Verhalten im Erwachsenenleben immer problematisch. Diese „ontogenetische Kluft" führt zu einer unklaren Übereinstimmung zwischen dem Verhalten im Spiel und den sich daraus ergebenden Konsequenzen im späteren Leben. Studien zum Verhalten von Katzen zeigen beispielsweise, dass es „wenige bis gar keine Beweise" dafür gibt, dass das Spiel eine Art Übung für das Verhalten im Erwachsenenalter darstellt (Martin und Bateson 1988, 14). So gesehen bieten Bekoff und John Byers eine Definition ohne Gebrauchswert an. Sie beschreiben Spiel als „rein postnatale Motorik, die *scheinbar* ohne Zweck ausgeführt wird und in der die Bewegungsmuster aus anderen Funktionskreisen meist in abgewandelter Form und mit modifiziertem zeitlichem Ablauf eingesetzt werden" (Bekoff und Byers 1981, 300-301; Hervorhebung im Original). Ziellosigkeit markiert das Ausmaß, in dem Spiel eine Handlung für sich ist. Da im Spiel Verhaltensweisen gezeigt werden, die in anderen Situationen einen anderen Zweck erfüllen, ist es wichtig zu erfahren, warum Tiere zu bestimmten Zeiten spielen.

Goffman bezeichnet das Spiel als einen „Erfahrungsrahmen". Der Begriff „Rahmen" bezieht sich auf „eine situationsbezogene Definition, die in Übereinstimmung mit den organisierenden Regeln steht, die sowohl die Vorgänge an sich, als auch die Teilnehmer leiten" (Goffman 1974, 10-11). Das Spiel ist ein „Schutzrahmen" (Apter 1991) oder ein psychologisch „verzauberter Bereich" zwischen den Spielern und der ernsthaften Welt. Dieser Rahmen macht es möglich, dass dasselbe Verhalten in einer Situation einen spielerischen Hintergrund hat, in einer anderen jedoch nicht. Dies erklärt, warum sich die „Arbeit", die ich hier an meinem Schreibtisch verrichte, manchmal wie ein „Spiel" anfühlt und warum ich keine Angst vor Skippers grimmigem Knurren habe, wenn wir ein Zottelspiel spielen.

Wenn Spiel ein besonderer Zustand ist, dann müssen beide Spieler dazu fähig sein, dies zu erkennen. Das Spiel erfordert somit die Fähigkeit zur Intersubjektivität. Die Spielpartner müssen ihre Absicht, in den Schutzrahmen einzutreten, mitteilen oder signalisieren, dass sie das im Moment nicht möchten. Zu anderen Menschen können wir sagen: „Komm, lass uns spielen!" Doch auch Tiere haben Möglichkeiten zu zeigen, dass sie gerade spielen, oder dass sie ein Spiel beginnen möchten (vgl. Bekoff 1977, 1995; Bekoff und Byers 1981). Wie Allen und Bekoff erläutern:

> *„Um das Problem zu lösen, das beispielsweise entstehen kann, wenn das Spiel mit einem Paarungsritual oder einem tatsächlichen Kampf verwechselt wird, haben viele Spezies Signale entwickelt die den Zweck haben, eine ‚Stimmung' oder einen Kontext herzustellen und zu bewahren, in der/ dem ein Spiel stattfinden kann. Bei den meisten Spezies, bei denen Spiel beobachtet wurde, scheinen die Spiel auslösenden Signale eine Kooperation zwischen*

den Spielern zu begünstigen, so dass jeder dem anderen auf eine Weise begegnen kann, die dem Spiel angepasst ist und die sich von der Reaktion auf dasselbe Verhalten in einer anderen Situation unterscheidet."

Das beste Beispiel für ein Signal, das als Spielaufforderung gesehen werden kann, ist die „Spielverbeugung" (vgl. Bekoff 1977, 1995; Bekoff und Allen 1998) – also wenn der Hund plötzlich die Vorderläufe nach vorne streckt, mit dem Vorderkörper hinuntergeht und dabei sein Hinterteil hoch in die Luft streckt. Wenn ich die Hundehalter in den Interviews nach dem Spielverhalten fragte oder sie beim Spielen mit ihren Hunden beobachtete, gaben die meisten von ihnen an – und zwar ohne, dass ich sie darauf aufmerksam gemacht hätte – dass sie wussten, ihr Hund wolle ihnen sagen: „Komm, lass uns spielen!", wenn er diese Vorderkörpertiefstellung einnahm, obwohl wenige von ihnen diese Bezeichnung verwendeten. Einige demonstrierten die Bewegung sogar, um mir zu zeigen, was sie meinten.

Einzelne Hunde verleihen der Geste der Vorderkörpertiefstellung ihre persönliche Note. Skipper duckt beispielsweise den Kopf und dreht sich im Kreis; Dolly stampft mit einer Vorderpfote auf und stößt die Luft aus (so nenne ich das kurze Knurren, das sie nur in solchen Situationen von sich gibt). Durch die Verbeugung (und ihre Variationen) signalisieren Hunde einander, unter welchen Voraussetzungen die folgenden Handlungen zu sehen sind. Außerdem zeigen Hunde die Verbeugung, wie Bekoff erklärt, auch im Verlauf des Spiels, um dem anderen mitzuteilen: „Ich möchte mit dir spielen, unabhängig davon, was ich als Nächstes machen werde oder was ich gerade getan habe. Ich möchte weiter mit dir spielen." (Allen und Bekoff 1997, 103) Unabhängig von der Spezies ist Spiel eine höchst komplexe Aktivität mit anderen, die die Koordination von Handlungen untereinander sogar bis hin zur Täuschung beinhaltet. Bekoffs Arbeit über Hunde zeigt, dass sie die Fähigkeit besitzen 1) Intentionen zu haben; 2) zu verstehen, dass andere diese Intentionen vielleicht falsch interpretieren könnten; 3) ihre Intentionen mitzuteilen, um ein gegenseitiges Verständnis des Kontextes sicherzustellen, in dem die Handlungen verstanden werden sollen.[5] Soviel also zu Meads „bedeutungsloser" Zwiesprache durch Gesten. Für einen Hund hat ein Knurren nicht immer dieselbe Bedeutung.

Auch Menschen, die mit Katzen zusammenleben, erkennen, wann ihre Katze zum Spielen aufgelegt ist, obgleich es bei Katzen meines Wissens keine mit der Spielverbeugung vergleichbare Geste gibt. Trotzdem konnten die Katzenhalter, die ich befragt habe, sagen, wann ihre Katze Lust hatte zu spielen – und wann nicht:

> *„Er sitzt da, sieht sich extrem aufmerksam um und sein Schwanz schlägt von einer Seite auf die andere. Dann gehe ich und hole sein Lieblingsspielzeug und wir spielen ein Weilchen. Normalerweise beendet er das Spiel zuerst. Er geht einfach davon und ich weiß dann, dass das Spiel vorbei ist."*
>
> *„Wenn ich diesen Ausdruck in ihrem Gesicht sehe, dann weiß ich, dass es Zeit für ein Spiel ist."*
>
> *„Sie hat eine bestimmte Art zu gehen, die mir sagt, dass das Spiel beendet ist. Sie ist gelangweilt oder einfach nur bereit, wieder etwas anderes zu tun."*
>
> *„Wenn wir miteinander spielen, hört er manchmal mittendrin auf, um sich zu putzen oder sich zu kratzen. Ich habe ihn mit Mäusen und Käfern beobachtet, und wenn er es wirklich ernst meint, dann hört er nicht mittendrin auf, um sich zu kratzen."*
>
> *Auch eine Katzenhalterin, die von Alger und Alger (2003, 21) interviewt worden war, beschrieb, wie ihre Katze ihr Socken oder andere Dinge brachte, die sie zuvor gemopst hatte und ihr damit zeigte, dass sie Lust hatte, zu spielen.*

Im Sozialspiel untereinander scheinen Katzen auf das Konzept von Versuch und Irrtum zurückzugreifen. Eine Katze, die spielen möchte, wird die andere verfolgen oder sich auf sie stürzen. Wenn der Spielpartner ebenfalls Lust auf ein Spiel – oder zumindest nichts dagegen hat – geht die Jagd los. Wenn nicht, dann zeigt die andere Katze deutlich, dass sie nicht in der Stimmung ist. Fauchen, Knurren oder eine Ohrfeige geben der anderen Katze zu verstehen: „Lass mich bloß in Ruhe!" Während ich dies schreibe, haben zum Beispiel zwei der vier Katzenmitglieder meiner Familie gerade unterschiedliche Vorstellungen von Sozialspiel. Die 15 Jahre alte Pusskin erteilt den Spielaufforderungen von Leo sehr oft eine Absage. Leo pirscht sich an Pusskin heran, und wenn sie ihn sieht, legt sie die Ohren zurück, faucht und sieht in eine andere Richtung. Leo weicht daraufhin zurück und legt sich hin; üblicherweise in Seitenlage, als wolle er sagen: „Ups! Tut mir leid. Ich habe gar nicht bemerkt, dass du gerade beschäftigt bist." Dies zeigt nicht nur, dass Katzen anderen ihre Absichten mitteilen, sondern dass sie auch die Anzeichen dafür erkennen können, wenn sie damit nicht ankommen.

Bei Menschen manifestiert sich die Fähigkeit, Intentionen zu teilen, zwischen dem siebten und neunten Lebensmonat und ist ein ursprachlicher Marker für den intersubjektiven Bezug. Der Säugling besitzt – wie das Tier – bereits ein Kernselbst, das sich durch die Handlungsfähigkeit, die Affektivität, die Kohärenz und die Geschichte zeigt. Das Kernselbst ermöglicht es dem Säugling und dem Tier, sich selbst von anderen zu unterscheiden. Die Fähigkeit, Intentionen zu teilen, führt dazu, andere Absichten zu erkennen. Wichtiger noch: Es führt zum Erkennen anderer, „zur Übereinstimmung fähiger" Individuen (Stern 1985, 124). Das heißt, dass zwei Individuen – ob von derselben Art oder nicht – dieselben Ansichten teilen können. Das spricht für eine anders geartete Wahrnehmung vom Selbst zusätzlich zur Wahrnehmung des Kernselbst. Während sich die Wahrnehmung des Kernselbst in offenkundigen Verhaltensweisen zeigt, wie beim Lernen zu sitzen oder sich nicht im Haus zu lösen, weist die intersubjektive Dimension auf die Möglichkeit hin, dass andere unsere inneren Wahrnehmungen und Intentionen mit uns teilen können. Es sollte also nicht überraschend sein, dass soziale Tiere über diese Fähigkeit verfügen. Spiel ist nicht der einzige Bereich, der Beweise dafür bereithält, dass Tiere die Intentionen ihrer menschlichen Halter teilen. Die Halter, die ich beobachtet und interviewt habe, meinten, dass ihre Katzen ihre Intentionen in Bezug auf Futter mitteilten. Mehrere Halter berichteten, dass ihre Katzen sie regelmäßig zu bestimmten Zeiten weckten, indem sie ihnen eine Pfote ins Gesicht, auf den Arm oder auf eine andere zugängliche Hautfläche drückten. Das machten die Katzen solange, bis ihre Halter aufstanden und sie fütterten. Dass hier eine Intention vermittelt wird („Steh auf und füttere mich!") und es sich nicht lediglich um eine simple Beeinflussung handelt („Wenn sie aufsteht, füttert sie mich vielleicht."), wird durch bestimmte Bedingungen deutlich. Erstens: Wenn die Katze den Menschen nur dazu bringen wollte, aufzustehen, in der Hoffnung, dann möglicherweise Futter zu bekommen, würde sie die Handlung beenden, sobald der Mensch aufgestanden ist. Beachten Sie in diesem Zusammenhang die Beschreibung dieser Halterin vom morgendlichen Verhalten ihrer Katze:

> *„Für gewöhnlich fängt sie so gegen 5:30 Uhr an, mich mit der Pfote zu berühren. Ich kann mich unter der Decke verkriechen und noch ein paar Minuten Schlaf herausschinden, doch sie wird wirklich aufdringlich. Sie beginnt, in den Decken zu graben und macht es mir unmöglich, weiterzuschlafen. Ich habe versucht, sie aus dem Zimmer auszusperren, doch sie kratzt an der Tür. So habe ich gelernt, einfach aufzustehen. Wenn ich aufgestanden bin, folgt sie mir überall hin, um sicher zu gehen, dass ich sie auch füttere. Sie geht mit mir ins Badezimmer, bleibt ganz nahe bei mir und reibt sich an mir. Wenn wir das Badezimmer verlassen, läuft sie den Gang entlang voraus zur Küche und schaut immer wieder über die Schulter zu mir, um sicherzugehen, dass ich auch wirklich mitkomme. Wenn ich versuche, vor dem Füttern zuerst einmal einen Kaffee zu trinken oder so – nun, vergessen Sie's. Das habe ich auch gelernt. Sie schlängelt sich um meine Arme und es ist einfach zwecklos. Also stehe ich auf, füttere sie und mache dann mit meinem Morgenritual weiter."*

Beachten Sie, dass die Katze bei ihrer Halterin bleibt und ihre Intention solange deutlich kommuniziert, bis sie gefüttert wird. Diese Hartnäckigkeit ist ein Beweis dafür, dass sich die Katze des Zieles, das sie erreichen will, bewusst ist. Meine Katze Pusskin ist ähnlich beharrlich. Unsere Katzen bekommen zweimal am Tag ihr Futter, und obwohl eine andere Katze für das Morgenritual zuständig ist und die Hunde dann mitmachen, erinnert Pusskin mich daran, wann es Zeit fürs Abendessen ist. In Kapitel 7 habe ich schon erwähnt, dass sie auf den Hinterbeinen neben meinem Stuhl steht, wenn ich gerade an meinem Schreibtisch sitze, und ihre rechte Pfote ausstreckt, während sie sich mit der linken am Sitz des Stuhles abstützt. Sie berührt mich am Unterarm. Ich streichle sie und gebe mich trotz all der Jahre unseres Zusammenlebens der vergeblichen Hoffnung hin, dass sie einfach nur Aufmerksamkeit sucht und ich nicht wirklich aufhören muss zu arbeiten. Wenn ich sie ein wenig gestreichelt habe, wende ich mich wieder meiner Arbeit zu und empfange umgehend zwei weitere Pfotentapser. Dieses Mal nehme ich sie hoch und setze sie auf meinen Schoß. Sie klettert auf den Schreibtisch und stellt sich zwischen mich und den Bildschirm. Dann streckt sie wieder die Pfote aus und streicht über meine Hand oder meine Schulter, was immer sie gerade besser erreichen kann. Da es inzwischen sowieso unmöglich geworden ist weiterzuarbeiten, stehe ich auf und gehe aus dem Zimmer. Sie schießt an mir vorbei und läuft voraus in Richtung Küche, wobei sie auf dieselbe Art zu mir zurückschaut, wie die Katze im vorigen Beispiel. Unser Gang in die Küche ruft die anderen Katzen herbei, wobei ich nicht sagen kann, woher sie wissen, dass von all meinen nachmittäglichen Abstechern in die Küche es gerade dieser ist, der Futter bedeutet.

Das gemeinsame Zentrum
Washoe, Koko und Alex

Diese Dimension der Intersubjektivität bezieht sich auf den Umstand, dass das, was Sie gerade ansehen, auch für mich so interessant ist, dass ich es mit Ihnen teilen möchte. Bei Säuglingen ist die Fähigkeit, abwechselnd in das Gesicht der Mutter und auf ein „Zielobjekt", auf das sie zeigt, zu sehen, ein weiteres vorsprachliches Zeichen intersubjektiver Bezogenheit. Wenn ein Kind dem Blick seiner Mutter folgt, während es sich immer wieder in ihren Augen und ihrem Gesicht Bestätigung holt, dann bedeutet dies mehr, als dass das Kind einfach nur die Fähigkeit besitzt, eben dem Blick der Mutter zu folgen. Es „ist ein bewusster Versuch zu bestätigen, dass die gemeinsame Aufmerksamkeit erreicht wurde, also dass das Zentrum der Aufmerksamkeit geteilt wird" (Stern 1985, 129). Die gemeinsame Aufmerksamkeit erfordert die Fähigkeit, alternative Möglichkeiten in einem gemeinsamen Bedeutungskontext abzuwägen.

Hunde verlassen sich sehr auf den Augenkontakt und den Blick. Sanders (1999, 144) schreibt, dass sie „beträchtliches Interesse am Gesichtsausdruck des Menschen zeigen und ihren Blick in die Richtung lenken, auf die sich gerade die menschliche Aufmerksamkeit richtet. Die gemeinsame Blickrichtung ist Ausdruck für die geteilte Aufmerksamkeit sowie ein Mittel, mit dem Hunde und andere tierische Gefährten ihr Verständnis für den jeweiligen Zustand zu verstehen geben." Seine Aufzeichnungen beschreiben die Bedeutung des Blicks auf eine Art, die vielen, die regelmäßig mit Hunden interagieren, bekannt vorkommen wird:

> *„Wenn Emma und Isis mich ansehen, richtet sich ihre Aufmerksamkeit meist auf meine Augen. Bei unseren Spaziergängen habe ich bemerkt, wie wichtig das Schauen für sie ist. ... Wenn ich*

während eines Spazierganges stehen bleibe und in eine bestimmte Richtung sehe, bleiben auch sie stehen, blicken zu mir und dann in die Richtung, in die ich schaue. Dies scheint mir ein ziemlich klares Zeichen für ihre natürliche Fähigkeit, sich in meine Perspektive zu versetzen. Sie versuchen buchstäblich, meinen „Blickwinkel" einzunehmen. Wenn ich meinen Blick auf etwas richte, schließen sie daraus, dass es wohl etwas Wichtiges sein muss."
(Sanders 199, 144)

Hunde setzen den Blick auch von sich aus ein. Zahlreiche Hundehalter erzählten mir, dass ihre Hunde ihnen mitteilten, wann es Zeit für einen Spaziergang war, indem sie zunächst zur Leine oder zur Tür blickten und dann zu ihnen. Wenn die Hunde die Aufmerksamkeit ihrer Halter hatten, schauten sie erneut zur Leine oder zur Tür, offensichtlich davon ausgehend, dass die Blicke der Halter den ihren folgen würden. Andere beschrieben, wie ihre Hunde abwechselnd zwischen ihnen und der Keksdose oder dem Schrank mit dem Futter hin und her schauten.

Bei Katzen und ihren Haltern konnte ich weniger Belege für gemeinsame Blicke in eine bestimmte Richtung erkennen. Tatsächlich ist es eine der irritierendsten Eigenschaften von Katzen, einen weiter anzustarren, selbst wenn man den Blick abwendet. Es ist wahrscheinlicher, sie schauen weiter, weil man den Blick abgewandt hat, da ihre visuellen Fähigkeiten und ihr Beutetrieb auf Bewegung ausgelegt sind. Menschen mit Angst vor Katzen wären also besser dran, wenn sie lernen würden, zurückzustarren. Ich fand jedoch heraus, dass viele Katzenhalter versuchen, das, was die Katzen sehen, mit ihnen zu teilen. Katzen starren oft unbeweglich etwas an, das so klein oder so schnell ist, dass es unserer Aufmerksamkeit entgeht. Katzenhalter berichteten, dass sie, wenn sie bemerkten, dass ihre Katze von etwas ganz in den Bann gezogen war, versuchten herauszufinden, worum es sich dabei handelte, üblicherweise, ohne dass es die Katze wahrnahm. Fliegt zum Beispiel ein Nachtfalter ins Haus, ist die Katze sofort davon fasziniert. Der Mensch wird die Motte zunächst vielleicht nicht bemerken; die beeindruckend hohen Sprünge der Katze gegen die Wand oder die gläserne Terrassentür – oder die subtileren Anzeichen, wenn die Katze einen Punkt an der Wand oder der Tür fixiert – sind jedoch nicht zu übersehen. Der Mensch entdeckt daraufhin das Objekt, auf das sich die Aufmerksamkeit der Katze richtet, doch die Katze nimmt den Menschen nicht wahr. Hierbei handelt sich nicht wirklich um „geteilte" Aufmerksamkeit, da die Katze das Interesse des Menschen nicht bestätigt. Wir werden bald ein Beispiel dafür sehen. Trotzdem weist schon der Versuch, die Aufmerksamkeit der Katze zu teilen, auf „eine kurzzeitige, aber dennoch unwiderstehliche Stellung des Tieres als soziales Gegenüber" hin (Myers 1998, 95).

Nachdem ich begonnen hatte, nach Anzeichen für gemeinsame Aufmerksamkeit bei Katzen zu suchen, kam ich auf den Gedanken, dass aufgrund ihrer besonders entwickelten visuellen Fähigkeiten der Beweis für den Augenkontakt oder für den gemeinsamen Blick hier vielleicht nicht zu finden ist. Ich begann, nach anderen Indikatoren zu suchen, und fand heraus, dass Katzenhalter von einer Form der geteilten Aufmerksamkeit berichteten, die wiederum das Thema Futter betrifft. Alle, die länger als ein Jahr eine Katze hatten, beschrieben mir Ähnliches wie in meinen Beobachtungen, die ich während eines Besuchs bei einer Katzenhalterin machte:

> *[Der Kater] „...geht hinüber zum Schrank, in dem das Futter aufbewahrt wird, und setzt sich sehr aufrecht davor. Wir sehen ihn beide an und die Katzenhalterin erklärt, wenn sie „es nicht sofort rausholt" oder versucht, das Unvermeidliche hinauszuzögern, er sie daran erinnern wird. Wir reden ein paar Minuten miteinander und versuchen, den Kater nicht anzusehen, in der Hoffnung, ihn dazu zu bringen, das Verhalten zu zeigen, das sie angesprochen hat. Nach nicht einmal einer Minute würde er herüberkommen und „vollen Körpereinsatz zeigen", wie sie es nennt [er reibt seine Flanken an ihr]. Und tatsächlich kommt er nach ein oder zwei Minuten herüber. Er „zeigt vollen Körpereinsatz" und geht wieder zum Schrank zurück. Ich schlage vor,*

dass wir ein paar weitere Minuten warten, um zu sehen, was als Nächstes passiert, und bin froh, dass ich das getan habe, denn nun reibt er sich an der Schranktür, geht wieder zur Halterin und reibt sich an deren Bein, bevor er sich erneut auf seinen Platz vor dem Schrank begibt. Er sitzt dort, starrt uns an, schaut zum Schrank und schließlich wieder zu uns."

Ich werde verdeutlichen, worauf das hindeutet. Wenn ich auf etwas zeige und Sie ihren Blick darauf richten, um zu sehen, was es ist, heißt das, dass sie meinen Fokus der Aufmerksamkeit ausfindig machen können. Wenn Sie jedoch das Objekt, auf das ich zeige, ansehen und danach Ihren Blick wieder auf mich richten, um zu bestätigen, dass wir unsere Aufmerksamkeit tatsächlich auf dasselbe Objekt richten, ist das etwas anderes. Es zeigt die Erkenntnis, dass wir zwei verschiedene Individuen sind, deren Aufmerksamkeit sich auf verschiedene Dinge richten, aber in Übereinstimmung gebracht und geteilt werden kann. Dies mag kein ich-bewusster Prozess sein, er findet möglicherweise unbewusst statt. Das „Gegenchecken" beim anderen weist jedoch auf den Wunsch hin, zu erkennen und erkannt zu werden.

Katzen geben auch Laute von sich, um mitzuteilen, worauf sich ihre Aufmerksamkeit richtet. In den mehr als 20 Jahren, die ich mit Katzen zusammenlebe, habe ich sehr genau auf ihre Laute geachtet und festgestellt, dass sie unter bestimmten Umständen bestimmte Laute verwenden. Es gibt einen Laut, den sie von sich geben, wenn sie einen Vogel sehen; ich war immer der Meinung, dass es wie das Blöken eines Lammes klingt, andere sprachen jedoch von einem Zirpen. Wenn ich aus dem Fenster sehe und den „Vogelruf" meiner Katzen imitiere, kommt Pusskin angerannt, um zu sehen, was ich entdeckt habe. Manches Mal hat sie dann auf der Suche nach dem Vogel aus dem Fenster gesehen, und wenn sie keinen entdecken konnte, (hat sie aus irgendeinem Grund) mein Gesicht abgeschnuppert und ist dann weggegangen.

Gemeinsame Gefühlszustände

Die meisten Tierhalter, die ich befragt habe, waren davon überzeugt, dass ihre Tiere für ihre Stimmungen und Gefühle empfänglich sind. Andere Studien bestätigen dies ebenfalls (vgl. Collis und McNicholas 1998 für einen Überblick; vgl. auch Alger und Alger 2003; Thomas 1993; Masson und McCarthy 1995; und Masson 1997). Auch wenn es, wenn Gefühle im Spiel sind, auch in Bezug auf Menschen niemals eindeutige Beweise geben kann, existieren nichtsdestotrotz Beweise dafür, dass Tiere manche Gefühlszustände mit uns gemein haben können. Wir Menschen vermitteln mehr von unseren Gefühlszuständen, als uns selbst bewusst ist, und zwar über unsere Mimik, über unsere Körpersprache und über chemische Vorgänge in unserem Körper, die nur Tiere wahrnehmen können. Zumeist sind diese „Signale" so sehr in andere Verhaltensweisen eingebettet, dass es schwer ist, ein „reines" Beispiel zu präsentieren. Das klassische Beispiel ist vielleicht Hans, das kluge Pferd. Der kluge Hans lebte im frühen 20. Jahrhundert in Berlin. Er wurde berühmt aufgrund seiner angeblichen Fähigkeit, Rechenaufgaben lösen zu können. Sein Besitzer fragte ihn nach der Summe zweier Zahlen und Hans antwortete, indem er mit dem Huf auf den Boden aufstampfte. Viele Menschen vermuteten einen Betrug dahinter und beschuldigten den Besitzer, Hans ein Zeichen zu geben, wann er aufhören sollte, mit dem Huf zu stampfen. Eine Gruppe hoch angesehener Wissenschaftler untersuchte den Fall und fand keine Hinweise darauf, dass Hans ein Zeichen von seinem Besitzer bekam (vgl. Allen und Bekoff 1997, 25-26). Bei einer späteren Untersuchung wurde jedoch festgestellt, dass Hans in der Tat auf Zeichen reagierte, diese waren jedoch von anderer Art, als man vermutet hatte (vgl. Pfungst 1911). Hans reagierte auf die subtilen, unbeabsichtigten Hinweise der Menschen um ihn herum, die sich unmerklich entspannten oder leise ausatmeten, wenn er die richtige Antwort erreicht hatte. Seither wurden unerklärliche Fähigkeiten von Tieren mit dem Hinweis auf den klugen Hans abgetan, der ja *nur* die Körpersprache gelesen hatte. Hierbei wird jedoch ein wichtiger Punkt übersehen, denn wichtig ist nicht, dass Hans unfähig war, zu rechnen. Wichtig ist, dass er die subtilen Zeichen verstand, die den Pferden und anderen Tieren – inklusive den Menschen – vermitteln, was sie wissen müssen.[6]

Als Rudeltiere reagieren Hunde sehr empfindlich auf die Gefühle anderer. Bei ihren wild lebenden Verwandten hängt das Überleben von der Fähigkeit ab, die anderen Rudelmitglieder zu verstehen. Auch Haushunde verlassen sich auf diese Fähigkeit, um ihre Stellung in einer sozialen Gruppe zu definieren, ganz gleich, ob diese Gruppe aus Hunden oder aus Menschen besteht. Sie studieren Augen und Mimik ihres Gegenübers und empfangen weitere Signale, wie zum Beispiel Gerüche. Elizabeth Marshall Thomas erinnert sich an einen Tag, an dem sie sich sehr bemüht hatte, ihre düstere Stimmung nicht zu zeigen, doch ein Hund spürte trotzdem, was sie vor anderen Menschen hatte verbergen können. „Er starrte mich über die große Distanz hinweg einen Moment lang an", schreibt sie, „als ob er sicher gehen wollte, dass er wirklich sah, was er dachte zu sehen, und nachdem er offensichtlich entschieden hatte, dass sein erster Eindruck richtig gewesen war, fiel er sichtlich in sich zusammen." (Thomas 1993, xvii) Gleichermaßen beschreibt Bekoff die Reaktion seines Hundes Jethro auf seine Stimmung:

> *„Einmal kam ich nach einem furchtbaren Arbeitstag nach Hause zurück. Üblicherweise begrüßt mich Jethro sofort und möchte auch sofort etwas zu fressen haben. Doch dieses Mal war er total gedämpft. Er schien zu wissen, dass ich Zuwendung benötigte. Er war sehr mitfühlend und einfühlsam, lehnte sich an mich und sah dabei aus, als würde er denken: „Marc braucht Hilfe."*
>
> *(zit. nach Schoen 2001, 172)*

Die Beschreibungen von Thomas und Bekoff machen darauf aufmerksam, dass Hunde nicht nur unseren Gefühlszustand erkennen, sondern auch ihren eigenen dem unseren anpassen können. Lesen sie dazu einen Auszug aus meinen Aufzeichnungen:

„Skipper und ich kamen an einer Stelle vorbei, an der Arbeiter gerade die Straße aufrissen, um etwas an der Kanalisation zu machen. Sie arbeiteten mit einigen sehr lauten Maschinen und es lagen große Brocken Asphalt herum. Als wir näher kamen, versteifte sich Skipper und kam näher zu mir. Dann zog er nach hinten und versuchte umzudrehen statt vorbeizugehen. Es machte ihm zu große Angst. Ich ging jedoch weiter, als sei alles in Ordnung. Skipper schaute ständig zwischen meinem Gesicht und der Baustelle hin und her. Ich schob mir die Sonnenbrille ins Haar, damit er meine Augen sehen konnte. Ich behielt den Blickkontakt mit ihm bei, auch wenn er immer wieder zu den Arbeitern hinsah. Ich sagte immer wieder: „Schau mich an, guter Hund, so ist's gut. Ja. Braver Hund, braver Skipper", während wir weitergingen. Er war zunächst sehr vorsichtig, doch dann sah er mir fest in die Augen und wir gingen vorbei."

Man könnte behaupten, das sei reine Beeinflussung oder „Emotionsübertragung". Menschen neigen dazu, zu lächeln, wenn sie eine andere Person lächeln sehen, oder einen Kloß im Hals zu haben, wenn eine andere Person weint. Untersuchungen zeigen, dass bereits zwei Monate alte Säuglinge zu weinen beginnen, wenn sie in einer Tonbandaufnahme jemanden weinen hören – sogar, wenn sie es selbst sind (vgl. Stern 1985). Gefühlsübertragung kommt bei höher entwickelten Lebewesen vor und vielleicht hat Skipper meine Ruhe nur in einer ähnlichen, genetisch programmierten Weise imitiert, wie er heult, wenn er einen anderen Hund heulen hört.

Der Begriff „Imitation" mag vielleicht den biologischen Ursprung des Phänomens erklären, das ich hier beschreibe, oder vielleicht den Mechanismus, der das Auftreten des Phänomens möglich macht, doch der Begriff ist nicht weitreichend genug. Erstens: Hätte es sich um reine Imitation gehandelt, hätte Skipper nicht auf die Art bei mir „nachgeprüft", wie er es getan hat. Indem er das tat, zeigte er, dass er mir die Fähigkeit zusprach, einen Gefühlszustand, der auch für ihn von Bedeutung ist, zu haben und zu erkennen zu geben. In dieser unsicheren Situation, in der er sich hätte annähern oder zurückweichen können, schaute er mich an, um mit seiner Unsicherheit fertig zu werden. Dies ist als „Interaffektivität" bekannt, was sich auf eine „Emotion, die geteilt und deren Teilung auch *verstanden* wird" bezieht (Myers 1998, 90; Hervorhebung im Original). Dies ist möglicherweise sogar die „erste, tiefgreifendste und am unmittelbarsten wichtige Form, subjektive Wahrnehmungen zu teilen" (Stern 1985, 132).

Zum Zweiten bleibt die Frage, ob wir Skippers Interaffektivität „lediglich" als instinktives oder konditioniertes Verhalten abtun sollten oder ob sie einen Beweis für die Existenz eines Selbst darstellt. Mit anderen Worten: Ist Skipper verpflichtet, mich anzusehen, weil er in mir die „Anführerin" sieht? Oder aber sieht er mich an, weil er auf irgendeiner Ebene weiß, dass ich weiß, was er fühlt? Beide Erklärungen scheinen richtig zu sein. Wie alle Hunde ist Skipper genetisch darauf programmiert, auf einen Anführer zu achten. Da er jedoch auch ein soziales Wesen ist, enthüllt sein Achten auf eine Anführerin jedoch auch etwas über die Rolle von Beziehungen. Skipper sah mich nicht an, weil er keine andere Wahl hatte, sondern weil wir eine gemeinsame Geschichte haben. Wäre er mit jemand anderem die Straße entlanggegangen, hätte er sich nicht genauso verhalten. Er und ich haben Intentionen, unsere Aufmerksamkeit für bestimmte Dinge und andere Gefühlszustände miteinander geteilt. Diese Geschichte bekräftigt sich selbst und bekräftig auch das Selbst. Intersubjektivität verstärkt das Gefühl von Sicherheit und Verbundenheit mit anderen. Wenn wir uns die Ziele des Selbst in Erinnerung rufen, nimmt die Intersubjektivität in Bezug auf das Überleben einen wichtigen Platz ein. Kurz gesagt: Alle Beweise deuten darauf hin, dass Skippers Handlungen in Bezug zum Selbst stehen.

Berührungen sind immer wiederkehrende Beweise für geteilte Gefühlszustände. Sowohl Hunde als auch Katzen nehmen mit Menschen Kontakt auf und die darauffolgende Interaktion ist für beide Seiten angenehm, wie der folgende Auszug aus einem Interview zeigt:

„An den meisten Abenden haben wir eine feste Routine. Nach dem Geschirrspülen sehen wir ein wenig fern. Ich sitze auf der Couch und die Katze springt hoch und setzt sich neben mich. Die Bürste liegt gleich daneben [auf dem Couchtisch] und ich fange an, sie vom Kopf her zu bürsten. Sie liebt es und für mich ist es ebenfalls sehr beruhigend. Wir beide entspannen uns. Es ist auch fast, nun ja, es ist sehr vertraut, weil wir uns gegenseitig darauf verlassen, dass keiner von uns etwas tut, was den anderen verletzt."

Da die Genetik Hunde und Katzen auf verschiedene Formen der sozialen Interaktion vorbereitet, verfügen die beiden Spezies nicht über identische intersubjektive Fähigkeiten. Die daraus resultierenden sozialen Fähigkeiten von Hunden und Katzen ermöglichen unterschiedliche Arten der Beziehung und die Eigenschaften einer Spezies sind nicht zwangsläufig für jeden anziehend. Wie ein Halter behauptete, mag dies größtenteils erklären, was es bedeutet, ein „Katzenmensch" oder ein „Hundemensch" zu sein. Unabhängig davon, welche Spezies man bevorzugt, die zustandekommenden Beziehungen verfügen oft über eine reichhaltige emotionale Dimension.

Intersubjektivität und das Selbst

In Kapitel 1 habe ich die Frage aufgeworfen, weshalb Menschen Beziehungen mit Tieren eingehen. Ich stellte fest, dass die verschiedenen Erklärungen dafür unzureichend sind, weil jede einzelne unserer Beziehungen auf eine einzige Erklärung zurückführt, wie beispielsweise dem Drang, zu dominieren, oder die Unfähigkeit, Beziehungen mit anderen Menschen einzugehen. Ich behaupte, dass wir unsere Beziehungen zu Tieren aufrechterhalten, weil sie für unser Ich-Bewusstsein unerlässlich sind. Identität ist nicht auf eine Erklärung beschränkt, nicht einmal auf 20

Erklärungen. Sie ist veränderlich und, noch wichtiger, interaktiv. Die Identitäten empfindungsfähiger Wesen, sowohl von Menschen als auch Tieren, hängen zum Großteil von deren Beziehungen zu anderen ab, die einen Verstand besitzen, Gefühle empfinden und Intentionen haben. Wenn Menschen die Tiere zu diesen „anderen" zählen – und ich bin der Meinung, dass wir das müssen – dann muss im nächsten Schritt untersucht werden, auf welche Weise die Beziehungen zu Tieren unsere Identitäten formen.

Im folgenden Abschnitt untersuche ich zwei Möglichkeiten, wie dies geschieht. Zunächst erörtere ich, wie Tiere zur, wie ich es nenne, *Quelle der Erschaffung des Selbst* werden. Ich behaupte, dass Tiere uns zeigen, welche Rolle wir spielen, und uns dabei helfen, Situationen zu definieren, wie es auch andere Menschen tun. Dann behaupte ich, dass die Interaktion mit Tieren unsere subjektive Wahrnehmung bereichert. In den vorangegangen Kapiteln habe ich behauptet, dass zu guten Beziehungen zunehmende Komplexität gehört. Tiere sind in der Lage, dies zu bieten, weil sie subjektive Wesen sind und weil sie Anzeichen dafür liefern, intersubjektive Wahrnehmungen mit uns zu teilen. Im letzten Abschnitt dieses Kapitels werde ich mich genauer mit dem Thema Spiel beschäftigen, um zu zeigen, wie Tiere einen Grad der Einbeziehung ermöglichen, der unser subjektives Erleben bereichert.

Tiere als Quelle der Erschaffung des Selbst

Eine der Möglichkeiten, an das Selbst zu denken, ist, es als ein Drehbuch oder eine Geschichte zu sehen, in dem bzw. in der alle Rollen, die wir im täglichen Leben spielen, miteinander verbunden sind. Wir können engagierte Arbeitnehmer, hingebungsvolle Eltern und gute Freunde sein, leidenschaftlich gegenüber einigen Dingen, indifferent gegenüber anderen. All diese Rollen und Perspektiven unterscheiden sich dramatisch voneinander und doch verbindet sie etwas miteinander. Tiere haben am Prozess der Gestaltung des Selbst teil, da sie andere Rollen in uns hervorrufen, die wir wiederum in unsere Vorstellung davon, wer wir selbst sind, einbinden.

Die konventionelle Art, eine „Rolle“ zu definieren, orientiert sich an einer Reihe von Pflichten und Verpflichtungen, die mit dem sozialen Status einhergehen. Diese Definition vermittelt den Eindruck, dass jeder, der einen bestimmten Status innehat, auf eine bestimmte Art und Weise agiert oder Sanktionen riskiert. Meiner Meinung nach ist diese Art des Verständnisses von Rollendefinition zu eingeschränkt. Gewiss existieren Regeln für das Benehmen, doch unsere Erfüllung von Rollen ist nichtsdestotrotz im höchsten Maße individuell und flexibel. Statt der konventionellen Definition von Rollen ziehe ich es deshalb vor, einen durch symbolischen Interaktionismus geprägten Begriff zu verwenden. In diesem Sinne ist das Verhalten einer bestimmten Rolle zwar nach wie vor vorgegeben, doch eher im Sinne einer allgemeinen Perspektive denn eines strikt einzuhaltenden Plans. Kurz gesagt: Der Ansatz des symbolischen Interaktionismus erinnert uns daran, dass es nicht die Rollen sind, die handeln, sondern die Menschen, und dass das Individuum die Rolle auf sich zuschneidet und nicht umgekehrt.

Die Sichtweise des symbolischen Interaktionismus in Bezug auf Rollen beinhaltet drei eng miteinander verwandte Begriffe: Struktur, Gestalt und Mittel.[7] Darüber hinaus wird angenommen, dass Rollen in bestimmten Situationen auftreten. Es schildert Verhalten als auftretend innerhalb von mit anderen Menschen bevölkerten Kontexten, anstatt vorzugeben, wir handelten auf eine vorgegebene Art und Weise unabhängig von der jeweiligen Situation. Die interaktionistische Sichtweise unterstreicht, dass Menschen verstehen, wie die Rollen in einer bestimmten Situation strukturiert sind und welche Bestandteile in Hinsicht auf die Interaktion eine Rolle spielen. Wenn ich beispielsweise einen Arzttermin habe, dann kann ich mir die Struktur der Situation in Bezug auf die Rollen von Arzt, Patient, Empfangsdame, Krankenschwester, Arzthelferin usw. vorstellen. In diesem Zusammenhang bezieht sich der Begriff „Gestalt“ auf ein allgemeines Verständnis dafür, wie sich

Menschen verhalten. Bei einem Arztbesuch macht die Rolle der Patientin für mich hinsichtlich der gesamten Struktur der Situation Sinn. Ich berücksichtige die Beziehung zwischen Arzt und Patientin, die Anmeldung bei der Empfangsdame, das Warten, die Interaktion mit der Krankenschwester oder der Arzthelferin und die Abwicklung der Bezahlung. Meine Rolle als Patientin verlangt nicht nur, dass ich bestimmte Dinge tue. Die Rolle entfaltet sich in einem übergreifenden Kontext oder in der Gestalt. Die dritte Dimension der Rolle, in der sie Mittel ist, bezieht sich auf ihre kreative Dimension. Sie ermöglicht es Menschen, Dinge zu tun. Rollen erlauben uns, unterschiedliche Handlungen gemeinsam mit anderen Menschen auszuführen. Ich kann mit einem Arzt sprechen, weil mir meine Rolle als Patientin die Mittel zur Verfügung stellt, es zu tun. Meine Rolle als Patientin ermöglicht es mir, mein Ziel, den Arzt zu sehen, zu erreichen. Sie zwingt mir kein bestimmtes Verhalten auf. Stattdessen gewährt mir die Rolle innerhalb der Situation einen erheblichen Spielraum. Ich benutze meine Rolle als allgemeine Basis für mein Handeln während des Arztbesuches und ich benutze meine Kenntnis über die allgemeine Rolle des Arztes als Mittel, unsere Interaktion vorauszusehen.

Im Kontext der Interaktion mit Tieren erlaubt uns der Nachweis ihrer Intersubjektivität, sie zu der Gruppe der anderen zu zählen, die uns bei der Definition von Situationen und dem Spielen von Rollen unterstützen. Wenn Tiere zumindest einen Teil unserer subjektiven Wahrnehmungen mit uns teilen können, werden sie zu eigenständigen Anderen, die Definitionen von Situationen bereithalten, anhand derer wir unsere eigenen Definitionen errichten können. Mit zwei Beispielen möchte ich erläutern, was ich damit meine. Das erste ereignete sich, bevor Skipper in unsere Familie kam. Jemand brach in das Haus ein, in dem ich mit meinen Katzen wohnte. Durch die Rollen, die sie im Haushalt innehaben, bieten sie mir eine von mehreren Möglichkeiten, zu definieren, was vor sich geht. Eine der Katzen springt zum Beispiel für gewöhnlich auf das Fensterbrett und sieht hinaus, wenn sie mein Auto hört; eine andere ist meist als erste zur Stelle, um mich zu begrüßen, während wieder eine andere, die scheueste, sich versteckt, falls ich jemanden mit ins Haus bringen sollte. Über die Jahre definierte ich mein typisches Heimkommen angesichts der Rollen meiner Katzen. An jenem Samstagnachmittag fuhr ich in die Einfahrt und sah keine Katze am Fenster sitzen. Ich öffnete die Haustüre und keine Katze kam, um mich zu begrüßen. Das sagte mir, dass etwas nicht in Ordnung war; nicht einen Moment lang dachte ich, die Katzen würden einfach schlafen oder hätten meine Ankunft nicht bemerkt. Da ich die subjektiven Wahrnehmungen der Katzen geteilt und ihnen vertraut hatte, wusste ich, dass etwas passiert war. Erst als ich das Haus durchsuchte (was ich nicht hätte tun sollen), erwischte ich die Einbrecher auf frischer Tat, was das Verhalten der Katzen erklärte. Die Katzen hatten die ersten Anzeichen dafür geliefert, dass unsere gemeinsame Realität gestört worden war.

Das zweite Beispiel wird allen Hundehaltern bekannt vorkommen: ein Spaziergang. Bei der Situation handelt es sich um einen zügigeren Spaziergang von rund zwei Kilometern, der dem Hund die Möglichkeit gibt, sein Geschäft zu erledigen und uns beiden einen Ortswechsel und ein wenig Bewegung an der frischen Luft gönnt. In meiner Rolle als verantwortungsvolle Hundehalterin führe ich den Hund an der Leine und habe einen Vorrat an Plastikbeuteln bei mir, um seine Hinterlassenschaften aufsammeln zu können. Die Struktur der Situation beinhaltet für mich, den Hund und mögliche andere Spaziergänger, Jogger und verschiedene Menschen und Tiere, die wir unterwegs treffen könnten. Die Rolle als Mittel erlaubt es mir, diesen Spaziergang auf eine bestimmte Weise zu gestalten und Orte aufzusuchen, an die ich mich sonst nicht wagen würde. Die Gestalt der Situation ist nicht kompliziert, da ich weiß, wie Spaziergänge mit dem Hund üblicherweise verlaufen.

Diese Informationen reichen jedoch nicht aus. Nehmen wir an, dass der Hund, mit dem ich spazieren gehe, Skipper ist. Und nehmen wir weiter an, dass wir, wie es oft geschieht, auf unserem Spaziergang einem Fremden – einem Mann – begegnen, der auf uns zukommt. Aufgrund meiner fortwährenden Interaktion mit Skipper weiß ich, dass er Angst vor fremden Männern hat und ihnen gegenüber aggressiv reagiert, wenn er auf sich selbst gestellt ist.

Dieses Wissen habe ich im Hinterkopf, wenn Skipper den Mann wahrnimmt und zu mir hoch blickt. Ebenfalls aufgrund unserer fortwährenden Interaktion weiß ich, dass Skipper mich ansieht, um herauszufinden, was er tun soll. Ich beruhige ihn und bringe ihn dazu, etwas zu tun – ein paar Schritte in die andere Richtung gehen, sich hinsetzen, sich hinlegen oder ein Leckerchen von mir nehmen – was ihn von seiner Angst ablenkt. In diesem Fall hilft mir die Tatsache, dass er seinen Gefühlszustand mit mir teilt, um meine Rolle zu gestalten.

Wenn Dolly und ich spazieren gehen, habe ich dagegen eine andere Rolle. Ich spiele noch immer die Rolle der verantwortungsvollen Hundehalterin mit Leine und Plastikbeutel. Dolly hat jedoch keine Angst vor Fremden und auch nicht das Bedürfnis, mich vor ihnen zu beschützen. Ich könnte stehen bleiben, mich mit dem Mann unterhalten und ihm erlauben, Dolly zu streicheln. Ich könnte während des Spaziergangs vor mich hinträumen, wohingegen ich mit Skipper die Dinge um uns herum im Auge behalten muss. Kurz gesagt: Die Rolle, die ich spiele, unterscheidet sich, abhängig von der subjektiven Wahrnehmung dieser beiden so unterschiedlichen Hunde.

Zweifler könnten mir natürlich – zu Recht – vorwerfen, dass ich in beiden Fällen einfach die Gewohnheiten der Tiere kenne und dies wenig, wenn überhaupt etwas, mit Intersubjektivität zu tun hat. Dem würde ich widersprechen, indem ich auf die Details unserer Interaktion hinweise. Obwohl ich zum Beispiel um Skippers Geschichte der Angst vor Fremden weiß, fließt diese Information zwar in meine Rolle ein, bestimmt sie jedoch nicht. Hätte Skipper nicht zu mir hoch gesehen und mir seine Angst, gepaart mit einem „Was soll ich jetzt machen?"-Ausdruck, nicht gezeigt, hätte ich mich anders verhalten. Durch seine Rückversicherung bei mir zeigte er, dass er verstand, dass ich einen für ihn wichtigen Gefühlszustand mit ihm teilen und ihm das auch zeigen konnte (vgl. Stern 1985, 132).

Ein anderer Einwand mag vielleicht sein, dass diese Beispiele trivial sind. Natürlich spiegeln sie profane, alltägliche Ereignisse wider. Doch das ist genau der Punkt, auf den ich hinaus will. Ich behaupte, dass Tiere für die Identität der Menschen auf alltäglichem und gewöhnlichem Niveau von Bedeutung sind. Natürlich werden manche von uns heldenhafte und außergewöhnliche Dinge mit Tieren erleben. Doch der Großteil unserer Beziehungen zu Tieren basiert auf der alltäglichen Routine von Begrüßungen, Mahlzeiten und Spaziergängen. Es sind diese Dinge und nicht die außergewöhnlichen oder heldenhaften, die uns ein nachhaltiges Gefühl dafür vermitteln, wer wir sind.

Eine Bereicherung der Subjektivität

Ein weiterer Gewinn, der sich aus dem Zusammenleben mit Tieren ziehen lässt, ist die Verbesserung unserer eigenen subjektiven Wahrnehmung. Um zu untersuchen, wie dies geschieht, werde ich mich auf den Kontext des Spiels konzentrieren. Tiere geben erwachsenen Menschen die seltene Möglichkeit zu nicht von Konkurrenzdenken geprägtem Spiel. Als Erwachsene spielen wir üblicherweise Spiele, die Regeln und Gewinner haben. Zudem spielen wir oft, um Dinge zu erreichen, die mit dem eigentlichen Spiel gar nichts zu tun haben müssen. Ein Golf- oder Tennisspiel hat möglicherweise mehr mit der Vernetzung mit anderen Spielern zu tun, als mit der Freude am Spiel selbst. Im Gegensatz dazu verschaffen uns Tiere weder Zugang zu irgendwelchen Klubs, noch einen Platz in einer Vorstandsetage. Was sie uns bieten ist ganz einfach *Spaß*, was zu einem reicheren subjektiven Selbstempfinden beiträgt.

Lassen Sie mich zu Beginn noch etwas klarstellen. Wenn wir mit unseren tierischen Gefährten spielen, dann tun wir dies manchmal, um sie müde zu machen. In diesem Fall wird diese Handlung als *exoterisch* (durch ein externes Ziel motiviert) bezeichnet; so wie das Ziel eines Golfspieles sein kann, mit dem Chef zu sprechen. Hier ist das Spiel Mittel zum Zweck. Wenn wir hingegen vollkommen in etwas aufgehen und es mit Enthusiasmus betreiben, so dass die Handlung an sich einem Zweck dient, wird die Handlung als *autotelisch* bezeichnet. Dieser Begriff bezeichnet Handlungen, die um ihrer selbst willen durchgeführt werden, da das Erlebnis, sie auszuführen, das vorrangige Ziel darstellt (Csikszentmihalyi 1990, 117; 1997). Eine autotelische Erfahrung bietet eine Herausforderung, die die Persönlichkeit bereichert. Beispiele dafür sind das Spielen eines Musikinstruments, Zeichnen, Malen und alles, was uns mental stark in Anspruch nimmt. Obwohl das Spiel mit Tieren langweilig sein kann – ich werfe zum Beispiel den Ball und der Hund holt ihn immer wieder – muss es das nicht zwangsläufig sein. Oft beinhaltet dies ein hohes Maß an Konzentration; es handelt sich dabei um eine aktive Form der Freizeitgestaltung, wenn wir es dazu machen – und der Trick ist eben, es dazu zu machen. Ich habe beispielsweise einen Sommer lang eine Hundehalterin beobachtet und anschließend interviewt, die regelmäßig mit einer Gruppe von Hunden spielte, manchmal waren es bis zu zehn Hunde. Hier beschreibt sie ihre Erfahrungen und ihre Beweggründe:

> *„Ich möchte nicht einfach nur herumstehen und mit anderen Leuten reden. Ich meine, natürlich unterhalte ich mich auch, klar. Aber der Grund, weshalb ich hierher komme ist, weil es ein Platz zum Spielen ist. Mein Hund und ich kommen hierher, um zu spielen. Manchmal, wenn viele andere Hunde da sind, ist es so, als würden wir alle miteinander spielen. Ich bin Teil des Spieles. Ich werfe den Ball und ein Pulk von Hunden rennt hinterher, aber ich weiß nicht, welcher Hund ihn bekommen wird, und ich glaube auch nicht, dass sie es wissen. Dann gibt es manchmal ein paar Täuschungs- und Jagdmanöver und ein anderer Hund klaut den Ball. Irgendwann kommen sie alle wieder zu mir zurück, denn ich habe auch eine Rolle in ihrem Spiel. Ich muss zusammen mit ihnen die Handlung verfolgen.“*

Das Spiel mit den Hunden verlangte von dieser Hundehalterin ihre gesamte Aufmerksamkeit und das ist der Schlüssel zur Bereicherung der subjektiven

Wahrnehmung. Eine Rückkopplungsschleife entsteht: Wenn man seine Aufmerksamkeit auf etwas richtet, neigt man dazu, sich dafür zu interessieren. Ist man einmal an etwas interessiert, wird man der Sache mehr Aufmerksamkeit schenken. Tatsächlich ist man so darin vertieft, dass die Aufmerksamkeit keine Anstrengung bereitet. Durch die Entfaltung einer größeren Fähigkeit zur Aufmerksamkeit sind wir besser zur Kontrolle unserer mentalen Energie in der Lage. Diese Fähigkeit wirkt sich auf andere Handlungen aus. Unser Leben wird zunehmend mehr zu „unserem Leben".

Aber was ist so interessant daran, mit Tieren zu spielen? Scheinbar nichts, wie Shapiro bereits erläutert hat. Csikszentmihalyi (1997, 128), der sich ausführlich mit autotelischen Wahrnehmungen beschäftigt hat, schreibt jedoch, dass

> *„ ...viele der Dinge, die wir interessant finden, es nicht von Natur aus sind, sondern weil wir uns die Mühe machen, ihnen Aufmerksamkeit zu schenken ... Wenn man sich auf ein Segment der Realität konzentriert, offenbart sich eine potenziell unerschöpfliche Reihe von Handlungsmöglichkeiten – physisch, mental oder emotional – innerhalb derer wir unsere Fähigkeiten anwenden können."*

Das Wichtige an autotelischen Handlungen ist die Einstellung, die wir ihnen gegenüber einnehmen. Wenn wir zum Beispiel gärtnern, weil wir für unsere Rosen einen Preis gewinnen wollen und nicht, weil wir einfach nur Freude daran haben, Schmutz unter unseren Fingernägeln zu haben und den Pflanzen beim Wachsen zuzuschauen, ist das Resultat dieser beiden Handlungen nicht dasselbe. Wenn wir mit einem Hund spielen, um ihn müde zu machen oder das Spiel zur Rehabilitation nach einer Verletzung einsetzen – wie es Marc und ich mit Punim getan haben – geht ein Teil der Freude daran verloren. Sobald wir jedoch der Handlung als solcher Aufmerksamkeit schenken, profitieren wir unmittelbar von den Vorteilen, die dies mit sich bringt. Spiel wird autotelisch, wenn es nicht mehr etwas ist, das der Mensch lediglich

„für“ ein Tier tut. Stattdessen bedeutet es, dass zwei Partner miteinander spielen, wie aus diesem Interviewauszug hervorgeht:

> *„Wissen Sie, als wir unseren Kater bekamen, war es so, dass mein Mann noch nie zuvor eine Katze gehabt hatte und deshalb noch nie gesehen hatte, wie Katzen völlig in einem Spiel aufgehen können. Wir hatten ein Paket bekommen, das mit so einem Plastikband verschnürt war, das wirklich kaum zu zerreißen ist. Man verwendet es auch, um Zeitungsstapel und solche Sachen zusammenzubinden. Wie auch immer, ich hatte ein langes Stück von solch einem Band. An einem Ende war es wie zu einem „L“ gebogen und ich benutzte es, um mit dem Kater zu spielen. Ich ließ das Ende hinter einem Tischbein hervorschnellen und der Kater startete einen Angriff. Ich zog es hin und her, rauf und runter und über Gegenstände hinweg. Mein Mann sah zu. Der Kater und ich waren völlig in unser Spiel vertieft. Ich habe keine Ahnung, wie lange wir gespielt haben. Ich war nur damit beschäftigt, den Kater auszutricksen und ihn dazu zu bringen, dem blöden Plastikding zu folgen. Mein Mann konnte es nicht glauben. Er sagte: „Ich weiß nicht, wer hier mehr Spaß hat – du, der Kater oder ich beim Zuschauen.“ Aber was er über mich und den Kater gesagt hat, stimmt. Ich verliere mich völlig in dem Spiel mit ihm. Es ist die pure Freude, die ich dabei erlebe. Es ist vollkommen harmlos. Es gibt keinen Wettkampf.“*

Ein anderer wichtiger Aspekt des Spiels ist, dass wir dabei mit anderen Lebewesen interagieren. Wir profitieren davon in vielerlei Hinsicht. Da das Spielen regelmäßig genug stattfindet, um Teil der Beziehungsstruktur zu werden, liefert es zunächst die Basis für die Kontinuität des Selbst. Es schult die Fähigkeiten, die es uns ermöglichen, eine Beziehung einzugehen, aufrecht zu erhalten und selbst „weiter zu sein“. Zum Zweiten sind Tiere „sichere“ Partner, um ihnen gegenüber Vergnügen zu bekunden. Wie beim Tanzen oder Singen mit kleinen Kindern: Man kann nichts falsch machen.

Eine junge Frau erklärte beispielsweise, dass es für einen Hund niemals so etwas wie eine schlechte Ausführung gibt:

> *„Wissen Sie, meine Hündin ist so nachsichtig. Sie ist sehr sportlich und liebt es, diesem Ding nachzujagen [sie hält eine weiche, biegsame Frisbee-Scheibe hoch, ein beliebtes Hundespielzeug, bestehend aus einem mit Nylongewebe überzogenen Gummiring]. Meine Wurftechnik ist keinen Pfifferling wert, aber solange es sich bewegt und sie rennen kann, ist alles okay. Wir kommen fast jeden Abend hierher. Ich liebe es, ihr zuzusehen. Sie bringt's mir zurück, immer und immer wieder. Es macht ihr nichts aus, wenn ich einen Baum treffe oder wenn das Ding eiert, noch nicht einmal, wenn es nicht sehr weit fliegt. Darum geht es uns dabei nicht."*

Diese Frau arbeitete in einem Unternehmen, in dem sie alles unter Kontrolle haben musste, angefangen von ihrem Aussehen bis hin zu ihren E-Mails. Nach der Arbeit schlüpfte sie in ihr „Spiel-Outfit" (ihre eigenen Worte) und ging mit dem Hund und dem Frisbee in den Park. Gemeinsam hatten sie Spaß. Dies nährte ein Bedürfnis der Frau, das ansonsten verkümmert wäre. Achten Sie auf ihre Wortwahl bei „sie bringt's mir zurück." Sie schraubte eindeutig ihre Anforderungen zurück und fühlte sich mehr „sie selbst" als bei der Arbeit, was einen weiteren Nutzen des Spiels deutlich macht: Es befreit die Menschen aus ihrem „eisernen Käfig", um einen treffenden Ausdruck von Weber (1954) zu verwenden. Er bezog sich damit auf die Art und Weise, in der unsere Fähigkeit, über Wege nachzusinnen, wie die Dinge noch schneller und effizienter durchzuführen sind, zu einer Falle wird. Kenneth Gergen (1991) liefert einen anderen Begriff, der die miteinander verwandten Gefühle beschreibt, niemals schnell genug zu sein und niemals Zeit zu haben, zu Atem zu kommen. Er bezeichnet diesen Zustand als „Schwindelgefühl der Wertvollen" und schreibt ihn der immer technologischer werdenden Welt zu. Zahlreiche wissenschaftliche Studien schlagen Möglichkeiten vor, die Arbeitsmethoden in der Wirtschaft fairer zu gestalten und Hunderte, wenn nicht sogar Tausende Ratgeberbücher geben Empfehlungen, wie man ein zufriedenstellenderes Leben führen kann. Die Halter von tierischen Gefährten haben hier einen deutlichen Vorteil. Das Spiel mit Hunden und Katzen bietet ein – wenn auch zeitlich begrenztes – Entkommen aus dem eisernen Käfig. Viele Tierhalter sahen im Spiel etwas, das ihre tierischen Gefährten zu ihrem Leben beitragen und für beide Seiten wertvoll ist. Eine Tierhalterin, die von zu Hause aus arbeitet, beschreibt, wie ihr Kater sie aus dem eisernen Käfig befreit:

> *„Ich habe einen Briefbeschwerer aus Kristallglas auf meinem Schreibtisch, und wenn ich ihn richtig ins Licht halte, wirft er Regenbogenmuster auf den Boden. Der Kater jagt ihnen nach, und manchmal „fängt" er den Regenbogen und scheint sich zu wundern, warum er auf seiner Pfote ist, wo er ihn doch gerade gefangen hat. Wenn ich arbeite, ist das eine gute Möglichkeit, mich an das zu erinnern, was wirklich wichtig ist. Wir beginnen einfach so zu spielen, es gibt kein Ziel, keinen Wettkampf. Jeder von uns kann aufhören, wenn ihm danach ist. Katzen leben vollkommen für den Moment, wissen Sie, und was könnte da besser passen, als einem Regenbogen hinterherzujagen? Es ist eine wunderbare Lektion für mich, die Arbeit nicht zu ernst zu nehmen."*

In einer Welt, in der die Anforderungen an Erwachsene immer höher geschraubt werden und zunehmend auch die an die Kinder, ist es nicht überraschend, dass es immer mehr tierische Gefährten gibt. Das Spiel mit Hund oder Katze ist einer der wenigen Auswege, die uns Menschen zur Verfügung stehen, um Spaß zu haben, der nicht auf Konkurrenzdenken beruht. In diesem Sinne ist die Beziehung zu Tieren als „‚anpassungsfähig' im evolutionswissenschaftlichen Sinn des Wortes zu bezeichnen, da sie zur individuellen Gesundheit und zum Überleben beiträgt, indem sie den Beanspruchungen und Spannungen des täglichen Lebens entgegenwirkt" (Serpell 1986, 148). In dem folgenden Auszug aus meinen Notizen beschreibe ich ein Beispiel dafür:

„20. November 2000: An diesem Nachmittag gingen Skipper und ich zum Agility-Kurs. Solange die Sonne hoch am Himmel stand, war es ein wunderbarer Tag, doch als die Sonne hinter den Bergen versank, wurde es schnell kalt. Skipper und ich sind Agility-Anfänger. Ich habe nicht die Absicht, es wettkampfmäßig zu betreiben. Ich habe mich für den Kurs angemeldet, weil ich dachte, dass es uns beiden Spaß machen würde. Skipper ist gescheit und wendig und schätzt neue Herausforderungen. Ich hoffte auch, dass der Kurs sein Zutrauen zu mir und sein Vertrauen in mich stärken würde. Im Agility-Parcours muss er Dinge einzig und allein aus dem Grund tun, weil ich ihn darum bitte. Er bekommt Belohnungen einfach dafür, dass er tut, worum ich ihn bitte. Er macht seine Sache richtig gut, wenn er über die A-Wand geht, und bewältigt auch den Slalom. Er springt ohne Probleme durch den Reifen. Er mag jedoch überhaupt nicht durch den Tunnel oder den Sacktunnel gehen. Als ein Mensch, der schon beim Überziehen eines Rollkragenpullovers klaustrophobische Zustände bekommt, kann ich ihm das nachfühlen. Einer der Trainer hat uns sehr geholfen. Er faltete den Sacktunnel der Länge nach zusammen, so dass er weniger abschreckend aussah. Er verkürzte den Tunnel, der aus akkordeonartig gefalteter Plastikfolie besteht. Doch was Skipper wirklich dazu bewegen konnte, hindurchzugehen, war, dass ich mich auf die Knie begab und ihn mit kleinen Hotdog- und Käsestückchen – seinen Lieblingsleckereien – animierte. Ich musste ihm zeigen, was er tun sollte, oder zumindest, dass es ungefährlich war. Also wand ich mich durch den Plastiktunnel und krabbelte durch das Fass, an dem der Sacktunnel angebracht war. Da der erste Schnee erst vor Kurzem geschmolzen war, hatte sich der Boden in eine dicke Schlammschicht verwandelt. Ich war zwar entsprechend angezogen, doch ich fühlte mich trotzdem ein wenig wie GI Jane. Meine Haare waren im Weg. Mein Hut fiel jedes Mal herunter, wenn ich meinen Kopf in den Tunnel oder den Sack-

tunnel steckte, um Skipper dazu zu überreden, hindurchzugehen. Schließlich schaffte er es sowohl durch den Tunnel als auch durch den Sacktunnel, und zwar einige Male und ich lobte ihn überschwänglich dafür. Das Training war für ihn wirklich gut verlaufen. Als wir später über das Feld zu meinem Auto gingen, dachte ich, dass auch ich mich gut geschlagen hatte. Da war ich nun, eine Woche vor meinem 42. Geburtstag und spielte mit meinem Hund im Schlamm. Ich glaube nicht, dass ich jemals so voller Schlamm gewesen war, zumindest nicht, seit ich erwachsen bin. Skipper war ebenfalls voller Schlamm. Er blieb an meiner Seite und schien zu wissen, dass wir gerade gemeinsam etwas Gutes erlebt hatten. Mir war kalt, ich war müde und schmutzig – nichts, was mit einer heißen Dusche nicht wieder gut zu machen gewesen wäre. Doch darüber hinaus war ich glücklich. Alles um mich herum schien mir von tiefer Schönheit erfüllt. Als die Sonne hinter den Bergen unterging, färbte sie den Himmel violett. Ich sah einen Rotschwanzfalken auf einem Baum sitzen. Die Luft roch schwach nach Holzrauch. Normalerweise mache mir immer Sorgen um irgendetwas, doch in diesem Augenblick hatte ich keine einzige Sorge. Wir beide, die wir über keine gemeinsame Sprache verfügten, hatten trotzdem miteinander kommuniziert, kooperiert und Spaß gehabt. Wenn Skipper nicht gewesen wäre, wäre ich an diesem Tag nicht aus dem Haus gegangen. Skipper bringt mich ins Freie. Er bringt mich an die frische Luft und hält mich in Bewegung. Er sorgt dafür, dass ich Pausen einlege. Er scheint nie zu bemerken, dass draußen das herrscht, was Menschen „schlechtes Wetter" nennen, und mehr als einmal, wenn mir davor gegraut hatte, mit ihm rauszugehen, hatte ich Momente von außerordentlicher Schönheit in der Natur erlebt. Wäre Skipper nicht, hätte ich niemals eine Eule im Flug beobachten und ihrem Ruf lauschen können."

Wie schmerzlich ist es doch, dass die Fähigkeit zur Vernunft, die wir Menschen als das anführen, was uns von den Tieren trennt – oder genauer gesagt, als das, was uns angeblich über die Tiere stellt – einen eisernen Käfig hervorbringt, aus dem wir nun zu entkommen suchen. Wie passend, dass die Tiere den Schlüssel zu diesem Käfig besitzen. Das Ich-Bewusstsein, das lange als nur dem Menschen vorbehalten galt, wird durch die Interaktion mit Tieren bereichert.

Von der Theorie zur Praxis

In diesem Buch habe ich das Selbst von Tieren auf eine Art und Weise in Begriffe gefasst, die die Ähnlichkeiten mit dem Selbst, das wir als Menschen wahrnehmen, hervorhebt. Im Besonderen habe ich gezeigt, wie Elemente des „Kernselbst" und ein Vermögen dazu, Gedanken, Intentionen und Gefühle zu teilen, während der Interaktion mit Tieren sichtbar werden. Dieser Ansatz stellt das herkömmliche, auf Sprache ausgerichtete Konzept des Selbst in Frage. Die Tradition des symbolischen Interaktionismus, also jene Richtung, in der die soziologische Erforschung des Selbst verankert ist, behauptet, dass das Selbstsein eine rein menschliche Eigenschaft ist, die auf der Verwendung von Symbolen, vornehmlich von Sprache basiert. Dem gegenüber habe ich argumentiert, dass das Kernselbst und die Fähigkeit zur subjektiven Wahrnehmung unabhängig von Sprache existieren, obgleich manche Dimensionen des Selbst vom Erwerb der Sprache abhängig sind. Um diese Behauptung zu unterstützen, habe ich mich der Studien über die vorsprachliche Wahrnehmung von Säuglingen und William James' Versuche, die Subjektivität zu erfassen, bedient. Das daraus entstandene zweiteilige Modell beschreibt das Selbst als ein System von Zielen, die wir durch Beziehungen und Wahrnehmungen erreichen, wozu auch die Art und Weise gehört, wie wir auf die Welt um uns herum reagieren und sie ordnen. In diesem Rahmen zeigen sich bei Tieren wie beim Menschen Beweise für das Selbstsein. Interaktion offenbart Merkmale eines „Kernselbst" bei Tieren sowie Handlungsfähigkeit, Geschichte, Kontinuität und Kohärenz und die Fähigkeit zur Intersubjektivität.

Vieles, was ich in diesem Buch geschrieben habe, weist in die Richtung einer postmodernen theoretischen Haltung. Die veränderte Einstellung gegenüber Tieren, die auch beinhaltet, uns selbst ebenfalls als Tiere zu

sehen, die mit allen anderen, mit denen wir unseren Planeten teilen, verbunden sind, entstand in einem sozialen Kontext, den manche als Postmoderne bezeichnen. Die postmoderne Wende innerhalb der Sozialwissenschaften hat den Raum dazu eröffnet, über Möglichkeiten der Wahrnehmung nachzudenken, die die positivistische Ausrichtung der Moderne infrage stellt. Die postmoderne Denkweise hat – zumindest theoretisch – die Möglichkeit geschaffen, die Stimmen derer zu vernehmen, die aufgrund ihrer Stellung am Rande der Macht lange zum Schweigen verurteilt waren. Auf den ersten Blick erscheint es also so, als stelle die postmoderne Denkweise die größte Hoffnung im Hinblick auf die Berücksichtigung des tierischen Selbstseins dar. Doch genauso wie der theoretische und konzeptionelle Rahmen für diese Möglichkeit geschaffen wurde, hat die Postmoderne das Selbst als Konzept zugleich für irrelevant erklärt. Jede Betrachtung hinsichtlich des Selbstseins muss auf diese Behauptung eingehen.
Die postmoderne Kritik am Selbst (zumindest den Menschen betreffend) meint, dass unsere geschätzte Ansicht, wir seien autonome Individuen, lediglich eine Illusion ist. Statt dessen besitzen wir ein „vermarktetes Selbst" (Dowd 1991) oder ein „gesättigtes Selbst" (Gergen 1991), geschaffen durch die Produkte, die wir konsumieren. Doch selbst die Entscheidungen, die wir treffen, sind illusorisch, da die Produkte im Wesentlichen gleich sind und es kaum einen Unterschied macht, wofür wir uns entscheiden. Hinter den Markennamen, die wir tragen und verwenden, steckt nichts Überweltliches, und jede Vorstellung dieser Art ist lediglich ein nostalgisches Überbleibsel der Aufklärung. Je früher wir das begreifen und je früher wir unseren tödlichen Griff um das Selbst lösen, desto früher können wir von der dies begleitenden Vorstellung Abstand nehmen, dass unser Leben einen Sinn und einen Zweck hat – eine weiterer Irrtum der Aufklärung. Die Vorstellung, Menschen könnten die Welt verbessern – und sei es nur in ihrem eigenen Umfeld – entstammt lediglich einer romantischen Fantasie, und einer, die die menschliche Handlungsfähigkeit in höchstem Maße überbewertet.

Das postmoderne Argument vom Dahinscheiden des Selbst ist theoretisch nachvollziehbar, in empirischer Hinsicht jedoch fragwürdig. Auch wenn es einfach ist, mit dem Finger auf die Werbung, Themenparks, Franchiseunternehmen und Markennamen zu zeigen und zu sagen, dass diese – und nichts sonst – das zeitgenössische Selbst bestimmen, bin ich anderer Meinung. Die meisten derer, die behaupten, das Selbst sei verschwunden, haben es versäumt, Menschen nach *ihrer* Wahrnehmung zu fragen. Würden sie dies tun, fänden sie heraus, dass das Selbst als Wahrnehmung nach wie vor relevant ist. Besonders belegen dies Beispiele aus Studien, die in zwei unterschiedlichen Kontexten durchgeführt wurden. Bei der ersten Studie handelt es sich um Patricia und Peter Adlers Untersuchung zur Flüchtigkeit als Lebensstil (Adler und Adler 1999). Kurz zusammengefasst studierten die Adlers Saisonarbeiter, die häufig von einem weit entfernten Reiseziel ins andere umziehen und scheinbar keine „Wurzeln“ im traditionellen Sinn des Wortes haben. Da sie sich ständig an neue Umgebungen gewöhnen, neue Freunde finden, in andere Währungen umrechnen und für neue Erfahrungen offen sein müssen, sind diese Menschen die idealen Kandidaten für eine postmoderne Identität. Die Adlers fanden heraus, dass diese postmodernen Menschen zwar einige Aspekte einer entsprechend fließenden Identität aufweisen, ihre Flüchtigkeit im Allgemeinen jedoch „nicht zu einem Verlust des Kernselbst geführt hat.“ (Adler und Adler 1999, 53) Die Adlers erläutern dazu:

> *„Theorien zum postmodernen Selbst konzentrieren sich auf Veränderungen, die in den eher oberflächlichen Schichten des Selbst auftraten und hier erkennbar werden. Diese Theorien haben sich jedoch nicht mit den tieferen Schichten des Selbst befasst... Während viele theoretische Darstellungen der technologischen und kulturellen Umwelt, die in der postindustrialisierten Welt aufkommen, richtig erscheinen würden, sieht es so aus, als hätte sich die pessimistischste Meinung der Postmodernisten zum Dahinscheiden des Selbst nicht bewahrheitet; stattdessen hat sich das Kernselbst an die heutigen Bedingungen angepasst und ist gediehen.“* *(Adler und Adler 1999, 53-54)*

Eine andere Studie, die die Kontinuität des Selbstgefühls empirisch bestätigt, ist meine eigene Arbeit über die Anonymen Co-Abhängigen, also über Menschen, die sich in der einzigartigen Position befinden, sich an jedes beliebige Vorbild anzupassen (Irvine 1997, 1999, 2000). Die Mitglieder hatten alle das Ende einer wichtigen, verpflichtenden Beziehung erlebt und hatten nun die Möglichkeit und die Motivation, es in Zukunft anders zu machen. Die meisten verfügten über eine hohe geografische Mobilität, die ihnen die große Freiheit verlieh, ein anderer Mensch zu werden. Ich beobachtete sie, während sie ihre Geschichten in einem Raum voller fremder Menschen erzählten, von denen niemand sagen konnte: „Aber das bist nicht *wirklich* du.", und ich befragte sie zum Vergleich noch einmal unter vier Augen. Ich fand keinen Beweis für die imagebewussten, postmodernen sozialen Chamäleons für die, wie Gergen (1991, 7) es ausdrückt, „das reine Konzept des persönlichen Wesens Zweifel aufwirft." Stattdessen stieß ich auf Menschen, die nach einem allgemeinen Sinn und einer Richtung strebten, selbst in Zeiten des Zusammenbruchs. Ihre größte Verpflichtung bestand darin, herauszufinden, wer sie „wirklich" waren, und zu dem, was sie herausfanden, zu stehen. Kurz gesagt: Die Vorstellung von einem „wahren" Selbst scheint unantastbar zu sein. Auch wenn einige postmoderne Akademiker über dessen Tod theoretisieren, scheinen die meisten Menschen zu glauben, dass das Selbst lebendig ist und sich bester Gesundheit erfreut.

Der empirische Nachweis verlangt nach neuen Wegen, das Selbst in Begriffe zu fassen, die es mit der Wahrnehmung in größere Übereinstimmung bringt. Dies führt dazu, dass alternative Formen der Subjektivität in Betracht gezogen werden (vgl. Holstein und Gubrium 2000). Während ich das auf die von Tieren wahrgenommenen Formen der Subjektivität ausweiten würde, haben andere auf diese Weise bereits das Selbstsein in nicht-westlichen Kulturen untersucht, die lange aus der Debatte ausgeschlossen worden waren, da sie den hyper-individualistischen Standards, die angeblich als Beweis für die Existenz eines Selbst gelten, nicht gerecht werden. Clifford Geertz (1984) untersuchte beispielsweise die Subjektivität bei Javanern, Marokkanern und Balinesen. Und obgleich er sich nicht derselben Form der Analyse bediente, waren seine Befürchtungen den meinen ähnlich. Er forderte seine Leser auf, den unterschiedlichen Erscheinungsbildern von Subjektivität über die Kulturgrenzen hinweg Beachtung zu schenken, statt ihre Abwesenheit in Kulturen vorauszusetzen, die nicht dem westlichen Modell entsprechen.

Das Selbstsein von Tieren äußert sich auf dieselbe Weise: als eine alternative Form von Subjektivität. Nehmen wir zunächst an, dass Sprache notwendig ist, dann stehen Tiere außerhalb der Diskussion, genauso wie Menschen mit Behinderungen, Verletzungen und Leiden, die es ihnen unmöglich machen, zu sprechen. Folgt man dem Argument von der Notwendigkeit der Sprache bis zum Ende, ergibt sich daraus, wie bereits erwähnt, die Schlussfolgerung, dass Menschen, die nicht sprechen können, kein Selbst besitzen. Menschen, die mit anderen, die nicht sprechen können, arbeiten und für sie sorgen, werden jedoch bereitwillig die Existenz des Selbst bestätigen. Freunde und Pfleger „sprechen für" ihre stummen oder autistischen Mitmenschen, Menschen mit Gehirnverletzungen, Alzheimerpatienten und schwerst Zurückgebliebenen. Dasselbe findet, wenn auch mit geringen Unterschieden, zwischen Menschen und Tieren statt. Wenn wir in der Interaktion nach dem Selbstsein Ausschau halten, werden wir es sogar ohne Sprache erkennen. In diesem Sinne habe ich versucht, das Selbst von Tieren und den Einfluss von Tieren auf das Selbst von Menschen empirisch zugänglich zu machen. Ich habe versucht, eine nachvollziehbare Vorstellung vom Selbst der Tiere zu entwerfen – eine, die auf den ebenfalls bei Menschen existierenden Fähigkeiten basiert, zudem aber auch anerkennt, dass sich das menschliche Selbstsein in der Ausprägung und nicht in seiner Art vom Selbst der Tiere unterscheidet.

Die Vorstellung, dass Tiere über ein Selbst verfügen, hat zahlreiche Konsequenzen, von denen ich hier einige ansprechen möchte. Die erste betrifft mein eigenes Forschungsgebiet der Soziologie. Die Anerkennung des tierischen Selbstseins wird die Soziologen vor die Aufgabe stellen, die soziale Welt neu zu überdenken. Das bedeutet nicht einfach nur, eine „Soziologie der Tiere“ zu schaffen, sondern anzuerkennen, dass die soziale Welt nicht nur uns Menschen beinhaltet. So leben beispielsweise in mehr als der Hälfte der amerikanischen Haushalte Hunde oder Katzen und 90 % der Befragten betrachten diese Tiere als Familienmitglieder.[1] Die soziologische Definition des Begriffes „Familie“ schließt Tiere jedoch nicht mit ein. Soziologen haben sich mit den Auswirkungen von Scheidungen, der Aufteilung der Hausarbeit, dem Einfluss der Religion und vielen anderen Aspekten des Familienlebens beschäftigt, doch die Tiere, die auch Teil des dynamischen Prozesses sind, wurden außen vor gelassen. Natürlich haben Soziologen bereits damit begonnen, die Definition dessen, was eine Familie ausmacht, zu erweitern, doch haben sie dabei die Hunde und Katzen ignoriert, die diejenigen, die sie studierten, als Teil der Mixtur ansehen. Die Erforschung von Rassen und ethnischen Gruppen kann zudem ein Licht auf die Rolle von Tieren werfen, da Tiere seltener in Haushalten von Minderheiten leben. Auch andere Bereiche der Soziologie müssen Tiere mit in Betracht ziehen. Kriminologen müssen die Misshandlung und den Missbrauch von Tieren als Verbrechen an sich betrachten, anstatt darin nur einen Hinweis auf mögliche zukünftige Verbrechen gegen Menschen zu erkennen. Auch Soziologen, die sich mit der Arbeitswelt beschäftigen, haben viele aus Mensch und Tier bestehende Teams zu analysieren sowie die Umstände, unter denen Menschen ihren Hundegefährten mit zur Arbeit nehmen.

Werden Tiere in den soziologischen Mix mit aufgenommen, werden viele Annahmen aufgedeckt und althergebrachte Vorurteile bedroht sein. Es wird unser Verständnis von der Interaktion bereichern, indem es sie über den modernistischen Verlass auf die Sprache hinaus erweitert. Das Einbeziehen der Tiere würde zudem die Diskussion darum, was es heißt, sozial zu sein, ausweiten, da auch Tiere innerhalb sozialer Kontexte interagieren. Sie passen ihr Verhalten den Reaktionen anderer an. Sie tun dies selbst in Bezug auf andere Spezies, zum Beispiel, wenn eine Katze um die Intentionen eines Hundes weiß. Sie sehen sich selbst gegenüber anderen Lebewesen um sie herum (wie bei Hunden in einem Rudel oder Katzen in einer sozialen Gruppe). Sie haben Hierarchien und konkurrieren um Ressourcen. Sie nehmen

Gefühle wahr und teilen diese mit anderen. Da solche Arrangements nicht auf gesprochener Sprache beruhen, müssen Soziologen – und besonders Sozialpsychologen – Wege finden, sie zu verstehen und zu theoretisieren. Gail Melson (2001, 190) schreibt dazu Folgendes: „,Vorstellungen über das Selbst und andere' würden sich zu ,Vorstellungen über das Selbst und andere Wesen' ausweiten. Die Theorie des Geistes würde vom ,Verständnis für den Menschen als mentalem Wesen' zum ,Verständnis für das geistige Leben anderer Wesen' umgeformt werden".

Andere Implikationen des tierischen Selbstseins reichen weit über den Bereich der Wissenschaft hinaus. Die Anerkennung des Wertes tierischen Lebens auf diese Weise wird die Art und Weise, wie wir Tiere behandeln, grundlegend beeinflussen. Nehmen wir beispielsweise an, Sie stimmen mit mir überein, dass Tiere über die Komponenten eines Kernselbst sowie über Subjektivität verfügen, wie ich hier umrissen habe. Sie stimmen zu, dass Tiere sich ihrer selbst bewusst sind. Sie sind keine kartesianischen Maschinen und haben deshalb ein Interesse daran, nicht zu leiden. Sie erkennen an, dass wir es ihnen als Wesen, die sich ihrer selbst bewusst sind, schuldig sind, ihnen keinen Schaden zuzufügen. Lassen Sie uns jedoch annehmen, dass Sie nicht gewillt sind, darüber hinauszugehen. Sie wollen eine Trennlinie zwischen der menschlichen und der tierischen Wahrnehmung ziehen. Sie stimmen zwar zu, dass Tiere aufgrund ihrer Eigenwahrnehmung ein Interesse daran haben, nicht zu leiden, doch Ihrer Meinung nach unterscheiden sich Tiere qualitativ von den Menschen, da sie zum Beispiel nicht in der Lage sind, ihr Leben zu planen oder ihre Biografie zu schreiben. Tiere haben nicht die geistigen Fähigkeiten, sich darum zu sorgen, ob sie leben oder sterben. Wenn das bis hierhin für Sie einleuchtend klingt, dann werden Sie wahrscheinlich zugeben, dass Tiere, solange sie am Leben sind, ein Interesse daran haben, Leid zu vermeiden. Sie zweifeln jedoch daran, dass es für sie eine Rolle spielt, ob sie während dieses Lebens irgendjemandes Eigentum sind oder nicht.

Diese Einstellung befasst sich mit der Lebensqualität von Tieren. Es ist die „Tierschutzposition". Sie ist gekennzeichnet durch den Glauben, dass

„Menschen Tiere nicht missbrauchen oder ausbeuten sollen, doch solange wir ihnen ein, im physischen wie im psychologischen Sinne, komfortables Leben ermöglichen, kümmern wir uns um sie und respektieren ihr Wohlergehen“ (Bekoff 2000, 43). Die Ansicht der Tierschützer hat seinen Ursprung in dem bekannten Statement von Bentham, zitiert in Kapitel 2, das die Fähigkeit der Tiere, trotz ihrer Unfähigkeit zu Vernunft oder Sprache, Leid zu empfinden hervorhebt. Benthams Ansichten, radikal zu seiner Zeit, implizieren, dass wir moralisch dazu verpflichtet sind, kein unnötiges Leid zu verursachen. Als Utilitarist war Bentham der Meinung, dass eine moralisch korrekte Handlung unter allen Umständen eine Handlung zu sein hat, bei der alle Beteiligten ein Maximum an Freude erfahren. Er argumentierte, da Leid unerwünscht ist, es eine moralische Entscheidung darstellt, keinem Lebewesen Leid zuzufügen, das die Fähigkeit hat, Leid zu empfinden. Benthams Ansicht führten zum „Prinzip der humanen Behandlung“, das wiederum als Basis für Tierschutzgesetze dient. Die zeitgenössische Version seiner Argumentation findet sich im Werk des Philosophen Peter Singer wieder. In seinem Buch *Animal Liberation (Die Befreiung der Tiere)* (1990 [1996]) vertritt Singer ebenfalls die Meinung, dass Tiere ein Interesse daran haben, kein Leid zu erfahren. Es fehlt ihnen jedoch die Art von Selbsterkenntnis, die den Menschen eigen ist; und diese Qualität stellt die Interessen der Menschen über die Interessen der Tiere. Somit können wir Tiere für unsere Zwecke gebrauchen (und töten) und sie als unseren Besitz halten, solange wir sie human behandeln. Wenn wir sie töten, müssen wir es schnell tun und ihr Leiden so gering wie möglich halten.

Wenn sie mit dieser philosophischen Grundlage der Tierschutzposition übereinstimmen, sollte dies ihre Gedanken und Handlungen zwingend in eine bestimmte Richtung lenken.[2] Tiere können auf viele Arten und Weisen leiden, so muss die Verpflichtung dazu, keinerlei Leid zu verursachen darüber hinaus gehen, einem Hund oder einer Katze ein Heim zu geben. Die Tierschutzposition setzt sich beispielsweise für das Verbot inhumaner Trainingsmethoden ein. Zudem soll die Zucht reinrassiger Tiere überdacht werden, wenn durch sie Krankheiten aufgrund „ästhetisch-bedingter dysfunktionaler

‚Rassestandards' fortbestehen" (Rollin und Rollin 2001). Jeder, der wirklich um das Wohlergehen unserer tierischen Gefährten besorgt ist, muss das Verbot von Praktiken wie dem Kupieren von Rute und Ohren, dem Ziehen von Krallen und dem Durchtrennen der Stimmbänder befürworten.

Zahllose Dinge können das Wohlergehen eines Tieres beeinflussen. Natürlich hat direkter, physischer Schmerz Einfluss darauf, doch Leid kann auch durch Angst und Verzweiflung hervorgerufen werden. Jedes Tier, das in ein Tierheim kommt, erlebt solche Formen des mentalen und emotionalen Leids. Egal wie sauber und ansprechend die Umgebung ist, die Tiere, und vor allem die Neuankömmlinge, sind sichtlich verängstigt. Die Aufgabe des Tierschutzes sollte sein, die Anzahl von Tieren, die in Tierheime kommen, zu verringern. Aus diesem Grund sollte sich der Tierschutz für Kastrationsmaßnahmen vor Einsetzen der Geschlechtsreife stark machen. Dies scheint auch angesichts der Tatsache zwingend erforderlich, dass in einigen Tierheimen die Tiere, die nicht nach einer gewissen Zeit vermittelt werden konnten, getötet werden. Dies zu ändern beinhaltet die Aufklärung der Menschen darüber, was es heißt, die Verantwortung für das Leben eines Tieres zu übernehmen. Als Gesellschaft haben wir die Verbindung zwischen Grausamkeiten gegenüber Tieren und Grausamkeiten gegenüber Menschen erkannt. Eine hohe Rate von Misshandlungen von Tieren ist begleitet von häuslicher Gewalt, und die Misshandlung von Tieren in der Kindheit ist oftmals ein Anzeichen für Gewalt im späteren Leben (vgl. Flynn 1999, 2000a, 2000b für einen Überblick). Rollin und Rollin (2001, 9) dehnen diese Verbindung aus und fragen: „Wenn die Tatsache, dass das nicht unter Kontrolle bringen von Gewalt gegenüber Tieren, unerbittlich zu Gewalt gegenüber Menschen führt, hat dann die fehlende Anerkennung unserer Verantwortung gegenüber Tieren ähnliche Folgen?" Im Zuge dieser Studie stellte ich fest, dass diese Frage mit „Ja" beantwortet werden muss. Ich sah häufig, wie Kinder ihre Eltern begleiteten, als diese einen Hund oder eine Katze ins Tierheim brachten, weil die Familie umzog oder mit manchen Aspekten des normalen tierischen Verhaltens „nicht umgehen" konnte, und ich wusste, was diese Kinder dabei lernten. Solange es ohne Konsequenzen bleibt, ein Tier „loszuwerden" und solange Tiere billig sind, wird die Antwort auf Rollins Frage „Ja" lauten.

Angesichts der Vielzahl von misshandelten Katzen sollten Tierschützer die dringende Notwendigkeit erkennen, Aufklärung hinsichtlich des Verhaltens und der humanen Behandlung von Katzen zu leisten. Die Bemühungen, Menschen zu vermitteln, was es bedeutet, Tierhalter zu sein, müssen bereits bei den Kindern einsetzen. Die Quelle für ihr Lernen darf nicht ein Film wie *101 Dalmatiner* sein. Ihre Schulung muss früh beginnen, da Belege dafür existieren, dass Kinder zwischen sieben und acht Jahren das größte Interesse zeigen und auch die größten Fähigkeiten besitzen, die Inhalte einer solchen Schulung zu erfassen. Ein Forscherteam erstellte beispielsweise ein 10-Wochen-Programm zur Fütterung wilder Vögel im heimischen Garten mit dem Ziel, das Wissen der Grundschulkinder über Vögel zu erweitern (Beck et al. 2001). Sie stellten Familien Futterhäuschen, Körnerfutter und Schulungsmaterial zur Verfügung. Am Ende der Studie zeigten drei Viertel der Kinder ein gesteigertes Wissen, gemessen an der Fähigkeit, Vögel und deren Geschlecht zu bestimmen sowie die Vögel, die die Futterstellen der Umgebung aufsuchten, voneinander zu unterscheiden (zum Beispiel, dass ein Kardinal und kein Flamingo zum Fressen kam). Die größte Verbesserung konnte bei Kindern zwischen sieben und neun Jahren beobachtet werden. Auch ein Programm zur Vermeidung von Hundebissen, einem großen, Kinder betreffenden Problem der öffentlichen Gesundheit, zeigte, dass das beste Alter, um Kinder den sicheren Umgang mit Hunden zu erklären, acht Jahre und die optimale Schulstufe die dritte bzw. vierte Klasse ist (vgl. Spiegel 2000). Zweifellos sollten sämtliche Programme, die das Ziel haben, Kindern Verantwortungsgefühl gegenüber Tieren beizubringen, solche Studien miteinbeziehen und etwa im selben Alter stattfinden (vgl. auch Myers 1998; Melson 2001). Kinder werden bereits über das Vermeiden aller möglichen Gefahren aufgeklärt, die sie *eventuell* betreffen können. Die Tierschutz-Perspektive würde die Schulung hinsichtlich der richtigen Übernahme von Verantwortung im Zusammenhang mit einem Thema unterstützen, das mit *größter Wahrscheinlichkeit* auf die Kinder zukommen wird. Kurz gesagt:

Der Tierschutzgedanke muss Einfluss auf die Art und Weise nehmen, wie die menschlichen Mitglieder unserer moralischen Gemeinschaft Tiere behandeln.

Nehmen wir nun jedoch an, dass Sie der Meinung sind, dass die Art, wie Tiere ihr Selbst wahrnehmen, über das grundlegende Bewusstsein von Schmerz und Freude hinausgeht. Vielleicht denken Sie, dass Tiere die Fähigkeit haben, Schmerz und Freude aus einem bestimmten Grund und nicht nur als Empfindungen an sich wahrzunehmen. Der logische Zweck der Fähigkeit, Schmerz und Freude zu empfinden, ist es, den einen Zustand erreichen und den anderen vermeiden zu wollen, und dieses Ziel auch weiterhin zu verfolgen. Daraus ließe sich schließen, dass das Wesen, das Schmerz und Freude empfinden kann, ein Interesse am Leben hat, da das Weiterleben die Möglichkeit eröffnet, weiterhin Schmerz und Freude zu empfinden.

Wenn Sie das überzeugt, dann vertreten Sie die Ansicht der Bewegung zum Schutz der Rechte von Tieren, deren wichtigster Glaubensgrundsatz es ist, dass Tiere das Grundrecht haben, nicht wie Objekte behandelt zu werden, besonders nicht als Eigentum anderer. Es gibt verschiedene Ansätze im Hinblick auf die Tierrechte und es herrscht ziemliche Unklarheit bezüglich der möglichen Folgen einer Ausweitung der Rechte auf Tiere. Obwohl ich dieses Thema hier nur oberflächlich behandeln kann, werde ich versuchen, es so präzise wie möglich darzustellen, indem ich mich auf die Arbeiten zweier führender Tierrechtsgelehrten konzentriere, auf die Arbeiten von Tom Regan und Gary Francione.[3]

Tom Regan, Philosoph und Autor des Buches *The Case for Animal Rights* (1983) lehnt den Utilitarismus Benthams und Singers ab, da dieser versucht, etwas „Gutes“ zu maximieren, ohne jedoch zu spezifizieren, wie dieses „Gute“ verbreitet werden wird. Im Speziellen gibt die utilitaristische Sichtweise zu, dass manche Interessen zumindest möglicherweise wichtiger sind als andere. So können z. B. menschliche Interessen mehr Gewicht haben als tierische Interessen, weil sie Menschen betreffen. Der Utilitarismus beinhaltet also nicht das Prinzip des gleichen inneren Wertes. Dieses Prinzip geht davon aus, dass die in Frage kommenden Individuen – und im Moment will ich hier von Menschen sprechen – einen vorbehaltlos gleichen Wert haben, unabhängig von ihrem Wert als Ressource für andere Menschen. Der gleiche innere Wert ist es, der verhindert, dass wir andere menschliche Wesen wie Objekte behandeln. Er steht über dem Recht, da er eine Voraussetzung für andere, zusätzliche Rechte wie die Meinungsfreiheit und das Wahlrecht darstellt. Regan weitet das Prinzip des gleichen inneren Wertes auf die Tiere aus aufgrund ihres Status eines „lebenden Subjektes“; eine Kategorie, der alle normalen Säugetiere, die älter als ein Jahr sind, angehören. Regan (1983, 329) meint dazu: „Wie wir haben Tiere bestimmte moralische Grundrechte, dazu gehört besonders das grundlegende Recht, mit dem Respekt behandelt zu werden, der ihnen als Besitzer von innerem Wert von purer Gerechtigkeit wegen zusteht.“ Aus seiner Sicht bedeutet das, dass wir relevante, ähnliche Interessen von Tieren auf die gleiche Weise berücksichtigen müssen. Das heißt, wir können die Interessen von Tieren nicht abwerten, bloß weil sie die Interessen von Tieren sind. Es bedeutet, dass das Interesse eines Tieres daran, nicht zu leiden, nicht unwichtiger ist, als mein Interesse daran, nicht zu leiden. Diese Gleichstellung bildet die Basis für sämtliche moralischen Theorien, indem sie von uns verlangt, Gleiches gleich zu behandeln. Wir bekennen uns zur Gleichstellung, wenn wir zum Beispiel sagen, dass weder Rasse noch Religion einen Grund darstellen, die Interessen eines Menschen abzuwerten. Indem er für die Gleichstellung aller lebenden Subjekte eintritt, fordert Regan massive Veränderungen, darunter die Abschaffung der kommerziellen landwirtschaftlichen Viehzucht, von Tierfallen, der Jagd und des Gebrauchs von Tieren zu Forschungszwecken.

Der Rechtsanwalt Gary Francione (1995, 1996, 2000) bietet einen völlig anderen Ansatz. In seinem Buch *Introduction to Animal Rights* (2000) stimmt er mit Regan bezüglich der Wichtigkeit des gleichen inneren Wertes überein, Francione behauptet jedoch, dass die Anerkennung eines inneren Wertes bedeutungslos ist, da Tiere als Besitz betrachtet werden. Er schreibt: „Tiere sind die Verlierer, weil ihr Status als Besitztum *immer* einen guten Grund darstellt, ihr Interesse daran, kein Leid zu erfahren, nicht zu respektieren.

Die Interessen von Besitztümern werden so gut wie nie als vergleichbar mit den Interessen der Besitzer eingestuft." (Francione 2000, 86; Hervorhebung im Original) Francione hebt das Grundrecht hervor, nicht als Objekt oder Ressource behandelt zu werden. Dies ist die Voraussetzung für weitere Rechte, und obwohl eine komplexe Debatte darüber geführt wird, welche zusätzlichen Rechte wir haben mögen, halten die meisten fortschrittlichen Gesellschaften dieses Grundrecht aufrecht.[4] Ohne dieses Grundrecht haben alle anderen Rechte keine Bedeutung. Es ist, wie Francione es ausdrückt, „die Minimalanforderung für eine Mitgliedschaft in der moralischen Gemeinschaft." (Francione 2000, 95) Der Gedanke an die Grundrechte setzt den logisch daraus folgenden Gedanken des gleichen inneren Wertes voraus, den Francione allen empfindungsfähigen Lebewesen zuspricht. Er schreibt:

> *„Empfindungsfähige Lebewesen nutzen das Empfinden von Schmerz und Leid, um aus Situationen zu entkommen, die ihr Leben bedrohen, und das Empfinden von Freude, um Situationen aufrechtzuerhalten, die ihr Leben verlängern... Die Evolution hat die Empfindungsfähigkeit hervorgebracht, um das Überleben bestimmter komplexer Organismen zu sichern. Zu verleugnen, dass ein Lebewesen, das im Laufe der Evolution die Fähigkeit entwickelt hat, Schmerz und Freude zu empfinden, ein Interesse daran hat, am Leben zu bleiben, bedeutet zu sagen, dass bewusste Lebewesen kein Interesse daran haben, dieses Bewusstsein zu erhalten – eine äußerst seltsame Einstellung."* *(Francione 2000, 138)*

Moralisch gesehen macht es Sinn, das Recht, nicht als Objekt behandelt zu werden, aufgrund ihrer Empfindungsfähigkeit auf Tiere auszudehnen. Tatsächlich haben westliche Gesellschaften dies durch die Einführung von Gesetzen bestätigt, die das Prinzip der humanen Behandlung von Tieren reflektieren, das beinhaltet, dass Tiere keine Dinge sind, die keine Interessen haben. Die Grundelemente dieses Prinzips besagen, dass Tiere wenigstens ein Interesse daran haben, nicht zu leiden. Zumindest akzeptieren bereits viele Menschen, dass wir die moralische Verpflichtung haben, kein unnötiges

Leid zu verursachen. Um diese Verpflichtung jedoch zu rechtfertigen, müssen wir auch dem Prinzip der Gleichstellung von Tieren folgen, da es unlogisch ist, Objekten gegenüber verpflichtet zu sein. Gleichstellung bedeutet, dass die Interessen von Tieren nicht als weniger wichtig eingestuft werden können, nur weil es die Interessen von Tieren sind. Dies wiederum bedeutet, dass Tiere über gleiche innere Werte verfügen und nicht wie Besitz behandelt werden können. Dieser Status wird weitreichende Veränderungen nach sich ziehen, wie Fancione (2000, 127) erklärt: „Der Zutritt zur moralischen Gesellschaft mag für Tiere nicht dieselbe Bedeutung haben wie für Menschen, abgesehen davon, dass eine solche Mitgliedschaft die Behandlung eines Mitgliedes als reine Ressource für andere Mitglieder ausschließt." Wenn Tieren dieses Grundrecht zugesprochen werden würde, würde das die Abschaffung institutionalisierter Formen der Ausbeutung von Tieren bedeuten und nicht nur deren gesetzliche Regelung (nach Sichtweise der Tierschützer), worunter die Ausbeutung von Tieren im Hinblick auf Nahrung, Kleidung und Versuchsobjekte fällt. Es würde ebenso das Ende von Tieren als Haustiere und sogar als tierische Gefährten bedeuten. Denn wenn Tiere das Recht haben, nicht als Objekte behandelt zu werden, dann gibt es keine Rechtfertigung dafür, sie nur aus dem Grund zu züchten, damit sie uns als Gefährten dienen können. Mit anderen Worten: Die Anerkennung des tierischen Selbst und seines Einflusses auf die menschliche Identität sollten dazu führen, den Wert tierischen Lebens anzuerkennen. Im Gegenzug sollten wir erkennen, dass es unmoralisch ist, sie zu unserer eigenen Freude zu halten, egal, ob wir sie nun als Gefährten oder als Haustiere bezeichnen.

Mir sind die Auswirkungen dieser Behauptung klar. Während ich diese Zeilen schreibe, bin ich von Tieren umgeben. Zwei unserer vier Katzen liegen in ihren Hängematten am Fenster über meinem Schreibtisch, beide Hunde faulenzen in der Nähe und warten darauf, dass ich etwas tue, das mit Futter oder spazieren gehen zu tun hat. Ich kann mir mein Zuhause ohne Tiere nicht vorstellen. Doch wenn sie das Grundrecht besäßen, das ich gerade beschrieben habe, wären sie nicht hier. Obwohl ich behauptet habe, dass Tiere die menschliche Identität stark beeinflussen, rechtfertigt unser Wunsch, sie um uns zu haben, nicht die weitere Züchtung von Kätzchen oder Welpen. Vielleicht wird der größte Einfluss, den sie auf unsere Identität haben können, der sein, uns dazu zu bringen, auf eine Art und Weise zu handeln, von der wir wissen, dass sie richtig ist.

Zu Beginn dieses Buches habe ich untersucht, wie die Kultur unsere Einstellung gegenüber Tieren beeinflusst hat, und zum Ende des Buches möchte ich wieder darauf zurückkommen. Heute hegen wir gegensätzliche Einstellungen gegenüber Tieren und diejenigen, die wir sogar beteuern zu lieben, haben einen Doppelstatus als Gefährten und Besitz inne. Hunde und Katzen sind im Leben der meisten Menschen so allgegenwärtig, dass ihr Besitz praktisch auf ein Geburtsrecht hinausläuft und Hinweise darauf, dass sie es verdienen, besser behandelt zu werden, oft auf taube Ohren stoßen. Kürzlich, an einem sehr heißen Sommertag, sah ich beispielsweise wie ein Mann Anfang 20 einen Welpen an seinem Fahrrad mehrere Blocks hinter sich her zog. Am Ziel angekommen band der Mann den stark hechelnden Hund an der Säule eines öffentlichen Telefons in der Sonne fest und ging zu einem nahegelegenen Geschäft, um dort einzukaufen. Ich ging auf ihn zu und fragte, ob er Wasser für den Hund dabei hätte. „Nicht bei mir“, antwortete er. Ich erklärte ihm, dass ich dem Hund etwas Wasser geben würde und gab ihm den Rat, seinen Hund nicht dort zurückzulassen, nicht nur, weil der Hund in der Sonne sitzen musste, sondern auch, weil es verboten ist, einen Hund in der Öffentlichkeit anzubinden und er dafür einen Strafzettel bekommen könnte.[5] Der junge Mann beschimpfte mich und fügte hinzu: „Ich muss mir von Ihnen nicht sagen lassen, wie ich meinen Hund zu behandeln habe.“

Wenn ich (oder jemand anders) dem jungen Mann auf eine andere Art begegnet wäre, wenn ich vielleicht gefragt hätte, ob ich den Hund streicheln darf und dann nach und nach Fragen zur Beziehung des Mannes zu dem Hund gestellt hätte, dann hätte er wahrscheinlich gesagt, der Hund sei sein bester Freund. Er hätte vielleicht sogar zugegeben, den Hund zu lieben. Trotzdem zwang er seinen geliebten besten Freund, an einem heißen Tag mit dem Tempo eines Fahrrads mitzuhalten, ohne ihm Wasser anzubieten, damit er seinen Durst stillen konnte. Darüber hinaus ließ er seinen besten Freund auf der Straße zurück und behandelte ihn auf eine Art, wie er sein Mobiltelefon oder seine Sonnenbrillen niemals behandelt hätte. Meine Einmischung hatte dieselbe Reaktion zur Folge, als hätte ich dem Mann gesagt, er solle sein Auto waschen: Ich hatte kein Recht dazu, ihm zu sagen, wie er mit seinem Eigentum umzugehen hat.

Die Vorstellung, dass Tiere über eine Persönlichkeit verfügen, bringt große Verpflichtungen für die Gesellschaft im Allgemeinen und für jeden Einzelnen von uns mit sich. Ich behaupte nicht, die Antwort auf alle Fragen zu kennen, die sich daraus ergeben. Einer Sache bin ich mir jedoch sicher, die der Suche nach Antworten zugrunde liegen sollte: Es ist der große Wert tierischen Lebens. Ihr Einfluss auf die menschliche Identität ist unschätzbar. Nun ist es Zeit sich zu revanchieren, indem wir uns mit der schwierigen und oft unangenehmen Aufgabe beschäftigen, uns mit den moralischen Dimensionen unserer Beziehung zu ihnen auseinanderzusetzen.

In diesem Buch beziehe ich mich auf Daten aus unterschiedlichen Quellen. Um einen Überblick zu schaffen, möchte ich diese hier systematisch auflisten.

Ethnografische Forschung im Tierheim

Ich verbrachte etwa 360 Stunden damit, die Interaktionen zwischen Menschen und Tieren in einer privaten, humanen Non-Profit-Gesellschaft zu beobachten, die ich als Tierheim bezeichne. Diese Organisation bietet einen Rundumservice, das heißt, dass neben der Vermittlung von Tieren auch tierärztliche Dienste, Ausbildung, Training und Verhaltensberatung angeboten werden und die Organisation auch als Hauptquartier für die städtische Tierkontrolle und Tierrettung dient. Dieses Tierheim gehört zu einer wachsenden Zahl von Tierheimen in den USA, die keine gesunden Tiere einschläfern. Das heißt jedoch nicht, dass keine Tiere getötet werden. Tiere werden getötet, wenn sie schwere, unheilbare gesundheitliche Probleme haben, wenn der Tierhalter das Einschläfern eines alten oder kranken Tieres verlangt (oder dafür bezahlt) oder wenn die Tiere wegen ihres Verhaltens unmöglich ein neues Zuhause finden können, weil sie beispielsweise aggressives Verhalten zeigen. Ein gut geführtes Pflegeprogramm stellt die zeitweilige Unterbringung von Tieren sicher, die in anderen Einrichtungen aufgrund ihrer besonderen Bedürfnisse eingeschläfert werden würden.

Zu der Zeit, als ich dieses Buch verfasste, hatte das Tierheim 40 Vollzeitangestellte und mehr als 500 freiwillige Helfer. Ich begann 1998 als Freiwillige in der Tierklinik zu arbeiten und helfe auch heute noch den Fachleuten bei der Pflege der Tiere vor und nach Operationen. Im darauf folgenden Frühjahr begann ich mit der Datensammlung, als ich zusätzlich ein paar Vormittage in der Woche als Assistentin bei den Hundezwingern arbeitete. Zu meinen Aufgaben zählten Spaziergänge, Körperpflege, Zwingerreinigung, die Arbeit an den grundlegenden Hundemanieren und am Grundgehorsam sowie sämtliche andere Tätigkeiten, die halfen, die Langeweile eines Lebens im Tierheim zu verringern und die Hunde leichter vermittelbar zu machen. Ich arbeitete oft mit bestimmten Hunden, die aufgrund von Verhaltensproblemen bereits einige Wochen oder sogar Monate im Tierheim waren. In diesem Fall wird von einem Mitarbeiter ein Auslauf-, Trainings- und Spielplan für den Hund erstellt, den die anderen Freiwilligen und ich ausführten und dessen Fortschritte wir protokollierten. Nebenbei hielt ich meine Beobachtungen hinsichtlich der allgemeinen Tierheimpraxis und der Interaktionen, die ich mit den Mitarbeitern und den Tieren hatte, fest (vgl. Irvine 2002).

Meine Arbeit in den Zwingern führte schrittweise zu einer weiteren freiwilligen Aufgabe. Da ich bereits Fragen der Kunden zu bestimmten Tieren beantwortete und ihnen allgemeine Informationen zu Vermittlung, Verhalten, Training und Pflege gab, tat ich den nächsten Schritt und ließ mich zur Vermittlungsberaterin schulen. Dazu gehörte es, die Menschen mit den Tieren bekannt zu machen, für die sie sich interessierten. Während eines Vermittlungsgespräches versucht der Berater herauszufinden, ob Tier und Mensch gut zusammenpassen. Während dieser Arbeit wuchs meine Neugierde bezüglich der Interaktion der Menschen mit den Katzen und Hunden im Tierheim. Ich begann, mir genaue Notizen darüber zu machen, wie lange sie bestimmte Tiere anschauten, ob sie an diesem Tag ein Tier mit nach Hause nahmen oder nur zu Besuch waren und was sie, wenn überhaupt, zu den Tieren oder den Menschen in ihrer Begleitung sagten.

Im Zuge einer weiteren freiwilligen Aufgabe verbrachte ich mehr als 150 Stunden damit, Beobachtungen im, wie ich es nenne, „Mobilen Tierheim" durchzuführen, einem etwa zehn Meter langen Wohnmobil, das als mobile Außenstelle des Tierheims dient. Fünf Tage pro Woche nehmen ein Freiwilliger (wie ich) und ein Angestellter, der den Wagen verwaltet und fährt, eine Auswahl an zu vermittelnden Katzen, Kaninchen und anderen Kleintieren sowie einen Hund mit zu verschiedenen Stationen im ganzen Bezirk. Das „Mobile Tierheim" macht regelmäßig Halt vor Einkaufszentren – vor allem bei denen mit einem Supermarkt oder Geschäften großer Handelsketten – vor Büchereien und es begibt sich zu den Schauplätzen von örtlichen Festen und Wohltätigkeitsveranstaltungen. An Bord können sich die Menschen Tiere aussuchen, denen sie ein neues Zuhause geben möchten, Futter oder Geld spenden und eine Fülle von Informationen über die Pflege und das Verhalten von tierischen Gefährten erhalten.

Das „Mobile Tierheim" bleibt vier Stunden an einem Ort. Während dieser Zeit kommen für gewöhnlich etwa 100 Besucher. Für viele von ihnen ist das „Mobile Tierheim" der einzige Kontakt mit dem Tierheim. Deshalb besteht ein Großteil der Aufgaben in der Öffentlichkeitsarbeit. Im „Mobilen Tierheim" war ich – neben der Pflege der Tiere – dafür zuständig, die Besucher zu begrüßen und mit ihnen zu sprechen. Das bedeutete, über ein bestimmtes Tier oder Tiere im Allgemeinen zu sprechen, die Bitte um Spenden, die Abwicklung von Vermittlungen und die Beantwortung von Fragen bezüglich der Serviceangebote des Tierheims oder zum Verhalten von Tieren. Für diese Studie hielt ich meine Beobachtungen hinsichtlich der Interaktionen im „Mobilen Tierheim" in einem kleinen Notizbuch fest.

Autoethnografie

Zum Ende des Frühjahrs 1999 fing ich an, mir ausführliche Notizen zu meinen Interaktionen mit meinen eigenen Katzengefährten zu machen. Obwohl ich während meines ganzen Erwachsenenlebens mit vielen Katzen zusammengelebt hatte, begann ich erst zu diesem Zeitpunkt, die Details unseres gemeinsamen Lebens festzuhalten. Ich machte mir genaue Notizen über die alltäglichen Aktivitäten, an denen ich und meine Katzen teilhatten, wie zum Beispiel Füttern, Spielen, Berührungen und Augenkontakt. Ich hielt auch fest, wie die Katzen untereinander interagierten. Im Sommer holte ich schließlich Skipper nach Hause, der in diesem Buch regelmäßig vorkommt. Nachdem ich mein ganzes bisheriges Leben ein „Katzenmensch" gewesen war, hatte ich mir nie vorstellen können, mit einem Hund zusammenzuleben. Ich nahm an, dass die Katzen sich niemals damit abfinden würden, und ich fragte mich, was ich mit einem Hund machen sollte, während ich arbeitete. Dennoch sah es so aus, als hätte beinahe jeder in der Stadt einen Hund. Es war anzunehmen, dass zumindest einige dieser Leute arbeiten gingen und einige, so konnte ich mir vorstellen, hatten auch noch Katzen. Wenn sie es schafften, dachte ich mir, dann konnte ich das wahrscheinlich auch. Ich brachte Skipper nach Hause und er brachte viel Freude – und auch einige Sorgen – in mein Leben. Was die Katzen und ich lernten und wie wir uns an die Lebensweise des Hundes anpassten, hielt ich in meinem Notizbuch fest.

Interviews

Ich sah meine eigenen Aufzeichnung und die, die ich im Tierheim gemacht hatte, regelmäßig auf der Suche nach erkennbaren Themen und Mustern durch. Als sich die Existenz eines tierischen Selbst als eindeutiges Ergebnis herauskristallisierte, entwarf ich einen Fragenkatalog, der sich auf die Anziehungskraft zwischen Menschen und bestimmten Tieren und die Art und Weise, wie das Selbst eines Tieres sichtbar werden kann, konzentriert. Mit diesem Fragenkatalog im Hinterkopf führte ich semi-strukturierte Interviews mit 40 Personen, die ein Tier mit nach Hause genommen oder abgegeben hatten. Das Tierheim verhalf mir zu meinen Interviewpartnern, indem die Angestellten im Jahr 2001 einen Monat lang den Vermittlungsunterlagen oder Abgabeformularen ein Informationsblatt sowie eine Einverständniserklärung beifügten. Ich schloss Menschen aus, die ganze Würfe von „Stallkatzen" abgegeben hatten, zu denen sie keine Beziehung aufgebaut hatten, und Menschen, die einen Streuner vorbeibrachten, den sie auf dem Weg zur Arbeit aufgegriffen hatten. Ich schloss auch die aus, die kranke oder alte Tiere abgaben, um sie einschläfern zu lassen, da diese Fälle nicht zum Bereich meiner Forschung gehörten. Im Verlauf der Interviews fragte ich die Menschen, wie sie die Entscheidung, ein Tier aufzunehmen oder abzugeben gefällt hatten, wie sie sich für ein bestimmtes Tier entschieden hatten und wie sie damit zurechtkamen, ein neues Tier zu haben oder ein Tier zu verlieren. Ich fragte auch nach ihrem alltäglichen Leben mit dem Tier und nach Routinen wie Spiel, Füttern, Berührungen und anderen Formen des Verhaltens oder der Interaktion.

Zusätzliche Beobachtungen und Interviews: Daten zum Thema Spiel

Als deutlich wurde, dass das Spiel eine häufige Form der Interaktion zwischen Menschen und Tieren darstellt, suchte ich nach Wegen mehr darüber herauszufinden. So kamen weitere Daten durch die Beobachtung von Besuchern zweier städtischer Hundeauslaufzonen hinzu. Das sind zwar öffentlich zugängliche Grundstücke, jedoch für frei laufende Hunde zum Spielen reserviert. Zur Hauptzeit, vor allem nach halb fünf am Nachmittag, nutzen bis zu 20 Hunde und ihre Halter diese Gelände. Eine Hundeauslaufzone besuchte ich regelmäßig vier Monate lang, die andere suchte ich sechs Monate lang auf. Ich nahm einen oder beide meiner Hunde mit, beobachtete die Halter und die Hunde beim Spielen und machte mir danach Notizen, sobald ich konnte. Die Beobachtungsdaten ergänzte ich durch die Daten aus diversen Gesprächen. Ich unterhielt mich lange mit den Haltern über Spielgewohnheiten und -objekte, über die Zeit, die sie mit Spielen verbrachten, die Häufigkeit ihrer Besuche im Park und über ihre Interpretation des Spielverhaltens ihrer Hunde. Um auch Daten über das Spielverhalten von Katzen zu erhalten, interviewte ich Katzenhalter (mit denen ich über das Tierheim in Kontakt kam) in Bezug auf deren Spielgewohnheiten. Verschiedene Male besuchte ich sie zu Hause, um die Interviews durchzuführen und erlebte dadurch das Spielverhalten aus erster Hand (vgl. Irvine 2001).

Diese Studie beruht auf den Aussagen von Menschen, die die Gesellschaft von Tieren genießen. Ich hatte nicht vor, eine umfassende Studie hinsichtlich sämtlicher Beziehungsformen zwischen Menschen und Tieren durchzuführen. Tiere haben eindeutig auf viele Arten Anteil an der sozialen Welt und jede davon sollte untersucht werden. Je mehr wir versuchen, diejenigen zu verstehen, die die Welt mit uns teilen, ihre eigene Geschichte jedoch nicht erzählen können, desto besser wird es uns allen gehen.

Anmerkungen

Einleitung

1. Saint-Exupéry 1943 (1971 / 2000), 59.
2. Dies stimmt mit den Erkenntnissen der wissenschaftlichen Literatur überein, die zeigen, dass Menschen, die als Kinder Tiere hatten, voraussichtlich auch als Erwachsene Tiere haben werden. Die Art der Beziehung, die eine Person als Kind zu Tieren hatte, wird die Art der Beziehung, die diese Person als Erwachsener zu Tieren hat, beeinflussen (vgl. Kidd und Kidd 1980; Poresky et al. 1988).
3. Ich kämpfte mit mir selbst, ob ich diese Erinnerung meiner Kindheit miteinbeziehen sollte, da ich Angst hatte, sie käme als Rechtfertigung für Streichelzoos und die Ausstellung von „exotischen" und geschützten Arten in Streichelzoos an (etwa nach dem Motto: „Streichelzoos lehren Kinder, wie sie mit Tieren Kontakt aufnehmen können, somit sind Streichelzoos gut."). Für gewöhnlich sind Streichelzoos schreckliche Orte für die Tiere. Der Elefant, den ich kennen lernte, war höchstwahrscheinlich ein Waisenkind, das verkauft worden war, nachdem man seine Mutter getötet hatte. Es gibt viel bessere Wege, wie Kinder das Wunder und die Würde von Tieren erfahren können, und ich ermutige die Eltern, nach ihnen zu suchen.
4. Seit damals sehe ich die Wichtigkeit der Geschichte aus einer anderen Perspektive. Ich stimme mit Ulric Neisser überein, der schrieb: „Eigene Geschichten sind *eine* Grundlage aber nicht die Grundlage der Identität." (Neisser 1994, 1; Hervorhebung im Original)

Kapitel 1

1. Diese Zahlen stammen aus einer Studie, die mit 80.000 zufällig ausgewählten Haushalten durchgeführt wurde. Insgesamt wurden 54.240 Fragebögen ausgewertet, was einer Rücklaufquote von 67,8 % entspricht. Es

handelt sich hier also um eine Haushaltsbefragung und nicht um eine Zählung der Haustierpopulation.

2. Ausführliche Informationen zu den verschiedenen Theorien in Bezug auf die Herkunft des Hundes finden Sie bei Coppinger und Coppinger 2001, Budiansky 1992, Clutton-Brock 1995 sowie Coppinger und Coppinger 1995.
3. Obwohl sich Hunde in vielerlei Hinsicht voneinander und auch von ihren wilden Vorfahren unterscheiden, kamen Tests der mitochondrialen DNA von Hunden zu einem erstaunlichen Ergebnis (die mitochondriale DNA wird von der Mutter an die Tochter weitergegeben, ohne dabei neue Verbindungen einzugehen, was zuverlässige Rückschlüsse auf die Abstammung zulässt): Hunde, Wölfe und Kojoten sind sich genetisch gesehen viel ähnlicher als verschiedene ethnische Gruppen unter den Menschen, die zur selben Gattung zählen.
4. Im späten 20. Jahrhundert wurden in vielen Gebieten Nordamerikas Wölfe neu angesiedelt; der Schutz der Wolfsbestände bleibt weiter umstritten. Ausführliche Informationen über die Stellung des Wolfes in Beziehung zu Mensch und Natur finden Sie bei Emel 1998.
5. James Serpell (1986, 127) spricht einen interessanten Punkt in Bezug auf die Rolle der Technik im Zusammenhang mit der Haustierhaltung an: „Es ist ganz sicher bezeichnend, dass nachtaktive Nagetiere wie Mäuse, Ratten und Hamster erst mit Aufkommen des elektrischen Lichtes zu beliebten Haustieren wurden; diese Erfindung verlängerte künstlich die Zeitspanne, in der der Mensch aktiv ist, bis in die Nachtstunden, wenn diese Tiere normalerweise aktiv sind."
6. Der Journalist Stephen Budiansky (2002, 76) schreibt dazu: „Wenn ein Experte einen Wolfsschädel und einen Hundeschädel sieht, wird er kaum Schwierigkeiten haben, die beiden auseinanderzuhalten. Wenn jedoch Zoologen, Kuratoren eines Naturhistorischen Museums, Jäger, Tierärzte, Wildhüter oder Naturwissenschaftler zwischen den Proben einer Wildkatze und einer Hauskatze unterscheiden sollen, liegt die Trefferquote bei 61 %. Das ist kaum besser, als hätten ein Ukulele-Spieler, ein Avocadobauer und ein Automobildesigner eine Münze geworfen."

7. Dies ist ein wichtiger Punkt, weshalb es so wichtig ist, Hauskatzen in Nordamerika wirklich im Haus zu halten. Für die dortige heimische Tierwelt stellt die Katze eine unerwartete und exotische Bedrohung dar. In der Entwicklung der nordamerikanischen Vögel und anderer Tiere hat die Katze keine Rolle gespielt, wodurch Katzen, die ins Freie dürfen, einen immensen Vorteil bei der Jagd haben. Katzen sind verantwortlich für den zahlenmäßigen Rückgang vieler Vogelarten, darunter vor allem des Kolibri, der besonders gefährdet ist, da er während der Nahrungsaufnahme auf der Stelle schwebt. Gut meinende Menschen, die ihren Katzen ein Glöckchen umhängen und denken, dass das Geräusch Vögel warnen würde, liegen leider falsch. Es gibt keinen Grund, warum die Vögel das Klingeln eines Glöckchens mit dem Auftauchen einer Katze in Verbindung bringen sollten. Es ist auch falsch, dass gut genährte Katzen auf die Jagd verzichten. Für Hungergefühl und den Jagdtrieb sind zwei verschiedene Regionen des Gehirns zuständig. Selbst eine Katze, die nicht hungrig ist, wird also weiterhin jagen. Auch auf die Gefahr hin, plakativ zu klingen: Ein Katzenbesitzer, der seine Katze ins Freie lässt, lässt zugleich einen wohlgenährten, unerwarteten und exotischen Feind auf die Tierwelt los. Für einen Artikel in der renommierten Zeitschrift *Nature* beobachteten Kevin Crooks und Michael Soulé (1999) in einer Siedlung von San Diego Hauskatzen, die von ihren Besitzern regelmäßig ins Freie gelassen wurden. 77 % der Haushalte ließen ihre Katzen ins Freie und 84 % dieser Katzen brachten ihre „Beute" nach Hause. Jede Katze erbeutete jährlich fünfzehn Vögel sowie nahezu doppelt so viele kleine Nagetiere und Eidechsen. Crooks und Soulé sind der Ansicht, dass bei dieser Anzahl an erbeuteten Vögeln, die nordamerikanischen Vogelarten bald ausgestorben sein werden. Ihren Schätzungen zufolge sind bereits 75 % dieser Vogelarten verschwunden. Die Lösung für dieses Problem lautet, die Katzen ausschließlich im Haus zu halten und sie dort durch Fensterplätze, Kratzbäume, Spielzeug und – besonders wichtig – menschliche Gesellschaft bei Laune zu halten. Mehr Informationen dazu finden Sie im Internet bei „Cats Indoors! A Campaign for Safer Birds and Cats" unter http://www.abcbirds.org/cats/catsindoors.htm.

8. Der American Kennel Club listete im Jahr 2001 die Registrierungszahlen von 150 verschiedenen Hunderassen auf. Die Top Fünf waren Labrador Retriever, Golden Retriever, Deutscher Schäferhund, Dackel und Beagle. Die Cat Fanciers' Association listete im Jahr 2001 die Registrierungszahlen von 40 verschiedenen Katzenrassen auf, die Top Fünf waren hier Perser, Maine Coon, Siam, Abessinier und Exotik Kurzhaar.
9. Der Begriff „Rasse" bezieht sich auf eine Untergruppe einer bestimmten Art, die spezielle und einzigartige Charaktereigenschaften besitzt, die genetisch vorhersehbar sind und konstant reproduziert werden können. Der Begriff Rasse wird in der wissenschaftlichen Taxonomie nicht verwendet, hier werden Organismen nach *Reich, Stamm, Klasse, Ordnung, Familie, Gattung, Art* und *Unterart* eingeteilt. Die Hauskatze gehört zur Familie der Katzen, Felidae, der zahlreiche Arten angehören, die drei Gattungen zugeordnet werden können: *Panthera, Acinonyx* und *Felis*. Die Hauskatze wird als Felis catus bezeichnet, viele der heute bekannten Rassen (z. B. Siam, Manx, American Shorthair) gehören dieser Art an. Die Familie der Hunde, Canidae, ist mit 38 verschiedenen Arten breiter gefächert.
10. Zur Erklärung für all jene, die nichts mit Katzen zu tun haben: Ich meine hier die Haarknäuel, die Katzen manchmal an den unpassendsten Stellen wieder hochwürgen.
11. Mehr über diese und andere Beispiele finden Sie bei Serpell 1986, Kapitel 2.
12. Es gibt mindestens zwei Einwände gegen solche Studien wie auch gegen die dabei angewandte Meta-Analyse. Zum einen wird bei der Unterscheidung zwischen „Haustierbesitzern" und „Nicht-Haustierbesitzern" nicht darauf eingegangen, ob Letztere früher einmal ein Haustier besessen haben oder nicht. Personen, die zur Zeit der Studie „Nicht-Haustierbesitzer" waren, können durchaus zu einem früheren Zeitpunkt Haustierbesitzer gewesen sein, denn Studien haben gezeigt, dass die meisten Menschen (88 bis 94%) im Laufe ihres Lebens ein Haustier besitzen (vgl. Kidd und Kidd 1980; Podberscek und Gosling 2000, 161). Zum anderen werden bei solchen Studien verschiedene Methoden, Variablen

und psychometrische Instrumente angewandt, die einen direkten Vergleich zwischen den verschiedenen Studien an Besitzern/ Nicht-Besitzern unmöglich machen.

13. Vgl. auch Podberscek und Gosling 2000.
14. Gardner beschäftigt sich ausführlich mit der „höflichen Nichtbeachtung" sowie der Verletzung dieses Prinzips und zeigt, dass Kinder dieselbe Funktion haben wie Hunde.
15. Weitere Berichte hierzu finden Sie bei Robins et al. 1991 und West 1999.
16. Der derzeitige katholische Katechismus (1994, Paragraf 2418) hält an dieser Einstellung fest: „Auch ist es unwürdig [für Tiere] Geld auszugeben, das in erster Linie menschliche Not lindern sollte.
17. Zusätzlich zu den wissenschaftlichen Begründungen hinsichtlich unserer Verantwortung gegenüber Tieren möchte ich auch darauf hinweisen, dass der Fuchs zum kleinen Prinzen sagte: „Du bist zeitlebens für das verantwortlich, was du dir vertraut gemacht hast." (Saint-Exupéry 1971, 64)
18. Bei Joanna Schwabe (2000) finden Sie eingehende Berichte über die Ambivalenz, mit der Tierärzte solchen vom Kunden geforderten Verstümmelungen gegenüberstehen.
19. Darüber hinaus ist die „natürliche" Verbindung zwischen Kindern und Tieren fraglich. Aline Kidd und Robert Kidd (1987) fanden heraus, dass es für Kinder normal ist, sich nicht für Tiere zu interessieren.

Kapitel 2

1. Weitere Informationen zu den psychologischen Mechanismen, die es uns ermöglichen, zwischen den Tieren, die wir lieben und denen, die wir essen, zu unterscheiden, finden Sie bei Plous 1993.
2. Einige Bibelforscher sind der Meinung, dass das hebräische Wort für die Rechtfertigung der Nutzung von Tieren nach unserem Geschmack falsch ausgelegt wurde. Eine konkurrierende Interpretation übersetzt den Originalausdruck mit „Verwalteramt", einer schwächeren Form des Anthropozentrismus, die eine „von Gott gegebene Verantwortung, für

die Erde *zu sorgen*" (Linzey 1998, 287, Hervorhebung der Autorin), anstatt das Recht *über sie zu herrschen* impliziert (vgl. auch Cohen 1989).

3. Eine schlüssige und ausführliche Erörterung des Herrentums und seiner Folgen finden Sie bei Scully 2002.
4. Im Gegensatz zu Darwin ging Plato davon aus, dass der Mensch vor dem Tier existierte (vgl. Sorabji 1993, 9-12).
5. Im Laufe der Zeit wurden den Tieren weitere Qualitäten abgesprochen, was deren Anderssein vom und die Überlegenheit des Menschen hervorhob, darunter z. B. die Fähigkeit zu sprechen, physische Schönheit, Religion, privates Eigentum und die Fähigkeit, Werkzeuge zu benutzen. Letzteres wurde von Jane Goodall (1990) widerlegt, als sie den Schimpansen David Greybeard dabei beobachtete, wie er ein Werkzeuge nicht nur benutzte, sondern dieses auch selbst herstellte.
6. Es ist wichtig zu erwähnen, dass diese Epoche nicht nur Thomas von Aquin sondern auch Franz von Assisi hervorbrachte, der bekannt dafür war, eine humane Sichtweise zu vertreten, und die unheimliche Fähigkeit hatte, Vögel und wilde Tiere anzuziehen (vgl. Armstrong 1973). desweiteren existieren in der christlichen Lehre noch frühere tierfreundliche Ansätze, vor allem jener von Johannes Chrysostomus aus dem vierten Jahrhundert.
7. Eine umfangreiche Abhandlung zum Thema der „indirekten Pflicht" finden Sie bei Niven (1967, 29-37), Gegenargumente bei DeGrazia (1996).
8. Aquin schloss sich der Astronomie und Physik des Aristoteles an, wonach die Erde im Zentrum eines endlichen Universums steht. Die Schicksale von Kopernikus und Galileo Galilei sind gute Beispiele dafür, was jeden erwartete, der diesem Modell widersprach.
9. Vgl. Offenbarung 22:15.
10. Eine ausführliche Abhandlung zur Geschichte der Jagd sowie der Technologie, Ethik und mehr finden Sie bei Bekoff 1998.
11. Dem Hund einen nahezu menschlichen Status zu verleihen, war ein zweischneidiges Schwert. Mary Douglas (1966) legt dar, wie die Positionierung des Hundes an der Grenze zwischen Mensch und Tier Anlass dazu gab, ihn als potenziell unrein zu betrachten. Eine Zusammenfassung der

Literatur zu diesem Thema unter Rücksichtnahme auf verschiedene Kulturen finden Sie bei Serpell 1995.

12. Dies hat erstmals Kenneth Clark (1977) beschrieben.
13. Laut Serpell (1986) waren Anklagen wegen Hexerei in Großbritannien am häufigsten, während auf dem Kontinent Anklagen wegen Sodomie überwogen.
14. Auch heute noch sind Katzen leichte Folteropfer. Am Abend bevor ich diesen Abschnitt schrieb, berichteten die Abendnachrichten von einer enthaupteten Katze, die in einem örtlichen Park gefunden worden war. Es war bereits die Zweite in den letzten Monaten.
15. Bentham, der als Begründer des Utilitarismus angesehen wird, behauptete, dass die Fähigkeit, Leid zu empfinden, mit der ihr ähnlichen Fähigkeit einhergeht, Vergnügen zu empfinden und durch diese auch erst möglich wird. Diese „Herrschaft zweier souveräner Gebieter", wie er sie nennt – Leid und Freude – stellt den Kern seiner utilitaristischen Doktrin dar, die er in dem Werk *The Principles of Morals and Legislation* darlegt, aus dem auch das berühmte Zitat „Können sie leiden?" stammt. Er beschreibt die Utilität als die Fähigkeit eines Objekts oder einer Handlung, Freude zu bereiten oder Leid zu vermeiden und geht davon aus, dass Tiere wie auch Menschen utilitaristische Interessen verfolgen. Eine kompakte Erörterung der Fallstricke von Benthams Theorie finden Sie bei Francione 2000, Kapitel 6.
16. Im Gegensatz zum *Martin's Act* machten es die deutschen Gesetze erforderlich, dass die Misshandlung öffentlich stattgefunden und menschliche Beobachter daran Anstoß genommen hatten. Dies stellt eine Erweiterung des Prinzips der „indirekten Pflicht" dar.
17. Diese Theorie hat noch eine dritte Interpretation hervorgebracht, die über diese Forschungsarbeit hinausgeht, nämlich die strikte Ablehnung, besonders innerhalb fundamentalistischer Bewegungen.
18. Eine weitere, auch heute noch gebräuchliche Rechtfertigung für die Jagd gibt vor, Jäger würden den Evolutionsprozess unterstützen, indem sie Tiere töteten, die ansonsten aufgrund von Überpopulation sterben würden. Jäger unterstützen jedoch die Entwicklung von Überpopulationen und

drehen die Evolution um. Sie töten die größten und gesündesten Tiere, wohingegen sich natürliche Raubtiere – und das sind nichtmenschliche – die schwächsten aussuchen würden. Sie suchen sich ihre Opfer nach dem Geschlecht aus und greifen so in die Fortpflanzungsrate ein. Mehr Informationen über dieses und anderes Jägerlatein finden Sie bei Kheel (1995; vgl. auch Einwhoner 1999).

19. Die 20. Jahrhundert-Version der Romantik führte zu Tierrechts-Bewegungen. Während sich der Tierschutz zum Ziel gesetzt hat, Leiden zu minimieren, kämpfen die Tierrechtler für ein vollständiges Ende der Ausbeutung von Tieren – sei es in Zoos, in Naturparks, als Versuchstiere, als Nahrungsquelle oder als Haustiere (vgl. Bekoff 1998; Franklin 1999, 27-33).
20. Die Zusätze „humane society" bzw. SPCA können von jeder Organisation verwendet werden. Es gibt keine nationale Behörde, die Tierheime und Tierschutzorganisationen überwacht. Die *Humane Society of the United States* und die *American Humane Association* bieten Richtlinien und Verfahrensvorschläge, denen viele Tierheime folgen; sie sind jedoch nicht dazu verpflichtet. Ausführliche Abhandlungen zu den humanen Bewegungen finden Sie bei Coleman 1924 und Niven 1967.
21. In den Vereinigten Staaten gibt es drei Arten von Tierheimen: 1.) Von den Stadt- oder Ortsverwaltungen geführte Tierheime. Viele davon sind Tierasyle (auf englisch „pound", was soviel wie „einpferchen" bedeutet), in denen die Tiere, die aufgegriffen oder abgegeben wurden, eine Zeit lang eingesperrt werden, bevor man sie einschläfert oder in ein anderes Tierheim verlegt. 2.) Private Nonprofit-Heime, die von einem Vorstand geführt werden. 3.) Private Nonprofit-Heime, die auch Verträge mit Behörden haben, um Aufgaben des Veterinäramtes übernehmen zu können.
22. Bis 1979 wurden in den Vereinigten Staaten Tiere, die nicht abgeholt wurden, zu Versuchszwecken verkauft (vgl. Finsen und Finsen 1994, 61). Dieser Vorgang wurde „pound seizure" genannt und durch ein Gesetz mit dem Titel *Metcalf-Hatch Act* gerechtfertigt. In New York, Minnesota und zahlreichen anderen Staaten war dieses Vorgehen gängige Praxis. In den 70er Jahren des 20. Jahrhunderts begannen einzelne Staaten derartige

Gesetze zu widerrufen, einen wirklichen Wendepunkt stellte jedoch erst der Widerruf des *Metcalf-Hatch Acts* 1979 dar.

23. White war Abolitionistin und Anhängerin der Quaker, einen Abriss ihrer Biografie finden Sie bei Unti 1998.
24. 1897 erhielt die Frauengruppe den Namen *Women's Pennsylvania Society for the Prevention of Cruelty to Animals*. Sie stellte eine unabhängige Untergruppe der Dachorganisation dar und konnte über etwaige Einkünfte selbstständig entscheiden, ein Recht, das sich White und einige andere Frauen beurkunden ließen.
25. Bei einer „Hetze" wurde zunächst ein Tier an einen Pfahl angebunden. Danach wurden andere Tiere – meistens Hunde und mehrere auf einmal – auf das angebundene Tier gehetzt. Die gehetzten Tiere waren üblicherweise Dachse, Maultiere, Pferde, Bären, Affen oder eben Stiere. Bis ins 17. Jahrhundert hinein waren solche „Sportarten" auch beim englischen Adel sehr beliebt, bis die Oberschicht schließlich immer weniger Toleranz gegenüber der „sportlichen" Misshandlung von Tieren zeigte. Es gibt viele Meinungen, was die Gründe für dieses Umdenken betrifft, eine finden Sie bei Elias und Dunning 1986; Tester 1992; und Elias 1994, eine andere bei Franklin 1999. In Großbritannien wurden die Stierhetze 1835 und Hahnenkämpfe 1849 verboten, Elitesportarten wie die Fuchsjagd oder das Sportfischen existieren hingegen weiterhin (vgl. auch Franklin 1999, 22-24). In den Vereinigten Staaten wurden Hundekämpfe erst nach dem Bürgerkrieg verboten, und als dieses Buch geschrieben wurde, konnten in drei Bundesstaaten noch legal Hahnenkämpfe durchgeführt werden.
26. Das ins Visier nehmen der Arbeiterklasse unterscheidet deutlich die Bewegungen gegen Misshandlung von Tieren von der Bewegung gegen die Vivisektion. Letztere hatte vor allem die wissenschaftliche Elite zum Ziel.
27. Glen Elder, Jennifer Wolch und Jody Emel (1998) zeigen, wie diese Anstrengungen im späten 20. Jahrhundert auch zur Rassendiskriminierung bei gewissen Gruppen führten.
28. Auch Aquarien, Zimmerpflanzen und Ziervögel wurden immer beliebter.

29. William Danforth gründete mit 12.000 US-Dollar Leihkapital einen Lebensmittelladen in St. Louis, Missouri. Gleich zu Beginn des 20. Jahrhunderts begann er, Vollkorngetreide für Menschen unter dem Namen *„Purina"*, der sich aus dem Werbeslogan „Where Purity is Paramount" (in etwa: Wo Reinheit das höchste Gebot ist) ableitete, zu verkaufen. Ein bekannter Gesundheitsexperte namens Dr. Ralston übernahm später den Vertrieb und das Unternehmen wurde 1902 offiziell in *Ralston Purina* umbenannt. Das Schachbrettmuster des Logos entstammt den Kindheitserinnerungen Danforths, dessen Mutter ihm und seinen Geschwistern Kleidung aus Stoffen mit Schachbrettmuster genäht hatte.
30. Während des Ersten Weltkrieges entstand unter englischsprachigen Soldaten der Slangausdruck „chow", der soviel wie „Essen" oder „Futter" bedeutet. Das Unternehmen ersetzte den bisher gebräuchlichen Ausdruck für Futtermittel, „feeds", durch „chow". Die Marken *Purina Dog Chow* und *Cat Chow* sind heute noch im Handel erhältlich.
31. Katzenstreu wurde 1948 erfunden. Im Januar 1948 ging Kay Draper aus Michigan zur örtlichen Sandgrube, um Sand zu holen, den sie, wie jeder, der zu dieser Zeit Katzen besaß, benötigte, um damit die Katzentoilette zu füllen. Die Sandgrube war jedoch zugefroren. Kay Draper versuchte, als Ersatz Asche zu verwenden, doch die Katze hinterließ daraufhin überall im Haus rußige Pfotenabdrücke. Also kam sie auf die Idee, Sägemehl zu verwenden, und machte sich auf den Weg zur Firma der Familie Lowe, die Kohle, Eis und Sägemehl vertrieb. Ed Lowe zeigte ihr einen Haufen getrockneten, körnigen Mineraltons, den er versucht hatte, Hühnerzüchtern als Nestmaterial zu verkaufen. Draper war einverstanden, etwas davon als Füllung für die Katzentoilette auszuprobieren. Es war ein so großer Erfolg, dass sie bald wiederkam, um Nachschub zu holen, und sie erzählte auch ihren Freunden davon. Lowe begann, Säcke abzufüllen und sie mit dem Schriftzug *„Kitty Litter"* zu versehen. So entstand ein Unternehmen, das mittlerweile über eine Milliarde Kilogramm im Jahr verkauft, einen Jahresumsatz von 708 Millionen US-Dollar macht und eine eigene Interessenvertretung in Washington, DC, unterhält. In den USA entfällt einer von drei US-Dollars,

die im Einzelhandel für Tierzubehör ausgegeben werden, auf Katzenstreu. Obwohl die heutigen Katzenstreusorten mit den Attributen „Frischeduft“, „Premium“ und „Klumpstreu“ kaum mehr etwas mit Lowes damaliger Streu gemein haben, blieb der Grundbestandteil, nämlich Bleicherde, derselbe. Bleicherde dient beispielsweise auch als Hauptbestandteil des Medikamentes Kaopectate gegen Durchfall. Lowes Erfindung half, „den Grundstein für den letztendlichen Durchbruch der Katze als beliebtestes vierbeiniges Haustier Amerikas zu legen. Jemand sagte einmal, dass die Erfindung von *Kitty Litter* für die Katze dieselbe Bedeutung gehabt habe, wie die Erfindung der Klimaanlage für Houston: Sie nahm die Sorge vor zu viel Nähe.“ (Maggitti 1996, 48)

32. Die lokale Stadtverwaltung in Boulder, Colorado, verabschiedete beispielsweise 1870 ein eigenes Gesetz als Antwort auf die Angst der Bürger vor und die Beschwerden über umherstreifende Gruppen von Hunden. Die Polizisten bekamen die Anweisung, nicht registrierte Hunde sofort zu erschießen, wobei sie für jeden toten Hund eine Prämie von einem US-Dollar bekamen.

Kapitel 3

1. Die Idee, Verhalten durch positive Bestärkung zu formen, entstammt einem Trainingsprogramm für Meeressäuger aus den 1960er Jahren. Pionierin auf diesem Gebiet war die Delfintrainerin Karen Pryor, die ihre Trainingsmethode schließlich auch bei anderen Tieren anwendete (vgl. Pryor 1986; vgl. auch Donaldson 1996; Owens und Eckroate 1999). Natürlich wurden auch schon vor dem momentanen Boom positiver Trainingsmethoden gewaltfreie Ansätze in die Praxis umgesetzt – beispielsweise von Montague Stevens, der um die Jahrhundertwende „bestenfalls als Exzentriker“ (Derr 1997, 326) bezeichnet wurde. Glücklicherweise werden gewaltfreie Methoden nicht länger als unkonventionell erachtet und „sanfte“ Hundetrainer haben ihre eigenen Vereinigungen, Websites, Workshops und Seminare (vgl. http://www.apdt.com). *The*

Guide to Humane Dog Training, ein Leitfaden für Hundehalter, ist bei der *American Humane Association* erhältlich (http://www.American-humane.org) und *Professional Standards for Dog Trainers* bei der *Delta Society* (http://www.deltasociety.org).
2. Mehr zu diesem Thema finden Sie bei Milekic 1998 und auch bei Lawrence 1986.
3. Griffin ist vor allem für seine Forschung an Fledermäusen bekannt, die zeigt, wie sich diese Tiere mithilfe der Echo-Ortung fortbewegen und jagen.
4. Ausführlichere Informationen über die kognitive Ethologie finden Sie bei Ristau (1991) sowie bei Allen und Bekoff (1997).
5. Eine ausführliche Abhandlung über den Anthropomorphismus finden Sie bei Mitchell et al. 1997 und Christ 1999.
6. Es wurde tatsächlich sogar versucht, Goodalls Mitgefühl als „ziemlich vermenschlichend" (Jasper und Nelkin 1992, 199, n. 10) abzutun, weil sie die Schimpansen als ihre Freunde bezeichnet. Mir erscheint die Möglichkeit zu Freundschaft mit einer Art, mit der wir über 98 % unserer DNA teilen, nicht so ungeheuerlich.
7. Hier muss ich meine Familie um Nachsicht bitten, die sicherlich die Verwendung dieses Beispieles infrage stellen wird, nachdem sie sich noch lebhaft an meinen desaströsen Versuch, Tennis spielen zu lernen, erinnern kann. Ich weise darauf hin, dass dieses Beispiel von Shapiro ist und nicht von mir.

Kapitel 4

1. Gagnon bezieht sich dabei auf die materiellen Veränderungen, die die Erfindung von Schaufenstern und Kaufhäusern während des 19. Jahrhunderts mit sich brachten und die Einfluss auf die Psyche und damit auch auf das Selbst hatten. Gagnon meint auch, dass die Möglichkeit, mit der Bahn zu reisen, die Fotografie und die immer weiter verbreitete Fähigkeit, zu lesen und zu schreiben sowie die Massenproduktion von Lesestoff die „inneren Gespräche" des Selbst verstärken.

2. Berger kommt in Bezug auf Tiere zu vollkommen anderen Schlussfolgerungen als ich in diesem Buch anbiete.

Kapitel 5

1. Alger und Alger (2003, Kapitel 6) geben fünf Hauptgründe dafür an, weshalb sich Menschen für eine bestimmte Katze entscheiden.
2. Anthropologen sind der Meinung, dass wir Menschen neotenische Wesen sind, da bei uns gewisse Merkmale bis ins Erwachsenenalter erhalten bleiben, die bei unseren Vorfahren, den Primaten, nur die Jungtiere haben. Unser flaches Gesicht, der gewölbte Kopf, der haarlose Körper, die kleinen Zähne und die großen Augen können bei ganz jungen und heranwachsenden Affen beobachtet werden. Weitere Informationen dazu finden Sie bei Lawrence 1986.
3. Bei Posage et al. 1998 wurde festgestellt, dass Hunde mit schwarzem Fell in Tierheimen, die diese Praxis aus Platzgründen anwenden, am häufigsten eingeschläfert wurden. Von zusätzlicher Bedeutung mag auch gewesen sein, dass die meisten schwarzen Hunde groß waren, was potenzielle neue Halter ebenfalls abschreckt.
4. Ich beziehe mich hier auf Csikszentmihalyi und Robinson 1990.
5. Einen Überblick über diese Studien finden Sie bei Aronson 1999, Kapitel 8.
6. Ann Landers warnte ihre Leser einmal: „Nehmen Sie die Bewunderung ihres Hundes nicht als zwingenden Beweis dafür, dass sie wundervoll sind."
7. Diese Neigung, Tiere zu mögen, die uns zu mögen scheinen, erklärt möglicherweise die Beliebtheit von Golden Retrievern und Labrador Retrievern, deren Zuchtziel das des freundliche Familienhundes ist.
8. Um einem Hund beizubringen, mit einem Menschen in Augenkontakt zu treten, hält ein Trainer eine Belohnung vor die Augen des Hundes. Wenn der Hund seinen Blick auf die Belohnung richtet, bekommt er sie. Mit der Zeit bringt der Trainer die Aufforderung „Schau mich an!" ein und beginnt, die Belohnung von den Augen des Hundes wegzubewegen. Der Hund

bekommt die Belohnung, wenn er den Augenkontakt hält und seine Aufmerksamkeit der Person und nicht der Belohnung widmet. Kurz gesagt ist die Bereitschaft des Hundes, Augenkontakt aufzunehmen, so wichtig, dass man sich im Tierheim verstärkt darum bemüht, alle Hunde soweit zu bringen. Die Menschen messen dem Augenkontakt so große Bedeutung bei, dass jeder Hund, der ein neues Zuhause finden soll, fähig sein muss, Augenkontakt aufzunehmen.

9. Eine Abhandlung über die verschiedenen Emotionsmodelle finden Sie bei Hochschild 1983, App. A.
10. Obwohl es für diese Erörterung nicht relevant ist, kann ich eine kurze Erklärung anbieten, wie es dazu kam. Die Anforderungen einer fortschrittlichen, industrialisierten Gesellschaft führten zum Teil zu einer Verringerung der Gefühlstiefe; zusätzlich entstanden neue Familienformen und es kam zu einem verstärkten Konsumdenken. Laut Peter Stearns (1994) spielte im 20. Jahrhundert die Bewegung weg von einer exzessiv religiösen Spiritualität und hin zu einem immer stärker werdenden Gesundheitsbewusstsein ebenfalls eine wichtige Rolle.
11. Die US-Amerikaner neigen mehr als Angehörige anderer Nationen dazu, Gefühle, die für sie unangenehm sind, als gefährlich oder nicht unbedingt sinnvoll zu bezeichnen. Die Chinesen hingegen bezeichnen gewisse Emotionen wie Schuldgefühle oder Eifersucht zwar als schwierig und unangenehm, erkennen gleichzeitig jedoch an, dass diese Gefühle auch wichtige Funktionen erfüllen. Die US-Amerikaner unterscheiden sich von anderen Nationen nicht nur dadurch, dass sie gewisse Emotionen missbilligen, sondern auch dadurch, dass sie diese Emotionen zu verbergen versuchen und stolz darauf sind, wenn es ihnen gelingt. Im US-amerikanischen emotionalen Wortschatz existiert daher eine relativ vereinfachte Zweiteilung in Freude und Leid. Genauere Informationen finden Sie bei Sommers 1984.

Kapitel 6

1. Ausführliche Informationen zu jenen Aspekten von Meads Theorie, die von Aristoteles und den Neo-Kartesianern beeinflusst wurden, finden Sie bei Myers 1998 und Sanders 1999.
2. Es hat mich überrascht, dass Mead angeblich eine Bulldogge besaß, die ihn überallhin begleitete.
3. Weitere Beispiele für Studien zum Thema Kinder und Tiere finden Sie bei Myers 1998, vor allem in Kapitel 4.

Kapitel 7

1. Der Begriff Handlungsfähigkeit taucht häufig gemeinsam mit seinem vermeintlichen Gegenteil, der Struktur, auf. Es herrscht nach wie vor Uneinigkeit darüber, ob soziologische (externe) oder psychologische (interne) Faktoren die „wahre“ Erklärung für das menschliche Handeln liefern. Die Soziologen stellen üblicherweise strukturelle Erklärungen in den Vordergrund und betrachten die Handlungsfähigkeit (und die Kultur) als „begriffliche Außenseiter“ (Hays 1994, 58). Einen Abriss zur Geschichte und eine mögliche Lösung der Debatte finden sie bei Emirbayer und Mische 1998 (vgl. auch Rubinstein 2001; Côté und Levine 2002). Einen Überblick über die verschiedenen Anwendungen des Begriffs „Handlungsfähigkeit“ finden Sie bei Davies 2000, Kapitel 4.
2. Einige Beispiele zur unbewussten und bewussten Handlungsfähigkeit finden Sie bei Dawkins 1998.
3. Näheres über den „Antriebsplan“ finden Sie bei Stern 1985, vor allem in seinem Beispiel zum Thema Handschrift auf Seite 78. Hier wurden Versuchspersonen gebeten, jeweils auf einem Blatt Papier in normaler Schriftgröße und auf einer Tafel in übertriebener Größe zu unterschreiben. Als die Unterschriften einander angepasst worden waren, zeigte sich, dass sie miteinander übereinstimmten. Obwohl für die beiden Unterschriften zwei unterschiedliche Muskelgruppen notwendig waren,

stimmten die Unterschriften überein. Dies ist möglich, weil der „Antriebsplan" für die Unterschrift im Gehirn „lebt" und auf verschiedene Muskelgruppen übertragen werden kann.

4. Alger und Alger stellen fest, dass einige Katzenhalter definitiv die Idee von einem Training für Katzen ablehnen. So hat ein Interviewpartner beispielsweise erklärt: „Wenn ich etwas trainieren wollte, würde ich mir einen Hund zulegen." (Alger und Alger 2003, 21)
5. Obwohl sich Tiere untereinander keine Namen geben, gibt es Hinweise darauf, dass einige Arten die spezifischen Rufe oder Pfiffe anderer Individuen erkennen können (vgl. Masson und McCarthy 1995, 36-37).
6. Eine mögliche Erklärung dafür, wie Katzen dies wissen können und auch, warum Tiere zu wissen scheinen, dass bestimmte andere Dinge passieren werden, finden Sie bei Rupert Sheldrake (1999). Sheldrake und Bekoff (2000) diskutieren über Sheldrakes Forschung und benennen Vorurteile der Wissenschaft im Hinblick darauf, was Tiere angeblich tun oder nicht tun können.
7. Masson und McCarthy (1997, 13) meinen im Gegensatz zu Darwin, dass „nicht alle durch Emotionen ausgelösten Handlungen die Überlebenschancen steigern." Als Beispiel führen sie Tiere an, die sich selbst physischen Gefahren aussetzen, um um einen geliebten Partner zu trauern, oder die verwaiste Jungtiere adoptieren und somit ihre eigenen Gene nicht weitergeben können.
8. Stern führt als Beispiel Puppen im Puppentheater an, die „wenig oder gar keine Möglichkeit haben, Gefühlskategorien durch ihren Gesichtsausdruck sichtbar zu machen und deren Repertoire an konventionellen Gesten und Körperhaltungen mit Signalwirkung üblicherweise sehr beschränkt ist. *Aus der Art, wie sie sich bewegen, können wir verschiedene Vitalitätsaffekte ableiten.* Meist werden die Charaktere der einzelnen Puppen durch bestimmte Vitalitätsaffekte dargestellt: eine ist lethargisch, mit hängenden Armen und einem hängenden Kopf, eine andere tritt überzeugend auf und wieder eine andere ist keck." (Stern 1985, 56; Hervorhebung der Autorin)
9. Ein überzeugender Beweis für das vorsprachliche Gedächtnis kann im

Zusammenhang mit Opfern erbracht werden, die in ihrer frühen Kindheit missbraucht wurden. Obwohl dem Kind die Worte fehlen, um das, was geschehen ist, zu beschreiben, und es sich vielleicht auch nicht einmal direkt an das Geschehene erinnern kann, bleibt die Erinnerung dennoch bestehen. Auslöser können beispielsweise das Geräusch eines Gürtels, der geöffnet wird, oder ein bestimmter Geruch wie Zigarettenrauch oder Alkohol sein.

10. Ich glaube Mark Twain hat einmal gesagt, dass, wenn zwei Menschen immer miteinander übereinstimmen, einer von ihnen überflüssig ist.

Kapitel 8

1. Das lethargische Verhalten der Frettchen, das diejenigen wundern wird, die bereits Kontakt mit diesen energiegeladenen Tieren hatten, hatte seinen Ursprung in der äußerst gehaltvollen Mahlzeit, die sie zuvor verputzt hatten.
2. Eine genauere Behandlung dieses Themas finden Sie bei Irvine 2000.
3. Forscher unterscheiden zwischen einigen unterschiedlichen Formen des Spiels; ich gehe hier auf zwei Arten näher ein. Dabei beziehe ich mich auf das soziale, objektbezogene Spiel, bei dem zwei Spielteilnehmer gemeinsam mit einem Spielzeug (oder einem anderen Objekt, das als Spielzeug dient) spielen. Wenn Tierhalter mit ihren Tieren spielen, handelt es sich dabei meist um ein soziales, objektbezogenes Spiel; Beispiele dafür sind, das Werfen eines Balls für den Hund oder die Schnur, die man vor der Katze baumeln lässt. Außerdem beziehe ich mich auf das soziale Spiel, bei dem zwei Spielteilnehmer miteinander spielen. Eine ausführliche Besprechung finden Sie bei Bekoff und Byers 1981.
4. Dies stimmt in etwa mit den Daten überein, die Reinhold Berghler im Zuge seiner Studie an knapp 300 Katzenbesitzern erhob (Bergler 1989).
5. Ich muss hier klarstellen, dass Bekoffs und Byers Definition des Spiels das Konzept der Intention nicht enthält. Die Spielverbeugung zeigt zwar, dass der Hund die Intention hat, zu spielen, doch das Konzept der Intention im Spiel selbst hängt von der Sichtweise des jeweiligen Forschers ab.

Zu diesem Thema gab es langwierige philosophische Diskussionen, die Allen und Bekoff (1997, 93) besprechen und schließlich erklären, dass „letztendlich herauskommen wird, dass das Spiel eine intentionale Handlung ist; es wäre jedoch zu früh, diese Behauptung in eine Definition des Begriffes einzubinden ... Die Relevanz der Intention im Spiel ist ein Thema für empirische Forschungen und keine Definition a priori und wir wollen ihre Erforschung in diesem Sinne anregen."

6. Als ich das erste Mal vom klugen Hans hörte, kam mir der Gedanke, dass ihn die Leute deshalb ablehnten, weil er etwas konnte, das viele Menschen nicht können.
7. Hier beziehe ich mich auf die symbolisch-interaktionistische Sozialpsychologie von John Hewitt (2000).

Schlussbemerkungen

1. Die Daten über die Haushalte stammen aus einer statistischen Erhebung der *American Veterinary Medical Association*; die 90 % gehen auf eine Gallup-Umfrage zurück (vgl. Gallup 1996).
2. Obwohl ich mich hier nur mit tierischen Gefährten beschäftige, sollte sich dies auf alle Tierarten beziehen und Entscheidungen hinsichtlich des Essens von Fleisch, von Tierversuchen, Jagd, des Tragens von Pelz oder Leder sowie zahlreicher Formen der Unterhaltung beeinflussen. Als Literatur, die die Entwicklung einer ethischen Haltung unterstützt, sind vor allem Regan 1983; Singer 1990; DeGrazia 1996; und Wise 2000 empfehlenswert.
3. Weitere Informationen finden Sie bei Midgley 1983; Rollin 1992; und Bekoff 1998.
4. Eine ausführliche Erörterung der Grundrechte finden Sie bei Shue 1996.
5. In vielen Gemeinden ist es verboten, einen Hund an einem öffentlichen Ort anzubinden, da die meisten Hundebisse passieren, während der Hund angebunden ist. Kinder gehen oft auf solche Hunde zu und werden von einem Hund ins Gesicht gebissen, dessen Möglichkeiten, einer potenziell gefährlichen Situation zu entkommen, begrenzt sind.

Adler, Patricia A. und Peter Adler; 1999. „Transience and the Postmodern Self: The Geographic Mobility of Resort Workers", *Sociological Quarterly* 40, 31-58.

Alger, Janet M. und Steven F. Alger; 1997. „Beyond Mead: Symbolic Interaction between Humans and Felines", *Society & Animals* 5, 65-81.

_____;1999. "Cat Culture, Human Culture: An Ethnographic Study of a Cat Shelter", Society & Animals 7, 199-218.

_____;2003. *Cat Culture: The Social World of a Cat Shelter,* Philadelphia: Temple University Press.

Allen, Colin und Marc Bekoff; 1997. Species of Mind: The Philosophy and Biology of *Cognitive Ethology,* Cambridge, Mass.: MIT Press.

American Veterinary Medical Association; 2002. *U.S. Pet Ownership and Demographics Sourcebook,* Schaumburg, Ill.: Center for Information Management of the American Veterinary Medical Association.

Apter, Michael J.; 1991. "A Structural Phenomenology of Play" in: John H. Kerr und Michael J. Apter (ed.) *Adult Play: A Reversal Theory Approach,* Amsterdam: Swets und Zeitlinger, 13-29.

Arluke, Arnold; 1991. "Going into the Closet with Science: Information Control among Animal Experimenters", *Journal of Contemporary Ethnography* 20, 306-30.

_____;1994. "'We Build a Better Beagle': Fantastic Creatures in Lab Animal Ads", *Qualitative Sociology* 17, 143-58.

Arluke, Arnold und Clinton R. Sanders; 1996. *Regarding Animals,* Philadelphia: Temple University Press.

Arluke, Arnold und Boria Sax; 1992. "Understanding Nazi Animal Protection and the Holocaust.", *Anthrozoös* 5, 176-91.

Arluke, Arnold, und Randy Frost, Gail Steketee, Gary Patronek, Carter Luke, Edward Messner, Jane Nathanson, Michelle Papazian; 2002. "Press Reports of Animal Hoarding", *Society & Animals* 10: 113-135.

Armstrong, Edward Allworthy; 1973. *Saint Francis: Nature Mystic*, Berkeley: University of California Press.

Arnheim, Rudolf; 1971. *Entropy and Art*, Berkeley: University of California Press.

_____;1982. *The Power of the Center*, Berkeley: University of California Press.

[Arnheim, Rudolf; 1996. *Die Macht der Mitte. Eine Kompositionslehre für die bildenden Künste,* Köln: Dumont Literatur und Kunst Verlag.]

Aronson, Elliot; 1999. *The Social Animal,* 8th Ed., New York: W.H. Freeman.

Bateson, Patrick und Dennis C. Turner; 1988. „Questions about Cats." in: Dennis C. Turner und Patrick Bateson (ed.) *The Domestic Cat: The Biology of Its Behaviour,* Cambridge: Cambridge University Press, 193-201.

Beck, Alan und Aaron Katcher; 1996. *Between Pets and People: The Importance of Animal Companionship, Rev. Ed.,* West Lafayette, Ind.: Purdue University Press.

Beck, Alan M. und Gail F. Melson, Patricia L. da Costa, Ting Liu; 2001. "The Educational Benefits of a Ten-Week Home-Based Wild Bird Feeding Program for Children", *Anthrozoös* 14, 19-28.

Becker, Gary S.; 1975. *Human Capital, 2nd* Ed., New York: National Bureau of Economic Research; Vertrieb: Columbia University Press.

Bekoff, Marc; 1977. "Social communication in canids: Evidence for the evolution of a stereotyped mammalian display", Science 197, 1097-99.

_____;1995. "Play Signals as Punctuation: The Structure of Social Play in Canids", *Behaviour* 132, 419-29.

_____;2000. *Strolling with Our Kin: Speaking for and Respecting Voiceless Animal,*. New York: Lantern/Booklight.

_____;2002. *Minding Animals: Awareness, Emotions, and Heart,* Oxford: Oxford University Press.

Bekoff, Marc (ed.); 1998. *Encyclopedia of Animal Rights and Animal Welfare,* Westport, Conn.: Greenwood.

Bekoff, Marc und Colin Allen; 1998. "Intentional Communication and Social Play" in: Marc Bekoff und John Byers (ed.) *Animal Play: Evolutionary, Comparative, and Ecological Perspectives,* Cambridge: Cambridge University Press, 97-114.

Bekoff, Marc und John Byers; 1981. "A Critical Reanalysis of the Ontogeny of Mammalian Social and Locomotor Play: An Ethological Hornet's Nest" in: Klaus Immelmann, George W. Barlow, Lewis Petrinovich und Mary Main (ed.), *Behavioral Development*, Cambridge: Cambridge University Press.

Bentham, Jeremy; 1988 (1781). *The Principles of Morals and Legislation*, Amherst, N.Y.: Prometheus.

[Bentham, Jeremy, 1789; „Einführung in die Prinzipien von Moral und Gesetzgebung" in: Otfried Höffe (Hg.), 2003: *Einführung in die utilitaristische Ethik. Klassische und Zeitgenössische Texte*, Stuttgart: UTB.]

Berger, John; 1980. *About Looking*, New York: Pentheon/Random House.

[Berger, John; 2000. *Das Leben der Bilder oder die Kunst des Sehens, Neuauflage*. Berlin: Wagenbach.]

Berger, Peter und Thomas Luckmann; 1967. *The Social Construction of Reality: A Treatise in the Sociology of Knowledge*, Garden City, N.Y.: Doubleday Anchor.

[Berger, Peter und Thomas Luckmann; 2004. *Die gesellschaftliche Konstruktion der Wirklichkeit. Eine Theorie der Wissenssoziologie*, 20. Aufl., Frankfurt: Fisher (Tb.)]

Berghler, Reinhold; 1989. *Man and Cat: The Benefits of Cat Ownership*. Oxford: Blackwell Scientific.

[Berghler, Reinhold; 1989. *Mensch und Katze. Kultur - Gefühl – Persönlichkeit*, Köln: Dt. Inst.-Verl.]

Birke, Lynda; 1994. *Feminism, Animals and Science*, Buckingham, U.K.: Open University Press.

Bogdan, Robert und Steven Taylor; 1989. "Relationships with Severely Disabled People: The Social Construction of Humanness", Social Problems 36, 135-48.

Bond, Simon; 1981. *A Hundred and One Uses for a Dead Cat*, London: Methuen.

[Bond, Simon; 1985. *Was tun mit toten Katzen. 101 praktische Anregungen*, Reinbek: Rowohlt Verlag.]

Bourdieu, Pierre; 1986. "The Forms of Capital" in: John G. Richardson (ed.) *Handbook of Theory and Research for the Sociology of Education,* New York: Greenwood, 241-58.

Brazelton, T. Berry; 1984. "Four Stages in the Development of Mother-Infant Interaction" in: Noboru Kobayashi und T. Berry Brazelton (ed.) *The Growing Child in Family and Society,* Tokio: University of Tokyo Press, 19-34.

Brestrup, Craig; 1997. *Disposable Animals: Ending the Tragedy of Throwaway Pets,* Leander, Tex.: Camino Bay Books.

Bruner, Jerome und David A. Kalmar; 1998. "Narrative and Metanarrative in the Construction of Self" in: Michel Ferrari und Robert J. Sternberg (ed.) *Self-Awareness: Its Nature and Development,* New York: Guilford, 308-31.

Budiansky, Stephen; 1992. *The Covenant of the Wild: Why Animals Chose Domestication,* New Haven, Conn.: Yale University Press.

_____;2002. "The Character of Cats", *Atlantic Monthly,* Vol. 289 (Juni), 75-77.

Burghardt, Gordon M.; 1998. "The Evolutionary Origins of Play Revisited: Lessons from Turtles" in: Marc Bekoff und John Byers (ed.) *Animal Play: Evolutionary, Comparative, and Ecological Perspectives,* Cambridge: Cambridge University Press, 1-26.

Byrne, Donn; 1969. "Attitudes and Attraction" in: Leonard Berkowitz (ed.) *Advances in Experimental Social Psychology,* Vol. 4, New York: Academic Press, 36-89

Carson, Rachel; 1962. *Silent Spring,* Boston: Houghton Mifflin.

[Carson, Rachel; 1964. *Der stumme Frühling,* München: Biederstein.]

Cartmill, Matt; 1997. "History of Ideas Surrounding Hunting" in: Marc Bekoff (ed.), *Encyclopedia of Animal Rights and Animal Welfare,* Westport, Conn.: Greenwood, 197-99.

Catechism of the Catholic Church; 1994 Mahwah, N.J. Paulist Press.

[z. B. *Katechismus der katholischen Kirche. Neuübersetzung auf Basis der Edition Typica Latina,* Leipzig: St. Benno.]

Clark, Kenneth; 1977. *Animals and Men: Their Relationship as Reflected in Western Art from Prehistory to the Present.,* New York: Morrow.

Clark, Stephen R.L.; 1982. *The Nature of the Beast. Are Animals Moral?* Oxford: Oxford University Press.

Clutton-Brock, Juliet; 1981. *Domesticated Animals from Early Times,* London: Heinemann.

_____;1994. "The Unnatural World: Behavioural Aspects of Humans and Animals in the Process of Domestication" in: Aubrey Manning und James Serpell (ed.) *Animals and Human Society: Changing Perspectives,* London: Routledge, 23-35.

_____;1995. "Origins of the Dog: Domestication and Early History" in: James Serpell (ed.) *The Domestic Dog: Its Evolution, Behaviour and Interactions with People,* Cambridge: Cambridge University Press, 8-20.

Cohen, Jeremy; 1989. *"Be Fertile and Increase, Fill the Earth and Master It": The Ancient and Medieval Career of a Biblical Text,* Ithaca, N.Y.: Cornell University Press.

Coleman. Sidney H.; 1924. *Humane Society Leaders in America.* Albany, N.Y.: American Humane Association.

Collis, Glyn M. und June McNicholas; 1998. "A Theoretical Basis for Health Benefits of Pet Ownership: Attachment versus Psychological Support" in: Cindy C. Wilson und Dennis C. Turner (ed.) *Companion Animals in Human Health,* Thousand Oaks, Calif.: Sage, 105-22.

Coppinger, Raymond und Lorna Coppinger; 2001. *Dogs: A Startling New Understanding of Canine Origin, Behavior, and Evolution,* New York: Scribner.

[Coppinger, Raymond und Lorna Coppinger; 2004. *Hunde: Neue Erkennt nisse über Herkunft, Verhalten und Evolution der Kaniden,* Animal Learn Verlag]

Coppinger, Raymond und Richard Schneider; 1995. "Evolution of Working Dogs" in: James Serpell (ed.) *The Domestic Dog: Its Evolution, Behavior and Interactions with People,* Cambridge: Cambridge University Press, 22-47.

Côté, James E. und Charles G. Levine; 2002. *Identity Formation, Agency, and Culture: A Social Psychological Synthesis*, Mahwah, N.J.: Lawrence Erlbaum.

Crandall, Lee S.; 1917. *Pets: Their History and Care*, New York: Henry Holt.

Crist, Eileen; 1999. *Images of Animals: Anthropomorphism and Animal Mind*, Philadelphia: Temple University Press.

Crooks, Kevin R. und Michael E. Soulé; 1999. „Mesopredator Release and Avifaunal Extinctions in a Fragmented System", *Nature* 400, 563-66.

Csikszentmihalyi, Mihaly; 1990. *Flow: The Psychology of Optimal Experience*, New York: Harper and Row.

[Csikszentmihalyi, Mihaly; 2007. *Flow: Das Geheimnis des Glücks*, Stuttgart: Klett-Cotta, 17. Auflage.]

_____;1997. *Finding Flow: The Psychology of Engagement with Everyday Life*, New York: Basic Books.

[Csikszentmihalyi, Mihaly; 1999. *Lebe gut! Wie Sie das Beste aus Ihrem Leben machen*, Stuttgart: Klett-Cotta.]

Csikszentmihalyi, Mihaly und Rick E. Robinson; 1990. *The Art of Seeing: An Interpretation of the Aesthetic Encounter*, Malibu, Calif.: J. Paul. Getty Trust.

Damasio, Antonio; 1999. *The Feeling of What Happens: Body and Emotion in the Making of Consciousness*, New York: Harcourt Brace.

[Damasio, Antonio; 2002. *Ich fühle, also bin ich. Die Entschlüsselung des Bewusstseins*, Berlin: List TB.]

Darnton, Robert; 1985. *The Great Cat Massacre and Other Episodes in French Cultural History*, New York: Penguin.

[Darnton, Robert; 1989. *Das große Katzenmassaker. Streifzüge durch die französische Kultur vor der Revolution*, München: Hanser.]

Darwin, Charles; 1859. *On the Origin of Species*, London: John Murray.

[z. B. Darwin, Charles; 1986. *Die Entstehung der Arten durch natürliche Zuchtauswahl*, Ditzingen: Philipp Reclam jun.]

_____;1871 (1936). *The Descent of Man and Selection in Relation to Sex*, New York: Random House.

[z. B. Darwin, Charles; 2005. *Abstammung des Menschen,* Paderborn: Voltmedia.]
_____;1872 (1965). *The Expression of the Emotions in Man and Animals,* Chicago: University of Chicago Press.
[z. B. Darwin, Charles; 2000. *Der Ausdruck der Gemütsbewegung bei den Menschen und den Tieren,* Berlin: Eichborn.]
Davies, Bronwyn; 2000. *A Body of Writing 1990-1999,* Walnut Creek, Calif.: AltaMira.
Dawkins, Marian Stamp; 1998. *Through Your Eyes Only? The Search for Animal Consciousness,* Oxford: Oxford University Press.
[Dawkins, Marian Stamp; 1996. *Die Entdeckung des tierischen Bewusstseins,* Reinbek: Rowohlt Verlag.]
DeGrazia, David; 1996. *Taking Animals Seriously: Mental Life and Moral Status,* Cambridge: Cambridge University Press.
Derr, Mark; 1997. *Dog's Best Friend: Annals of the Dog-Human Relationship,* New York: Henry Holt.
De Swaan, Abram; 1981. "The Politics of Agoraphobia: On Changes in Emotional and Relational Management," *Theory and Society* 10: 359-85.
Dewey, John; 1934. *Art as Experience,* New York: Perigree.
[Dewey, John; 1998. *Kunst als Erfahrung,* 5. Aufl., Frankfurt am Main: Suhrkamp.]
Diffey, T.J.; 1986. "The Idea of Aesthetic Experience" in: Michael H. Mitias (ed.) *Possibility of the Aesthetic Experience,* Dordrecht, Niederlande: Martinus Nijhoff, 3-12.
Dion, Karen, Ellen Berscheid und Elaine Walster (Hatfield); 1972. „What Is Beautiful Is Good", *Journal of Personality and Social Psychology* 24, 285-90.
Donaldson, Jean; 1996. *The Culture Clash,* Berkeley, Kalif.: James and Kenneth Publishers.
[Donaldson, Jean; 2000. *Hunde sind anders ... Menschen auch. So gelingt die problemlose Verständigung zwischen Mensch und Hund,* Stuttgart: Kosmos Verlag.]

Douglas, Mary; 1966. *Purity and Danger: An Analysis of the Concepts of Pollution and Taboo,* New York: Routledge and Kegan Paul.

[Douglas, Mary; 1987. *Reinheit und Gefährdung. Eine Studie zu Vorstellungen von Verunreinigung und Tabu,* Frankfurt am Main: Suhrkamp.]

Dowd, James J.; 1991. "Social Psychology in a Postmodern Age: A Discipline without a Subject", *American Sociologist* 22, 188-209.

Einwhoner, Rachel L.; 1999. "Practices, Opportunity, and Protest Effectiveness: Illustrations from Four Animal Rights Campaigns," *Social Problems* 46, 169-86.

Elder, Glen, Jennifer Wolch und Jody Emel; 1998. "Le Pratique Sauvage: Race, Place and the Human-Animal Divide" in: Jennifer Wolch and Jody Emel (ed.) *Animal Geographies: Place, Politics, and Identity in the Nature-Culture Borderlands,* London: Verso, 72-90.

Elias, Norbert; 1994. *The Civilizing Process,* Oxford: Blackwell.

[Elias, Norbert; 2001. *Über den Prozeß der Zivilisation, I/II.* 23. Aufl., Frankfurt am Main; Suhrkamp.]

Elias, Norbert und Eric Dunning; 1986. *Quest for Excitement,* Oxford: Blackwell.

[Elias, Norbert und Eric Dunning; 1985. *Sport im Zivilisationsprozeß.* Münster: Lit-Verlag.]

Eliot, George; 1880. *Scenes of Clerical Life,* New York: William L. Allison.

Emel, Jody; 1998. "Are You Man Enough, Big and Bad Enough? Wolf Eradication in the U.S." in: Jennifer Wolch und Jody Emel (ed.) *Animal Geographies: Place, Politics, and Identity in the Nature-Culture Borderlands,* London: Verso, 91-116.

Emel, Jody und Jennifer Wolch; 1998. "Witnessing the Animal Moment" in: Jennifer Wolch und Jody Emel (ed.) *Animal Geographies: Place, Politics and Identity in the Nature-Culture Borderlands,* London: Verso, 1-24.

Emirbayer, Mustafa und Ann Mische; 1998. "What is Agency?", *American Journal of Sociology* 103, 962-1023.

Feingold, A.; 1990. "Gender Differences in Effects of Physical Attractiveness on Romantic Attraction: A Comparison across five Research

Paradigms", *Journal of Personality and Social Psychology* 59, 981-93.
Finsen Lawrence und Susan Finsen; 1994. *The Animal Rights Movement in America: From Compassion to Respect,* New York: Twayne.
Fisher, John Andrew; 1991. "Disambiguating Anthropomorphism: The Interdisciplinary Review" in: P. Bateson und P. Klopfer (ed.) *Perspectives in Ethology, Vol. 9: Human Understanding and Animal Awareness,* New York: Plenum, 49-85.
Flynn, Clifton P.; 1999. "Animal Abuse in Childhood and Later Support for Interpersonal Violence in Families", *Society & Animals* 7, 161-72.
_____;2000a. "Woman's Best Friend: Pet Abuse and the Role of Companion Animals in the Lives of Battered Women", *Violence Against Women* 6: 162-77
_____;2000b. "Battered Women and Their Animal Companions: Symbolic Interaction between Human und Nonhuman Animals", *Society & Animals* 8: 99-127.
Fogle, Bruce (ed.); 1981. *Interrelations between People and Pets,* Springfield, III.: Charles C. Thomas.
Forster, E.M.; 1921. *Howard's End,* New York; Alfred A. Knopf.
Francione, Gary L.; 1995. *Animals, Property and the Law,* Philadelphia: Temple University Press.
_____;1996. *Rain Without Thunder: The Ideology of the Animal Rights Movement,* Philadelphia: Temple University Press.
_____;2000. *Introduction to Animal Rights: Your Child or the Dog?* Philadelphia: Temple University Press.
Franklin, Adrian; 1999. *Animals and Modern Cultures: A Sociology of Human-Animal Relations in Modernity,* London: Sage.
Franklin, Adrian, Bruce Tranter und Robter White; 2001. "Explaining Support for Animal Rights: A Comparison of Two Recent Approaches to Human, Nonhuman Animals, and Postmodernity", *Society & Animals* 9: 127-44.
Gagnon, John H.; 1992. "The Self, Its Voices, and Their Discord" in: Carolyn Ellis und Michael Flaherty (ed.) *Investigating Subjectivity,* Newbury Park, Calif.: Sage, 221-43.

Gallup, Alec; 1996. "Gallup Poll: Dog and Cat Owners See Pets As Part of Family", *Minneapolis Star Tribune,* 28. Oktober, E10.

Gardner, Carol Brooks; 1980. "Passing By: Street Remarks, Address Rights, and the Urban Female", *Sociological Inquiry* 50, 328-56.

Geertz, Clifford; 1984. "'From the Native's Point of View': On the Nature of Anthropological Understanding" in: Richard Shweder und Rober LeVine (ed.) *Culture Theory,* Cambridge: Cambridge University Press, 123-37.

Gergen, Kenneth; 1991. *The Saturated Self: Dilemmas of Identity in Contemporary Life,* New York: Basic Books.

[Gergen, Kenneth; 1996. *Das übersättigte Selbst. Identitätsprobleme im heutigen Leben,* Heidelberg: Carl-Auer Verlag.]

Gerhards, Jürgen; 1989. "The Changing Culture of Emotions in Modern Society", *Social Science Information* 28, 737-54.

Giddens, Anthony; 1991. *Modernity and Self Identity,* Cambridge: Polity.

Goffman, Erving; 1959. *The Presentation of Self in Everyday Life,* Garden City, N.Y.: Anchor Books.

[Goffman, Erving; 2003. *Wir alle spielen Theater. Die Selbstdarstellung im Alltag*. 4. Aufl., München: Piper.]

_____;1963. *Behavior in Public Places,* New York: Free Press.

[Goffman, Erving; 1971. *Verhalten in sozialen Situationen. Strukturen und Regeln der Interaktion im öffentlichen Raum,* Gütersloh: Bertelsmann.]

_____;1967. *Interaction Ritual,* Garden City, N.Y.: Anchor Books.

[Goffman, Erving; 1986. *Interaktionsrituale. Über Verhalten in direkter Kommunikation,* Frankfurt am Main: Suhrkamp.]

_____;1974. *Frame Analysis: An Essay on the Organization of Experience,* Cambridge, Mass.: Harvard University Press.

[Goffman, Erving; 1980. *Rahmen-Analyse. Ein Versuch über die Organisation von Alltagserfahrungen,* 6. Aufl., Frankfurt am Main: Suhrkamp.]

Gombrich, Ernest H.; 1960. *Art and Illusion: A Study in the Psychology of Pictorial Representation,* Princeton, N.J.: Princeton University Press.

[Gombrich, Ernest H.; 2002. *Kunst und Illusion. Zur Psychologie der bildlichen Darstellung,* Berlin: Phaidon.]

_____;1979. *Ideals and Idols: Essays on Values in History and in Art,* Oxford: Phaidon.

Goodall, Jane; 1990. *Through a Window: My Thirty Years with the Chimpanzees of Gombe,* Boston: Houghton Mifflin.

[Goodall, Jane; 1991. *Ein Herz für Schimpansen. Meine 30 Jahre am Gombe-Strom,* Reinbek: Rowohlt Verlag.]

_____;1999. Reasons for Hope: *A Spiritual Journey,* New York: Warner Books.

[Goodall, Jane; 2006. *Grund zur Hoffnung. Autobiografie,* Sonderausgabe, München: Riemann.]

Gordon, Steven L.; 1981. "The Sociology of Sentiments and Emotions" in: Morris Rosenberg und Ralph H. Turner (ed.) *Social Psychology: Sociological Perspectives,* New York: Basic Books, 562-92.

Griffiths, Huw, Ingrid Poulter und David Sibley; 2000. "Feral Cats in the City" in: Chris Philo und Chris Wilbert (ed.) *Animal Spaces, Beastly Places: New Geographies of Human-Animal Relations,* London: Routledge, 56-70.

Griffin, Donald R.; 1976. *The Question of Animal Awareness: Evolutionary Continuity of Mental Experience,* New York: Rockefeller University Press.

_____;1992. *Animal Minds,* Chicago: University of Chicago Press.

Gubrium, Jaber; 1986. "The Social Preservation of Mind: The Alzheimer's Disease Experience", *Symbolic Interaction* 6: 37-51.

Guttman, Giselher; 1981. "The Psychological Determinants of Keeping Pets" in: Bruce Fogle (ed.) *Interrelations between People and Pets,* Springfield, Ill.: Charles C. Thomas.

Hall, Libby; 2000. *Prince and Other Dogs: 1850-1940,* New York: Bloomsbury.

Halle, David; 1993. *Inside Culture: Art and Class in the American Home,* Chicago: University of Chicago.

Hanson, Karen; 1986. *The Self Imagined: Philosophical Reflections on the Social Character of the Psyche,* New York: Routledge and Kegan Paul.

Hays, Sharon; 1994. "Structure and Agency and the Sticky Problem of Culture," Sociological Theory 12, 57-72.

Hemmer, Helmut; 1990. *Domestication: The Decline of Environmental Appreciation,* Engl. Übersetzung: Neil Beckhaus, Cambridge: Cambridge University Press.

[Hemmer, Helmut; 1983. *Domestikation: Verarmung der Merkwelt,* Braunschweig: Vieweg.]

Hewitt, John P.; 2000. Self and Society: *A Symbolic Interactionist Social Psychology,* 8th Ed., Needham Heights, Mass.: Allyn and Bacon.

Hewitt, John P. und Randall G. Stokes; 1975. "Disclaimers", *American Sociological Review* 40, 1-11.

Hochschild, Arlie Russel; 1975. "The Sociology of Feeling and Emotion: Selected Possibilities" in: Marcia Millman und Rosabeth Moss Kanter (ed.) *Another Voice: Feminist Perspectives on Social Life and Social Science,* N.Y.: Anchor Books, 280-307.

_____;1983. *The Managed Heart: Commercialization of Human Feeling.* Berkeley: University of California Press.

[Hochschild, Arlie Russel; 2006. *Das gekaufte Herz. Die Kommerzialisierung der Gefühle,* Erw. Neuauflage. Frankfurt am Main: Campus Verlag.]

Holstein, James A. und Jaber F. Gubrium; 2000. *The Self We Live By: Narrative Identity in a Postmodern World,* Oxford: Oxford University Press.

Ingold, Tim; 1994. "From Trust to Domination: An Alternative History of Human Animal Relations" in: Aubrey Manning und James Serpell (ed.) *Animals and Human Society,* London: Routledge, 1-22.

Irvine, Leslie; 1997. "Reconsidering the American Emotional Culture: Codependency and Emotion Management", *Innovation: The European Journal of Social Sciences* 10, 345-59.

_____;1999. *Codependent Forevermore: The Invention of Self in a Twelve Step Group,* Chicago: University of Chicago Press.

_____;2000. "Even Better than the Real Thing: Narratives of the Self in Codependency", *Qualitative Sociology* 23, 9-28.

_____;2001. "The Power of Play", *Anthrozoös* 14(3), 151-60.

_____;2002. "Animal Problems/People Skills: Emotional and Interactional Strategies in Humane Education", *Society & Animals* 10, 63-91.

James, William; 1950 (1890). *The Principles of Psychology,* New York: Dover.

_____;1961 (1892). *Psychology: The Briefer Course,* New York: Harper Torchbooks.

Jamieson, Dale und Marc Bekoff; 1993. „On Aims and Methods of Cognitive Ethology“, *Philosophy of Science Association* 2, 110-24.

Jasper, James M. und Dorothy Nelkin; 1992. *The Animal Rights Crusade: The Growth of a Moral Protest,* New York: Free Press.

Jones, Gareth Stedman; 1971. *Outcast London: A Study in the Relationship between Classes in Victorian Society,* London: Oxford.

Karsh, Eileen B. und Dennis C. Turner; 1988. "The Human-Cat Relationship" in: D. Turner und P. Bateson (ed.) *The Domestic Cat: The Biology of Its Behavior,* Cambridge: Cambridge University Press, 159-77.

Katcher, Aaron; 1981. "Interactions between People and Their Pets: Form and Function" in: Bruce Fogle (ed.) *Interrelations between People and Pets,* Springfield, Ill.: Charles C. Thomas, 41-67.

Kellert, Stephen R.; 1993. "The Biological Basis for Human Values of Nature" in: S. Kellert und E. O. Wilson (ed.) *The Biophilia Hypothesis,* Washington, D.C.: Island Press/ Shearwater Books, 42-69.

_____;1994. "Attitudes, Knowledge and Behaviour toward Wildlife among the Industrial Superpowers: The United States, Japan and Germany" in: Aubrey Manning und James Serpell (ed.) *Animals and Human Society: Changing Perspectives,* London: Routledge, 166-87.

Kete, Kathleen; 1994. *The Beast in the Boudoir: Petkeeping in Nineteenth Century Paris,* Berkeley: University of California Press.

Kheel, Marti; 1995. "License to Kill: An Ecofeminist Critique of Hunters' Discourse" in: Carol J. Adams und Josephine Donovan (ed.) *Animals and Women; Feminist Theoretical Explorations,* Durham, N.C.: Duke University Press.

Kidd, Aline H. und Robert M. Kidd; 1980. "Personality Characteristics and Preferences in Pet Ownership", *Psychological Reports* 46: 939-49.

_____;1987. "Seeking a Theory of the Human/ Companion Animal Bond", *Anthrozoös* 1: 140-57.

Kruse, Corwin R.; 1999. "Gender, Views of Nature, and Support for Animal Rights", *Society & Animals* 7: 179-98.

Lawrence, Elizabeth A.; 1986. "Neoteny in American Perception of Animals", *Journal of Psychoanalytic Anthropology* 9, 41-54.

_____;1995. "Cultural Perceptions of Differences between People and Animals: A Key to Understanding Human-Animal Relationships", *Journal of American Culture* 18, 75-82.

Lerman, Rhoda; 1996. *In the Company of Newfs,* New York; Henry Holt.

Lerner Jennifer E. und Linda Kalof; 1999. „The Animal Text: Message and Meaning in Television Advertisements", *Sociological Quarterly* 40; 565-86.

Leyhausen, Paul; 1979. *Cat Behavior: The Predatory and Social Behavior of Domestic and Wild Cats,* Engl. Übersetzung:. B.A. Tonkin, New York: Garland.

[Leyhausen, Paul; *Katzen - eine Verhaltenskunde,* Stuttgart: Parey Verlag.]

Linden, Eugene; 1999. *The Parrot's Lament, and Other True Tales of Animal Intrigue, Intelligence, and Ingenuity,* New York: Penguin Putnam.

[Linden, Eugene; 2001. *Tierisch klug: Witzbolde, Spieler, Betrüger und Helden im Tierreich,* Bern/München/Wien: Scherz.]

Linzey, Andrew. 1998. "Christianity" in: Marc Bekoff (ed.) *Encyclopedia of Animal Rights and Animal Welfare,* Westport, Conn.: Greenwood, 286-88.

Maehle, Andreas-Holger; 1994. "Cruelty and Kindness to the 'Brute Creation': Stability and Change in the Ethics of the Man-Animal Relationship, 1600-1850" in: Aubrey Manning und James Serpell (ed.) *Animals and Human Society: Changing Perspectives,* London: Routledge, 81-105.

Maggitti, Paul; 1996. "Cat Litter: The Inside Scoop", *Pet Business* (Juli).

Málek, Jaromír; 1993. *The Cat in Ancient Egypt,* London: British Museum Press.

Martin, Paul und Patrick Bateson; 1988. "Behavioural Development in the Cat" in: Dennis C. Turner und Patrick Bateson (ed.) *The Domestic Cat: The Biology of Its Behaviour,* Cambridge: Cambridge University Press, 9-22.

Masson, Jeffrey Moussaieff; 1997. *Dogs Never Lie About Love: Reflections on the Emotional World of Dogs,* New York: Three Rivers Press.

[Masson, Jeffrey Moussaieff; 2000. *Hunde lügen nicht. Die großen Gefühle unserer Vierbeiner,* München: Heyne.]

Masson, Jeffrey Mousseieff und Susan McCarthy; 1995. *When Elephants Weep. The Emotional Lives of Animals,* New York: Delta.

[Masson, Jeffrey Moussaieff und Susan McCarthy; 1996. *Wenn Tiere weinen,* Reinbek: Rowohlt.]

McDonogh, Kathleen; 1999. *Reigning Cats and Dogs,* New York: St. Martin's Press.

Mead, George Herbert; 1962 (1934). *Mind, Self and Society,* Chicago: University of Chicago Press.

[Mead, George Herbert; 2005. *Geist, Identität und Gesellschaft aus der Sicht des Sozialbehaviorismus,* 14. Aufl., Frankfurt am Main: Suhrkamp.]

Melson, Gail F.; 2001. *Why the Wild Things Are: Animals in the Lives of Children,* Cambridge, Mass.: Harvard University Press.

Menache, Sophia; 1997. "Dogs: God's Worst Enemies?", *Society & Animals* 5, 23-44.

_____;2000. "Hunting and Attachment to Dogs in the Pre-Modern Period" in: Anthony L. Podberscek, Elizabeth S. Paul und James A. Serpell (ed.) *Companion Animals and Us: Exploring the Relationships between People and Pets,* Cambridge: Cambridge University Press, 42-60.

Mertens, Claudia; 1991. "Human-Cat Interactions in the Home Setting", *Anthrozoös* 4, 224-33

Messent, Peter; 1983. "Social Facilitation of Contact with Other People by Pet Dogs" in: Aaron Katcher und Alan Beck (ed.) *New Perspectives on Our Lives with Companion Animals,* Philadelphia: University of Pennsylvania Press, 37-46.

Messent, Peter R. und James A. Serpell; 1981. „An Historical and Biological View of the Pet-Owner Bond" in: Bruce Fogle (ed.) *Interrelations between People and Pets,* Springfield, Ill.: Charles C. Thomas.

Midgley, Mary; 1983. *Animals and Why They Matter,* Athens: University of Georgia Press.

Milekic, Slavoljub; 1998. "Disneyfication" in: Marc Bekoff (ed.) *Encyclopedia of Animal Rights and Animal Welfare,* Westport, Conn.: Greenwood, 133-34.

Mills, C. Wright; 1940. "Situated Actions and Vocabularies of Motive", *American Sociological Review* 5, 904-13.

Mitchell, Robert W., Nicholas S. Thompson und H. Lyn Miles (eds.); 1997. *Anthropomorphism, Anecdotes, and Animals,* Albany: State University of New York Press.

Morris, Paul, Margaret Fidler und Alan Costall; 2000. "Beyond Anecdotes: An Empirical Study of 'Anthropomorphism'", *Society & Animals* 8: 151-65.

Myers, Gene; 1998. *Children and Animals. Social Development and Our Connections to Other Species,* Boulder, Colo.: Westview Press.

Neisser, Ulric; 1994: "Self Narratives: True and False" in: Ulric Neisser und Robyn Fivush (eds.) *The Remembering Self: Construction and Accuracy in the Self-Narrative,* London: Cambridge University Press, 1-18.

Nibert, David A.; 1994. "Animal Rights and Human Social Issues", *Society & Animals* 2: 115-24.

_____;2002. *Animal Rights/ Human Rights: Entanglements of Oppression and Liberation,* Lanham, Md.: Rowman and Littlefield.

Niven, Charles D.; 1967. *History of the Humane Movement,* London: Johnson.

Noske, Barbara; 1997. *Beyond Boundaries: Humans and Animals,* Montreal: Black Rose Books.

Owens, Paul und Norma Eckroate; 1999. *The Dog Whisperer: A Compassionate, Nonviolent Approach to Dog Training,* Holbrook, Mass.: Adams Media.

[Owens, Paul und Norma Eckroate; 2005. *Der Hundeflüsterer,* Stuttgart: Kosmos Verlag.]

Parsons, Michael J.; 1987. *How We Understand Art: A Cognitive-Developmental Account of Aesthetic Response,* New York: Cambridge University Press.

Patterson, Francine und Eugene Linden; 1981. *The Education of Koko,* New York: Holt, Rinehart, and Winston.

Pepperberg, Irene; 1991. "A Communicative Approach to Animal Cognition: A Study of Conceptual Abilities of an African Grey Parrot" in:
Carolyn A. Ristau (ed.) *Cognitive Ethology: The Minds of Other Animals,* Hillsdale, N.J.: Lawrence Erlbaum, 153-86.
Perin, Constance; 1981. "Dogs as Symbols in Human Development" in: Bruce Fogle (ed.) *Interrelations between People and Pets,* Springfield, Ill.: Charles C. Thomas.
Pfungst, Otto; 1911. *Clever Hans: A Contribution to Experimental Animal and Human Psychology,* New York: Henry Holt.
Philips, Mary T.; 1994. "Proper Names and the Social Construction of Biography: The Negative Case of Laboratory Animals", *Qualitative Sociology* 17, 119-42.
Plous Scott; 1993. "Psychological Mechanisms in the Human Use of Animals", *Journal of Social Issues* 49, 11-52.
Plummer, Ken; 1983. *Documents of Life: An Introduction to the Problems and Literature of a Humanistic Method,* London: Allen and Unwin.
Podberscek, Anthony und Samuel D. Gosling; 2000. "Personality Research on Pets and Their Owners: Conceptual Issues and Review" in: Anthony Podberscek, Elizabeth S. Paul und James A .Serpell (eds.) *Companion Animals and Us: Exploring the Relationships between People and Pets,* Cambridge: Cambridge University Press, 143-67.
Podberscek, Anthony, Elizabeth S. Paul und James A. Serpell; 2000. *Companion Animals and Us: Exploring the Relationships between People and Pets,* Cambridge: Cambridge University Press.
Pollner, Melvin und Lynn McDonald-Wikler; 1985. „The Social Construction of Unreality: A Case Study of a Family's Attribution of Competence to a Severely Retarded Child", *Family Process* 24, 241-54.
Poresky, Robert H., Charles Hendrix, Jacob E. Moser und Marvin L. Samuelson, 1988. "Young Children's Companion Animal Bonding and Adults' Pet Attitudes: A Retrospective Study", *Psychological Reports* 62, 419-25.
Posage, J. Michelle. Paul C. Bartlett und Daniel K. Thompson; 1998. „Determining Factors for Successful Adoption of Dogs from an Animal

Shelter", *Journal of the American Veterinary Medical Association* 213, 487-82.

Pryor, Karen; 1986. *Don't Shoot the Dog: The New Art of Teaching and Training,* New York: Bantam.

[Pryor, Karen; 2006. *Positiv bestärken – Sanft erziehen. Die verblüffende Methode, nicht nur für Hunde,* Stuttgart: Kosmos Verlag.]

Regan, Tom; 1983. *The Case for Animal Rights,* Berkeley: University of California Press.

Ristau, Carolyn R.(ed.); 1991. *Cognitive Ethology: The Minds of Other Animals,* Hillsdale, N.J. Lawrence Erlbaum.

Ritvo, Harriet; 1987. *The Animal Estate. The English and Other Creatures in the Victorian Age,* Cambridge, Mass.: Harvard University Press.

_____;1988. "The Emergence of Modern Pet-Keeping" in: Andrew N. Rowan (ed.) *Animals and People Sharing the World,* Hanover, N.H.: University Press of New England, 13-31.

Roberts, William A. und Dwight S. Mazmanian; 1988. "Concept Learning at Different Levels of Abstraction by Pigeons, Monkeys and People", *Journal of Experimental Psychology: Animal Behavior Processes* 14, 247-60

Robins, Douglas M., Clinton R. Sanders und Spencer E. Cahill; 1991. "Dogs and Their People: Pet-Facilitated Interaction in a Public Setting", *Journal of Contemporary Ethnography* 20, 3-25.

Rollin, Bernard E.; 1992. *Animal Rights and Human Morality,* 2nd Ed., Buffalo, N.Y.: Prometheus Books.

Rollin, Bernard und Michael D. H. Rollin; 2001. "Dogmatisms and Catechisms: Ethics and Companion Animals", *Anthrozoös* 14, 4-11.

Rubinstein, David; 2001. *Culture, Structure, and Agency: Toward a Truly Multidimensional Sociology,* Thousand Oaks, Calif.:Sage.

Saint-Exupéry, Antoine de; 1971 (1943). *The Little Prince*. Engl. Übersetzung: Richard Howard, San Diego: Harvest/Harcourt.

[z. B. Saint-Exupéry, Antoine de; 2000. *Der Kleine Prinz,* Düsseldorf: Karl Rauch Verlag.]

Sanders, Clinton R.; 1990. "Excusing Tactics: Social Responses to the Public Misbehavior of Companion Animals", *Anthrozoös* 4: 82-90.

_____;1991. "The Animal 'Other': Self-Definition, Social Identity, and Companion Animals" in: Marvin Goldberg et al. (ed.) *Advances in Consumer Research,* Vol. 17., Provo, Utah: Association for Consumer Research, 662-68.

_____;1993. "Understanding Dogs: Caretakers' Attributions of Mindedness in Canine-Human Relationships", *Journal of Contemporary Ethnography* 22: 205-26.

_____;1994 a. "Annoying Owners: Routine Interactions with Problematic Clients in a General Veterinary Practice", *Qualitative Sociology* 17: 159-70.

_____;1994b. "Biting the Hand That Heals You: Encounters with Problematic Patients in a General Veterinary Practice", *Society & Animals* 2, 47-66

_____;1999. *Understanding Dogs: Living and Working with Canine Companions,* Philadelphia: Temple University Press.

_____;2000. "The Impact of Guide Dogs on the Identity of People with Visual Impairments", *Anthrozoös* 13, 131-39.

Sanders, Clinton R. und Arnold Arluke; 1993. "If Lions Could Speak: Investigating the Animal-Human Relationship and the Perspectives of Nonhuman Others", *Sociological Quaterly* 34, 377-90.

Sauer, Carl Ortwin; 1952. *Agricultural Origins and Dispersals,* Cambridge, Mass.: MIT Press.

Schoen, Allen M.; 2001. *Kindred Spirits,* New York: Broadway Books / Random House.

Schwabe, Calvin; 1994. "Animals in the Ancient World" in: Aubrey Manning und James Serpell (eds.) *Animals in Human Society: Changing Perspectives,* London Routledge, 36-58.

Scully, Matthew; 2002. *Dominion: The Power of Man, the Suffering of Animals, and the Call to Mercy,* New York: St. Martin's Press.

Serpell, James; 1981. "Childhood Pets and Their Influence on Adults' Attitudes", *Psychological Reports* 49, 651-54.

_____;1986. *In the Company of Animals,* Oxford: Basil Blackwell.

_____;1988a. "Pet-Keeping in Non-Western Societies: Some Popular Misconceptions" in: Andrew N. Rowan (ed.) *Animals and People Sharing the World,* Hanover, N.H.: University Press of New England, 34-52

_____;1988b. "The Domestication and History of the Cat" in: Dennis C. Turner und Patrick Bateson (eds.) *The Domestic Cat: The Biology of Its Behaviour,* Cambridge: Cambridge University Press, 151-58

_____;1995. "From Paragon to Pariah: Some Reflections of Human Attitudes to Dogs" in: James Serpell (ed.) *The Domestic Dog: Its Evolution, Behaviour and Interactions with People,* Cambridge: Cambridge University Press. 245-56.

Shapiro, Kenneth J.; 1990. "Understanding Dogs through Kinesthetic Empathy, Social Construction, and History", *Anthrozoös* 3, 184-95.

_____;1997. "A Phenomenological Approach to the Study of Nonhuman Animals" in: R. Mitchell, N. Thompson und H. Miles (eds.) Anthropomorphism, Anecdotes and Animals, Albany: State University of New York Press, 277-95.

Sheldrake, Rupert; 1999. *Dogs That Know When Their Owners Are Coming Home,* New York: Crown.

[Sheldrake, Rupert; 2001. *Der siebte Sinn der Tiere,* Berlin: Ullstein.]

Sheldrake, Rupert und Marc Bekoff; 2000. "In Conversation", *The Bark: The Modern Dog Culture Magazine,* Nr. 10 (Winter), 48-50.

Shepard, Paul; 1978. *Thinking Animals: Animals and the Development of Human Intelligence,* New York: Viking Press.

_____;1996. *The Others: How Animals Made Us Human,* Washington, D.C.: Island Press.

Shue, Henry; 1996. *Basic Rights,* 2nd Ed., Princeton, N.J.: Princeton University Press.

Siegel, Judith M.; 1993. "Companion Animals: In Sickness and in Health", *Journal of Social Issues* 49, 157-67.

Siegal, Mordecai (ed.); 1989. The Cornell Book of Cats, New York: Villard.

Singer, Peter; 1990. *Animal Liberation, Rev. Ed.*, New York: New York Review of Books.

[Singer, Peter; 1996. *Animal Liberation. Die Befreiung der Tiere,* Reinbek: Rowohlt Verlag.]

Sommers, Shula; 1984. "Adults Evaluating Their Emotions: A Cross-Cultural Perspective", in: Carol Zander Malatesta und Carroll E. Izard (eds.) *Emotion and Adult Development,* Beverly Hills, Calif.: Sage, 319-38.

Sorabji, Richard; 1993. *Animal Minds and Human Morals: The Origin of the Western Debate,* Ithaca, N.Y.: Cornell University Press.

Sperling, Susan; 1988. *Animal Liberators: Research and Morality,* Berkeley: University of California Press.

Spiegel, Ian Brett; 2000. "A Pilot Study to Evaluate an Elementary School-Based Dog Bite Prevention Program", *Anthrozoös* 13, 164-73.

Stearns, Peter N.; 1989a. "Suppressing Unpleasant Emotions: The Development of a Twentieth-Century American Style" in: Andrew E. Burns und Peter N. Stearns (eds.) *Social History and Issues in Human Consciousness: Some Interdisciplinary Connections,* New York: New York University Press, 230-61.

_____;1989b. *Jealousy: The Evolution of an Emotion in American History,* New York: New York University Press.

_____;1994. *American Cool,* New York: New York University Press.

Stern, Daniel N.; 1985. *The Interpersonal World of the Infant: A View from Psychoanalysis and Developmental Psychology,* New York: Basic Books.

[Stern, Daniel N.; 2003. *Die Lebenserfahrung des Säuglings.* 8. Aufl., Stuttgart: Klett-Cotta.]

Stevens, Montague; 1990 (1943). *Meet Mr. Grizzly,* Silver City, N.M.: High Lonesome Books.

Strauss, Anselm (ed.); 1964. *George Herbert Mead on Social Psychology,* Chicago: University of Chicago Press.

Swabe, Joanna; 2000. "Veterinary Dilemmas: Ambiguity and Ambivalence in Human-Animal Interaction", Anthony L. Podberscek, Elizabeth S. Paul und James A. Serpell (eds.) *Companion Animals and Us: Exploring the Relationships between People and Pets,* Cambridge: Cambridge University Press, 292-312.

Tabor, Roger; 1983. *The Wild Life of the Domestic Cat,* London: Arrow Books.

Tester, Keith; 1992. *Animals and Society: The Humanity of Animal Rights,* London: Routledge.

Thomas, Elizabeth Marshall; 1993. *The Hidden Life of Dogs,* Boston and New York: Houghton Mifflin.

[Thomas, Elizabeth Marshall; 1996. *Das geheime Leben der Hunde,* Reinbek: Rowohlt Verlag.]

_____;1994. *The Tribe of Tiger: Cats and Their Culture,* New York: Simon and Schuster.

[Thomas, Elizabeth Marshall; 1996. *Das geheime Leben der Katzen,* Reinbek: Rowohlt Verlag.]

_____;2000. *The Social Lives of Dogs: The Grace of Canine Company,* New York: Simon and Schuster.

[Thomas, Elizabeth Marshall; 2002. *Hundegesellschaft. Vom Glück mit Vierbeinern,* Reinbek: Rowohlt Verlag.]

Thomas, Keith; 1983. *Man and the Natural World: Changing Attitudes in England* 1500-1800, London: Allen Lane.

Tuan, Yi-Fu; 1984. *Dominance and Affection: The Making of Pets,* New Haven; Conn.: Yale University Press.

Turner, James; 1980. *Reckoning with the Beast: Animals, Pain, and Humanity in the Victorian Mind,* Baltimore: John Hopkins University Press.

Unti, Bernard; 1998. "Caroline White" in: Marc Bekoff (ed.) *Encyclopedia of Animal Rights and Animal Welfare,* Westport, Conn.: Greenwood, 362.

Voltaire; (1962). *Philosophical Dictionary,* Engl. Übers. und Einleitung: Peter Gay, Vol.1. New York: Basic Books.

Weber, Max; 1954. *The Protestant Ethic and the Spirit of Capitalism,* New York: Free Press.

[Weber, Max; 2005. *Die protestantische Ethik und der Geist des Kapitalismus,* Erftstadt: Area Verlag.]

_____;1968 (1922). *Economy and Society: An Outline of Interpretive Sociology,* New York: Bedminster Press.

[Weber, Max; 2006. *Wirtschaft und Gesellschaft,* Paderborn: Voltmedia.]

Wells, Deborah L. und Peter G. Hepper; 1999. „Male and Female Dogs Respond Differently to Men and Women“, *Applied Animal Behaviour Science* 60, 83-88.

_____;2001. "The Behavior of Visitors towards Dogs Housed in an Animal Rescue Shelter", *Anthrozoös* 14, 12-18.

West, Candace; 1999. "Not Even a Day in the Life" in: Barry Glassner und Rosanna Hertz (eds.) *Qualitative Sociology as Everyday Life*, Thousand Oaks, Calif.: Sage, 3-12.

Wilson, Cindy und Dennis C. Turner; 1998. *Companion Animals in Human Health*, Thousand Oaks, Calif.: Sage

Wilson, Edward O.; 1993. "Biophilia and the Conservative Ethic" in: S. Kellert und E. O. Wilson (eds.) *The Biophilia Hypothesis*, Washington, D.C.: Island Press/Shearwater Books, 31-41.

Winnicott, Donald W.; 1958. *Collected Papers*, London: Tavistock.

Wise, Steven M.; 2000. *Rattling the Cage: Toward Legal Rights for Animals*, Cambridge, Mass.: Perseus.

Wolch, Jennifer; 1998. "Zoöpolis" in: Jennifer Wolch und Jody Emel (ed.) *Animal Geographies: Place, Politics, and Identity in the Nature-Culture Borderlands*, London: Verso, 119-38.

Wouters, Cas.; 1991. "On Status Competition and Emotion Management", *Journal of Social History* 24, 699-717.

Über die Autorin

Leslie Irvine ist Assistenzprofessorin für Soziologie an der *University of Colorado* in Boulder und die Autorin des Buches *Codependent Forevermore: The Invention of Self in a Twelve Step Group.*

Zum Autor des Vorworts

Marc Bekoff (Homepage: http://literati.net/Bekoff) lehrt Biologie an der *University of Colorado* in Boulder. Er ist selbst Autor und Herausgeber zahlreicher Publikationen, darunter die *Encyclopedia of Animal Rights and Animal Welfare, Strolling with Our Kin, The Smile of a Dolphin: Remarkable Accounts of Animal Emotions, Minding Animals: Awareness, Emotions, and Heart, und The Ten Trusts** (zusammen mit Jane Goodall). Gemeinsam mit Dr. Jane Goodall gründete er kürzlich eine Organisation, die sich für eine ethisch korrekte Behandlung von Tieren einsetzt.
(http://www.ethologicalethics.org.).

* deutsche Ausgabe *Das Leben retten. Zehn Pflichten, um uns das Königreich der Tiere zu retten.* (2004; München: Bombus Media Verlag.)

Literaturempfehlung

Würde das Gebet eines Hundes erhört ...

Es würde Knochen vom Himmel regnen

Über die Vertiefung unserer Beziehung zu Hunden

Suzanne Clothier

Suzanne Clothier betrachtet das Zusammenleben von Menschen und ihren Hunden auf völlig neue Art und Weise. Basierend auf ihrer langjährigen Erfahrung als Trainerin gewährt sie uns neue und oft ganz erstaunliche Einblicke in die verborgene Welt unserer Tiere – und in uns selbst.

Behutsam, mit Intelligenz, Humor und unerschöpflicher Geduld lehrt uns Suzanne Clothier die Denkweise und das Wesen eines anderen Lebewesens wirklich zu verstehen. Sie werden entdecken, wie Hunde die Welt aus ihrer einzigartigen hundlichen Sicht wahrnehmen, wie wir ihrem Bedürfnis nach Führung ohne Gewalt und Zwang gerecht werden können und wie die Gesetzmäßigkeiten der Hundewelt uns und unserer auf Menschen ausgerichteten Welt widersprechen.

Auf diesen Seiten treffen Sie auf unvergessliche Persönlichkeiten, die Ihr Herz erobern und vielleicht sogar brechen werden. Da gibt es Badger – edel, neugierig und vielleicht gefährlich. Kann sein bedrohliches Verhalten geändert werden? Der reizende Welpe McKinley, der einen angeborenen Herzfehler hat, erteilt uns eine unvergessliche Lektion über das Leben. Die alternde Vali erinnert uns an den Moment, den jeder Hundehalter eines Tages erlebt: den Verlust eines treu ergebenen Gefährten. Aber was uns diese alte Hündin in ihren letzten Tagen lehrt, kann uns für immer verändern.

Geführt von einer außergewöhnlichen Frau lernen wir, wie wir eine besondere Beziehung zu einem anderen Lebewesen aufbauen können und dadurch ein unvergleichliches Geschenk erhalten: eine tief empfundene, lebenslange Verbindung mit dem von uns geliebten Hund.

Hardcover, 360 Seiten

ISBN 978-3-936188-15-8

Preis: EUR 26,00

Literaturempfehlung

Das Gefühlsleben der Tiere

Marc Bekoff

Marc Bekoff schreibt wie kein anderer über die Gefühle der Tiere, denn er argumentiert wissenschaftlich korrekt und emotional engagiert. Wer glaubt, dies widerspreche sich in sich, der lese dieses Buch und lasse sich vom Gegenteil überzeugen. Bekoff zögert dabei auch nicht, die ethischen Folgerungen aus seinen Überlegungen und Forschungsergebnissen zu ziehen und sich konsequent für einen rücksichtsvollen, mitfühlenden und respektvollen Umgang mit unseren Mitbewohnern auf diesem Planeten, den Tieren, auszusprechen. Ein wichtiges Buch, das zum Nachdenken anregt und zum Handeln auffordert.

„Als ich als Kind in Tibet den Buddhismus studierte, wurde mir beigebracht, wie wichtig eine liebevolle Geisteshaltung gegenüber anderen ist. Diese Praxis der Gewaltlosigkeit ist auf alle fühlenden Lebewesen anzuwenden – auf jegliches lebendes Ding, das ein Bewusstsein hat, denn wo Bewusstsein ist, da sind auch Gefühle wie Schmerz, Trauer, Freude und Heiterkeit. Kein fühlendes Lebewesen will Schmerz – im Gegenteil, alle wollen glücklich sein. Da wir alle diese Gefühle auf einem Grundniveau teilen, haben wir als vernunftbegabte Menschen die Pflicht, zum Glücklichsein anderer beizutragen und uns so weit es geht zu bemühen, ihre Ängste und ihr Leiden zu vermindern. Ich glaube fest daran, dass, je mehr wir uns um das Glücklichsein der anderen bemühen, unser eigenes Wohlbefinden umso größer sein wird. Daher begrüße ich Marc Bekoffs Buch „Das Gefühlsleben der Tiere“ sehr.“

Seine Heiligkeit der Dalai Lama

„In klarer und überzeugender Sprache bietet Marc Bekoff eine rationale Begründung für das, was viele von uns schon längst glauben – dass Tiere Sorge, Freude, Wut, Vergnügen und andere Gefühle ganz ähnlich wie wir selbst empfinden. Bekoff beweist, dass diese Vorstellung nicht nur mit den Fakten der Evolution übereinstimmt, sondern dass sie sich sogar durch sie bedingt. Sobald die Wissenschaft die Argumentation dieses genau recherchierten Buches berücksichtigt, wird sie nie mehr dieselbe sein.“

David Rothenberg, Professor der Philosophie am New Jersey Institute

Hardcover, 232 Seiten mit zahlreichen Abbildungen

ISBN 978-3-936188-42-4

Preis: EUR 20,00